21世纪高等学校规划教材

Visual Basic CHENGXU SHEJI JIAOCHENG

Visual Basic 程序设计教程

主 编 周杭霞

副主编 雷 凌 刘砚秋 王修晖

编 写 战国科 陈莲娜

主 审 杜春涛

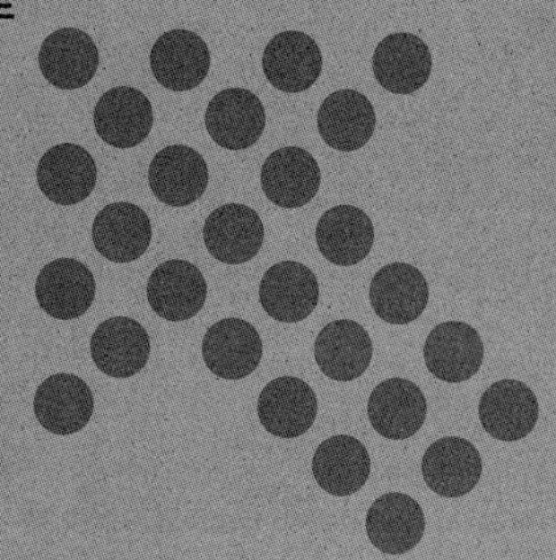

中国电力出版社
CHINA ELECTRIC POWER PRESS

内 容 提 要

本书为21世纪高等学校规划教材。

全书通过综合案例着重介绍了Visual Basic程序设计的基本知识点、设计思想、设计方法和基本技巧。全书共9章，主要内容包括Visual Basic程序设计的可视化编程环境、数据及运算、三大程序结构、数组、过程与函数、常用控件、图形控件与图形方法、通用对话框和菜单、文件等。书中每章都有典型程序的综合实例和习题，这些案例巧妙地将各知识点和实现方法有机地结合起来，以便培养学生良好的设计应用能力。

本书可作为普通高等院校计算机及相关专业的教材，也可作为备考计算机等级考试及计算机编程人员的参考用书。

图书在版编目（CIP）数据

Visual Basic程序设计教程／周杭霞主编. —北京：中国电力出版社，2011.1

21世纪高等学校规划教材

ISBN 978-7-5123-1092-6

Ⅰ. ①V… Ⅱ. ①周… Ⅲ. ①BASIC语言－程序设计－高等学校－教材 Ⅳ. ①TP312

中国版本图书馆CIP数据核字（2011）第003998号

中国电力出版社出版、发行

（北京市东城区北京站西街19号 100005 http://www.cepp.sgcc.com.cn）

北京丰源印刷厂印刷

各地新华书店经售

*

2011年2月第一版 2011年2月北京第一次印刷

787毫米×1092毫米 16开本 13.75印张 336千字

定价 **23.00** 元

前 言

计算机技术的飞速发展，给社会进步带来了很强的发展动力。现在，计算机已广泛应用于社会生活的各个领域，成为当今社会不可或缺的工具。进入 21 世纪，计算机在各个领域的应用越来越广泛，与人们的联系也越来越紧密。由于计算机无法识别人类的语言，人们只能通过程序与之交流，要求其完成各种各样的工作，掌握程序设计语言在当今社会显得尤为重要。

Visual Basic（以下简称 VB）继承了 Basic 语言简单、易学的特点，采用面向对象、可视化、事件驱动等软件开发手段，是目前使用广泛的程序设计语言之一。同时它也是系统描述语言，既可以用来编写系统软件，也可以用来编写应用软件。在众多的软件开发语言中，VB 语言是软件开发人员常用的编程工具之一，在工程实践中得到了广泛应用，受到了众多程序设计者的欢迎。随着计算机技术的飞速发展，为适应当前我国高级人才培养的发展方向，满足高校教育教学改革的需要，配合学生应对全国计算机等级考试，我们编写了本教材。

本书作为高校学生学习计算机编程的教材，在编写过程中参考了大量国内同类教材，吸收了这些教材的优点，同时又保持了自己的风格。本书着重介绍 VB 语言程序设计的基本概念、设计思想、程序设计方法和基本技巧，使得学生通过学习，掌握 VB 语言程序设计的基本方法，为今后工作中解决一些软件方面的实际问题提供一种技术手段，能结合实际进行应用程序的研制和开发。

本书最大的特点就是用精选的案例巧妙地将各个知识点有机地串接起来。全书共 9 章，主要内容包括 VB 程序设计的可视化编程环境、数据及运算、三大程序结构、数组、函数与过程、常用控件、图形控件和方法、对话框和菜单设计、文件等。书中大部分章节都有典型程序的综合实例和习题。本书可作为普通高等院校本、专科计算机及相关专业 VB 程序设计课程的教材，也可作为计算机等级考试及从事计算机编程人员的参考书。

案例教学有利于培养学生的创新精神与实践能力。它是依据目标、基于任务的教学，根据目标及任务，学生要自己思考，综合设计，一步一个脚印地予以实现。书中各章的习题均安排了若干个实践案例，要求学生在掌握已学教学案例的基础上，创造性地完成这些实践性案例，如能认真地按照书中要求，高质量地完成这些案例，就应该能培养良好的实际操作能力与设计应用能力。

本书编者均为长期担任计算机程序设计课程教学、具有丰富教学经验的一线老师。本书由周杭霞主编，提出编写思路并负责全书的总体策划、统稿和定稿。其中，第 2～4 章、第 8 章由雷凌编写；第 1 章由周杭霞编写；第 5、6、9 章由刘砚秋编写；第 7 章由王修晖编写。参加本书大纲和部分编写工作的还有魏文、陈莲娜、战国科等。北方工业大学的杜春涛审阅了本书，并提出许多宝贵意见。书中有些地方编写时参考了 http://www.cwye.com、 http://www. pcbook.51soft.com、http://www.ibook8.com 等源代码网站，在此对相关人员也表示感谢。

虽然本书的成稿是编者多年教学经验的总结，但限于水平和经验，书中难免存在不足，恳请专家和读者批评指教。

编　者

2011 年 2 月

目　录

前　言
第 1 章　Visual Basic 程序设计概述 ······ 1
1.1　Visual Basic 编程入门 ······ 1
1.2　Visual Basic 的对象与编程特点 ······ 8
1.3　Visual Basic 的程序组成与代码窗口 ······ 13
1.4　程序调试 ······ 18
1.5　学习总结 ······ 20
习题 ······ 20
第 2 章　Visual Basic 程序设计基础 ······ 22
2.1　常用数据类型与运算符表达式学习实例 ······ 22
2.2　常量和变量学习实例 ······ 26
2.3　常用内部函数学习实例 ······ 29
2.4　学习总结 ······ 34
习题 ······ 34
第 3 章　结构化程序设计 ······ 36
3.1　顺序结构学习实例 ······ 36
3.2　选择结构学习实例 ······ 43
3.3　循环结构学习实例 ······ 58
3.4　综合实例 ······ 71
3.5　学习总结 ······ 75
习题 ······ 75
第 4 章　数组 ······ 77
4.1　固定大小的一维数组学习实例 ······ 77
4.2　固定大小的二维数组学习实例 ······ 86
4.3　动态数组学习实例 ······ 94
4.4　控件数组学习实例 ······ 97
4.5　综合实例 ······ 100
4.6　学习总结 ······ 103
习题 ······ 104
第 5 章　过程与函数 ······ 105
5.1　函数与过程 ······ 105
5.2　参数传递 ······ 108
5.3　多模块程序设计 ······ 111
5.4　综合实例 ······ 120

习题……124
第6章　常用控件……128
6.1　命令按钮、标签、文本框和滚动条……128
6.2　单选按钮、复选框、框架和控件数组……135
6.3　列表框、组合框和定时器……142
6.4　综合实例……148
习题……163
第7章　图形控件与图形方法……165
7.1　图形控件学习实例……165
7.2　图形方法学习实例……170
7.3　综合实例……173
7.4　学习总结……177
习题……179
第8章　通用对话框和菜单……182
8.1　通用对话框学习实例……182
8.2　下拉式菜单和弹出式菜单学习实例……192
8.3　综合实例……201
8.4　学习总结……202
习题……203
第9章　文件……204
9.1　文件管理控件……204
9.2　顺序文件的操作……207
习题……211
参考文献……213

第 1 章　Visual Basic 程序设计概述

Visual Basic 语言是 Microsoft 公司推出的以 Basic 语言为基础，以事件驱动为运行机制的可视化编程语言。它提供了开发 Microsoft Windows 程序的快捷方法。本章主要介绍 Visual Basic 的特点、集成开发环境、可视化编程的基本概念、Visual Basic 的常用控件以及 Visual Basic 编程的设计步骤。

【学习目标】

（1）认识 Visual Basic 6.0 的集成开发环境；

（2）理解对象、属性、事件和方法的概念；

（3）了解 Visual Basic 事件驱动的编程特点；

（4）了解 Visual Basic 程序的组成。

1.1　Visual Basic 编程入门

Visual Basic 是以 Basic 语言为基础的程序开发语言。Basic 语言是 20 世纪 60 年代产生的程序设计语言，具有简单易学、人机交互方便、程序运行调试方便等特点，并得到了广泛应用。随着 Microsoft 公司推出了 Windows 操作系统，图形用户界面（GUI）逐渐成为主流。在图形用户界面中，用户只要通过鼠标点击和拖动就可以完成各种操作，非常方便。因此需要有相应的可视化编程环境与之相适应，使得程序员可以更多地关心业务逻辑，而减少繁琐的界面开发工作。

20 世纪 90 年代初，Microsoft 公司把 Basic 语言向可视化方向发展，于是产生了第一代 Visual Basic 产品，也就是 Visual Basic 1.0。随着 Windows 平台的不断成熟，Visual Basic 产品由 1.0 版本逐步升级到了 6.0 版本（以下简称 VB 6.0）。

如今 Visual Basic 已经有了 7.0 版本（称为 VB.net），目前它已经成为一种非常专业的程序开发语言和环境，并广泛应用于企业。

1. Visual Basic 的功能特点

（1）面向对象的可视化程序设计工具。

在 Visual Basic 中，对象都是可视的，在设计界面时，程序员只要在屏幕上根据设计要求“画出”所需的控件，并进行设置，即可完成界面设计，我们称这种方式为“所见即所得”。Visual Basic 会自动产生界面设计代码，程序员可以将精力花在更多功能实现的代码上，以提高程序设计效率。

（2）事件驱动的编程机制。传统的面向过程的应用程序是按程序设计的流程运行的，而事件驱动的编程机制则根据用户的操作执行相应的代码。每个事件都能驱动一段程序的运行，程序员只要编写响应用户动作的代码即可，但各动作之间不一定有联系。

（3）易学易用的集成开发环境。在 Visual Basic 集成开发环境中，用户可以在 Windows 环境中设计界面、编写代码和调试程序，并将应用程序编译成可执行文件。

（4）结构化程序设计的思想。Visual Basic 具有非常丰富的数据类型、众多的内部函数和结构化的程序设计结构，简单易学。

（5）多种数据库操纵功能。Visual Basic 能够访问 Microsoft Access、Dbase、SQL Server 等多种类型数据库，也可以访问 Microsoft Excel 等多种电子表格。

（6）ActiveX 技术。ActiveX 技术使得程序开发人员可以使用其他应用程序提供的功能，并直接应用于 Visual Basic 创建的应用程序中。

（7）完备的联机帮助功能。在 Visual Basic 中，利用“帮助”菜单或者 F1 功能键，可以方便地获得包括 Visual Basic 与 Visual Basic 集成开发环境的相关帮助。

2. Visual Basic 6.0 包括的 3 个版本

(1) 标准版：让编程人员很容易地创建功能强大的 Microsoft Windows 和 Windows NT 应用程序。它包括了所有的内部控件、网格、选项卡以及数据绑定控件等。

（2）专业版：向计算机专业人员提供了一套功能完整的工具，以便他们为其他用户开发解决方案。专业版包含了标准版的所有功能，还加上了附加的 ActiveX 控件、Internet Information Server 应用程序设计器、集成数据工具和数据环境、Active Data Objects，以及动态 HTML 网页设计等。

（3）企业版：最高级的版本，是针对小组开发环境中建立分布式应用程序的版本。它包括专业版的所有特性，外加 Visual SourceSafe（版本控制系统）和 Automation and Component Manager（自动化和组件管理器）等工具。

本教材中的程序使用的是专业版，其操作界面与企业版完全相同。

初次接触 Visual Basic，我们暂时不讨论 Visual Basic 编程方面的技术，而是通过完整的编写过程，先体会 Visual Basic 的集成开发环境及应用，为今后的学习打下基础。

1.1.1 Visual Basic 的集成开发环境

1. 进入 Visual Basic 集成环境

进入 Visual Basic 集成环境的方式如图 1-1 所示，单击任务栏上的“开始”→“程序”→“Microsoft Visual Basic 6.0 中文版”，单击级联菜单中的“Microsoft Visual Basic 6.0 中文版”选项。

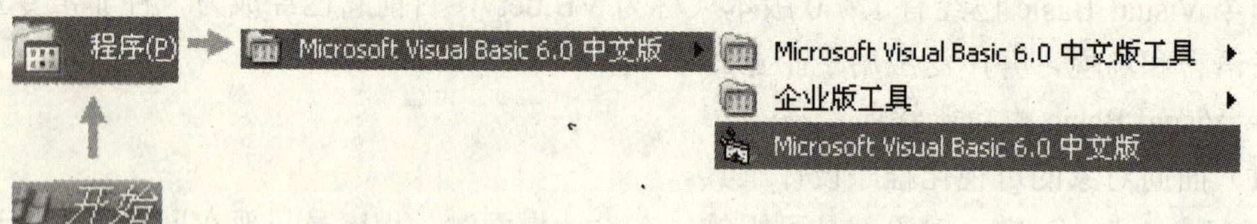

图 1-1 进入 Visual Basic 集成环境指向路径

2. Visual Basic 集成环境中的窗口

Visual Basic 集成开发环境（Integrated Development Environment，IDE）是提供设计、运行和测试应用程序所需的各种工具的一个工作环境。这些工具互相协调、相互补充，大大降低了应用程序的开发难度。

启动 Visual Basic 6.0（见图 1-2），弹出“新建工程”对话框，选择“标准 EXE”，单击“打开”（见图 1-3）按钮，这时候看到的便是 Visual Basic 集成开发环境。

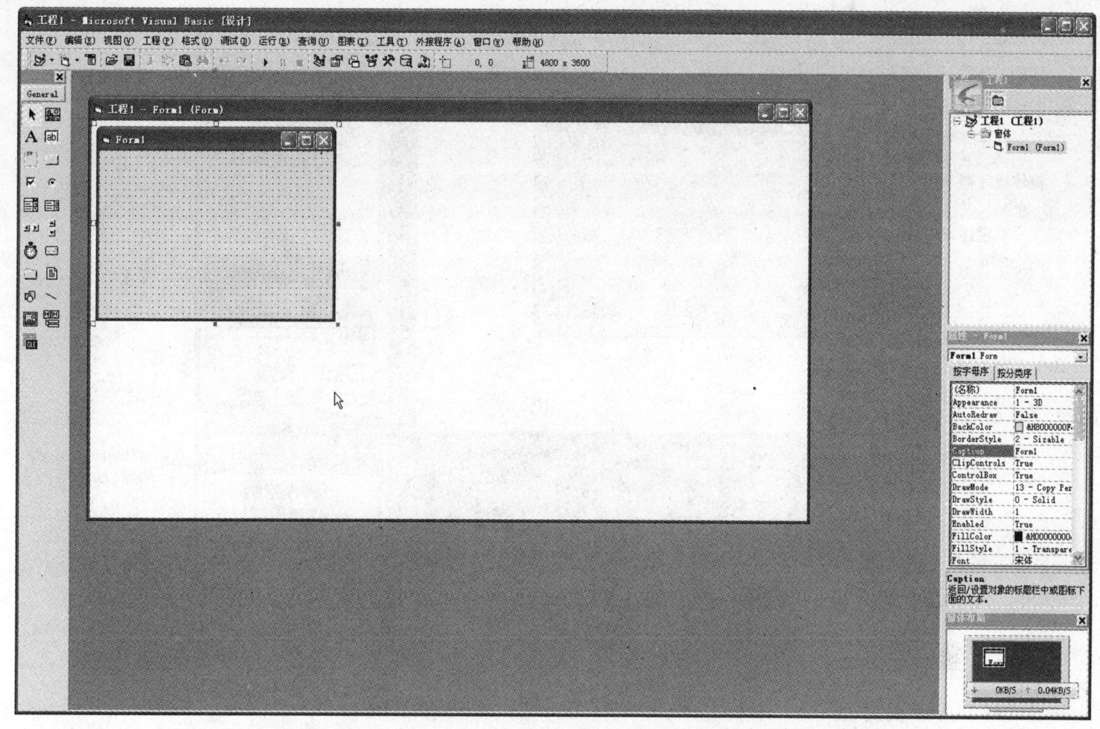

图 1-2　启动 Visual Basic 6.0 界面

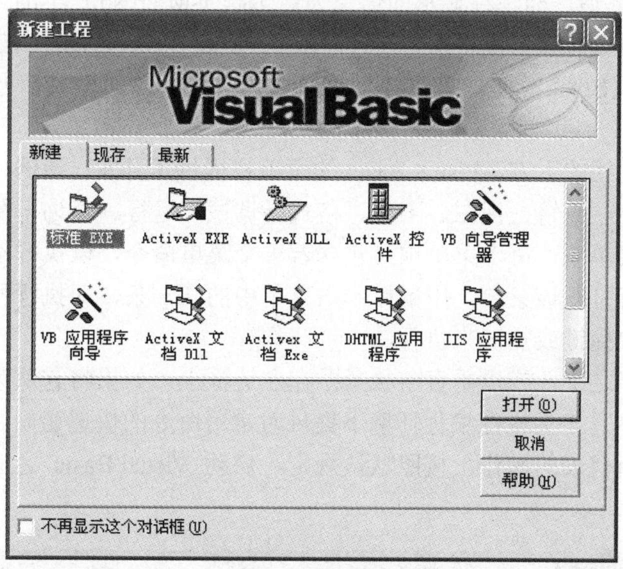

图 1-3　新建工程对话框

Visual Basic 集成开发环境主窗口如图 1-4 所示，包括标题栏、菜单栏和标准工具栏等；同时还包含工具箱、窗体窗口、工程资源管理器窗口、属性窗口和窗体布局窗口等子窗口。在主窗口内还可以根据需要打开不同的子窗口，如代码窗口、对象浏览器窗口等。

说明：如果误关闭了所需的窗口，可从“视图”菜单中进行相应地选择；如果将某一窗口移到了其他位置，双击该窗口的标题栏即可复位。

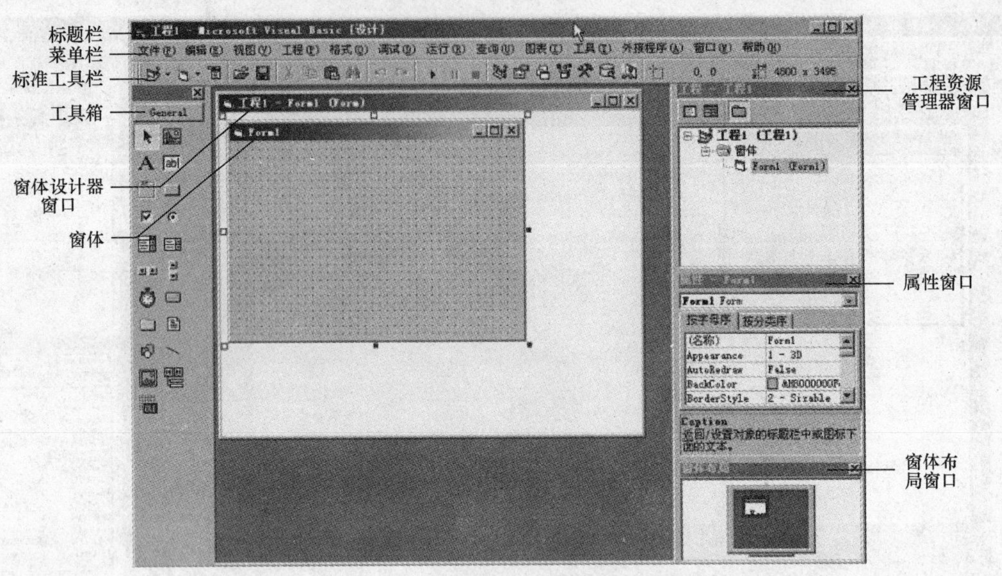

图 1-4　Visual Basic 集成开发环境主窗口

1.1.2　主窗口

主窗口也称设计窗口，由标题栏、菜单栏和工具栏等组成。

标题栏是窗口顶部的水平条，它显示应用程序的名称。

启动 Visual Basic 后，标题栏显示的信息为“工程 1-Microsoft Visual Basic[设计]”，方括号中的“设计”表明当前的工作状态是设计阶段。Visual Basic 有设计（Design）模式、运行（Run）模式和中断（Break）模式等三种工作模式，进入不同的模式，方括号中的文字将发生相应地变化。

菜单栏位于标题栏的下方，Visual Basic 的菜单栏提供了开发、调试和保存应用程序所需要的工具，包含文件、编辑、视图、工程、格式、调试、运行、查询、图表、工具、外界程序、窗口和帮助等菜单项，每个菜单项又包含若干个菜单命令，以执行不同的操作。用鼠标单击某菜单项，即可打开该菜单，用鼠标单击菜单中的某一条，即执行相应的命令。有些菜单命令也可以通过快捷键或热键来执行。

工具栏在菜单栏之下，或以垂直条状紧贴在左边框上，如果将它从菜单栏下面拖开，则它能“悬”在窗口中。工具栏在编程环境下提供对常用命令的快速访问。单击工具栏上的按钮，则执行该按钮所代表的操作。按照默认规定，启动 Visual Basic 之后显示标准工具栏，如图 1-5 所示。

图 1-5　标准工具栏

在工具栏的右侧分别显示了窗体的当前位置和大小，其单位是 twip（缇）。

twip 是一个与屏幕分辨率无关的计量单位，1inch 等于 1400twip。这种计量单位可以确保在不同屏幕上保持正确的相对位置和比例关系。

除了“标准”工具栏外，还有“编辑”、“窗体编辑器”、“调试”等专用工具栏。要显示或隐藏工具栏，可以选择“视图”菜单中的“工具栏”命令或在工具栏上单击鼠标右键进入所需工具栏的选择。

1.1.3　工具箱

工具箱（见图 1-6）由工具图标组成。这些图标是 Visual Basic 应用程序的构件，称为图形对象或控件。其中的 20 个控件称为标准控件（注意：指针不是控件，仅用于移动窗体和控件，以及调整它们的大小），用户也可通过“工程”菜单的“部件”命令将未在 Windows 中注册过的其他控件装入到工具箱。工具箱主要用于应用程序的界面设计，利用这些工具用户可以在窗体上设计各种控件。

图 1-6　工具箱

1.1.4　窗体窗口

窗体窗口（见图 1-7）也称窗体设计器窗口，简称窗体（Form），具有标准窗口的一切功能，可被移动、改变大小及缩成图表等。

窗体是 Visual Basic 进行可视化程序设计的主要场所，是应用程序的主要构成部分，用户通过与窗体上的控件交互来控制应用程序的运行，得到各种运行结果，是应用程序最终面向用户的窗口，各种图形、图像、数据等都通过窗体或窗体中的控件显示出来。每个窗体窗口必须有一个唯一的窗体名字，当打开一个新的工程文件时，Visual Basic 自动建立一个空的窗体，系统默认命名为 Form1。

设计状态的窗体由网格点构成，方便用户对控件进行定位，网格点间距可以通过“工具”菜单的“选项”命令，在“通用”标签的“窗体设置网格”中输入“宽度”和“高度”来改变；运行时可通过属性控制窗体的可见性（窗体的网格始终不显示）。一个应用程序至少有一个窗体窗口，用户可在应用程序中拥有多个窗体窗口。

除了一般的窗体外还有一种多文档窗体（Multiple Document Interface，MDI），它可以包含子窗体，每个子窗体都是独立的。

1.1.5　工程资源管理器窗口

工程资源管理器窗口（见图 1-8）简称工程窗口，由标题栏、工具按钮和列表窗口组成，其显示各类文件的方式与 Windows 资源管理器显示文件夹的方式相似，用来管理当前工程中所包含的各类文件，允许打开多个工程。

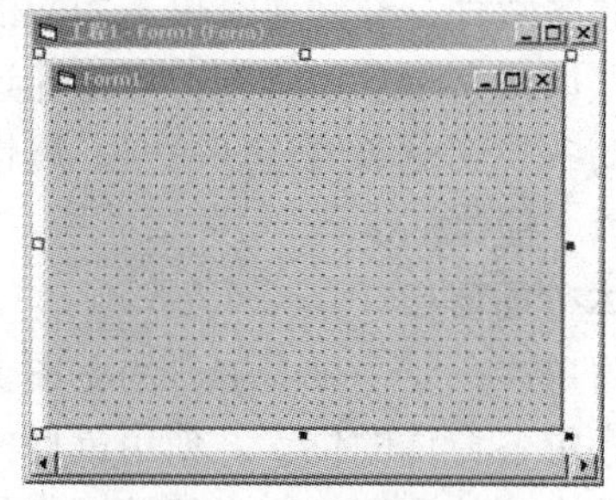
图 1-7　窗体设计器窗口

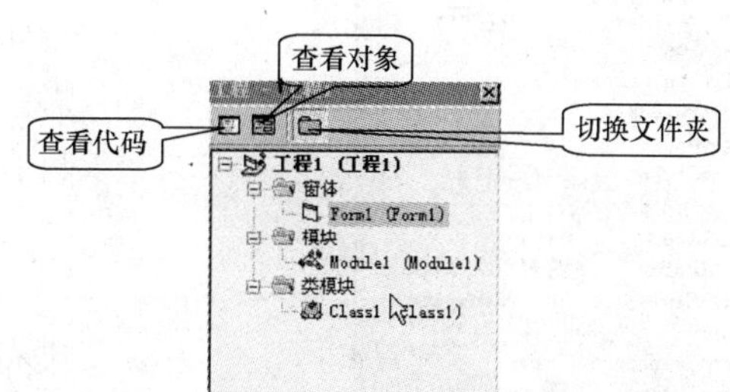

图 1-8　工程资源管理器窗口

在工程资源管理器窗口中，标题栏显示工程的名称，工程文件的扩展名为.vbp。工具按钮有“查看代码”、“查看对象”和“切换文件夹”3 个按钮。单击“查看代码”按钮可打开代码编辑器查看代码，单击“查看对象”按钮可打开窗体设计器查看正在设计的窗体，单击“切换文件夹”按钮则可隐藏或显示包含对象文件夹中的个别项目列表。列表窗口列出已加载工程中包含的所有文件。

在工程资源管理器窗口内包含以下几类文件。

1. 工程文件和工程组文件

文件名显示在工程文件窗口的标题栏内，每个工程对应一个工程文件。当一个程序包括两个以上的工程时，这些工程就构成一个工程组，工程组文件的扩展名是.vbg。

2. 窗体文件

窗体文件的扩展名是.frm，每个窗体对应一个窗体文件，窗体及其控件的属性和其他信息（包括代码）都存放在该窗体文件中。一个应用程序可以有多个窗体，最多有255个。

执行“工程”菜单中的“添加窗体”命令，或单击工具栏中的“添加窗体”按钮，可以增加一个窗体；而执行“工程”菜单中的“删除”命令，可以删除当前窗体。

3. 标准模块文件

标准模块文件即程序模块文件，其扩展名是.bas，它是为合理组织程序而设计的。标准模块是一个纯代码性质的文件，主要用于大型应用程序。

4. 类模块文件

Visual Basic 提供了大量预定义的类，同时也允许用户根据需要定义自己的类。用户通过类模块来定义自己的类，每个类都用一个文件进行保存，其扩展名为.cls。

5. 资源文件

资源文件由一系列独立的字符串、位图及声音文件（.wav，.mid）组成，其扩展名为.res。资源文件中存放的是各种“资源”，是一种可以同时存放文本、图片、声音等多种资源的文件。

1.1.6 属性窗口

属性是指对象的特征，如大小、标题或颜色等。属性窗口（见图 1-9）用于显示和设计对象的属性，由标题栏、对象列表框、属性列表框和属性说明栏组成。属性窗口分为四部分，分别为对象框、属性显示方式、属性列表和对当前属性的简单解释。属性窗口中的属性显示方式分为按字母顺序和按分类顺序两种，分别通过单击相应的按钮来实现。属性默认按字母顺序排列，可以通过窗口右部的垂直滚动条找到对象的任意属性。属性窗口只有在设计阶段才能激活。

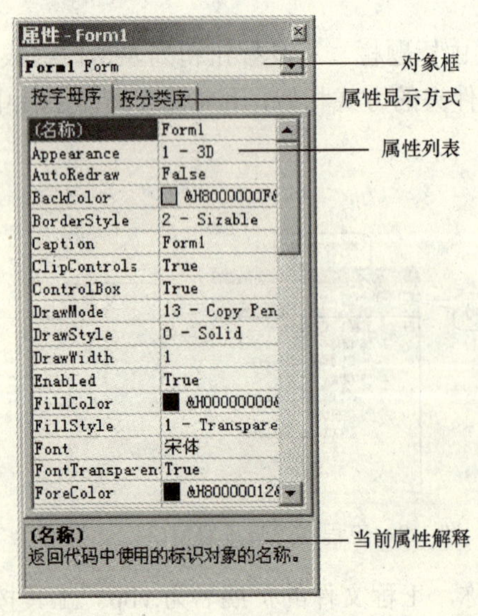

图 1-9 属性窗口

1.1.7 窗体布局窗口

窗体布局窗口中有一个表示屏幕的小图像，用来布置应用程序中各窗体的位置，使用鼠标拖动窗体布局窗口中的小窗体图标，可方便地调整程序运行时窗体显示的位置。

1.1.8 代码窗口

代码窗口（见图 1-10）又称代码编辑器，专门用于设计程序代码，各种通用过程和事件过程代码均在此窗口上显示和编辑。打开代码窗口可通过选择“视图”菜单中的“代码窗口”；双击窗体的任何地方；右击鼠标，选择快捷菜单中的“查看代码”；单击工程窗口中的“查看代码”按钮等几种方法完成。

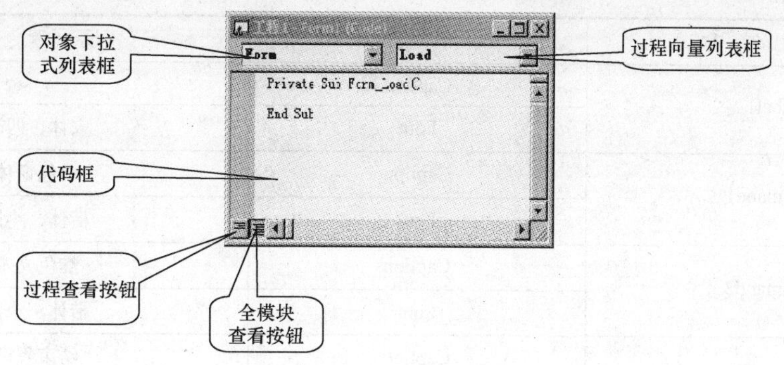

图 1-10　代码窗口

代码窗口主要包括：

（1）对象下拉式列表框，显示所选对象的名称。

（2）过程下拉式列表框，列出所有与“对象”对应的列表框中对象事件过程的名称。

（3）代码框，输入程序代码。

（4）过程查看按钮，显示所选的一个过程。

（5）全模块查看按钮，显示模块中全部过程代码。

另外，在 Visual Basic 集成开发环境中还有立即窗口、本地窗口和监视窗口等。同时，Visual Basic 还具有很大的灵活性，可以通过配置工作环境满足个人风格的最佳需要，可以在单个或多个文档界面之间进行选择，并能调节各种集成开发环境元素的尺寸和位置。

1.1.9　创建 Visual Basic 应用程序的步骤

启动 Visual Basic 后，一般可按如下步骤创建应用程序：建立工程→设计界面→设置对象属性→编写代码→保存程序→运行程序→生成可执行文件。

【例 1-1】 设计如图 1-11 所示的应用程序。要求如下。

（1）窗体载入时，通过标签在窗体上显示“Visual Basic 程序设计示例”。

（2）单击“白色窗体”按钮，可将窗体的背景设置为白色。

（3）单击“红色文本”按钮，可将标签中文本的颜色（前景色）设置为红色。

（4）单击“结束程序”按钮，则结束程序的运行。

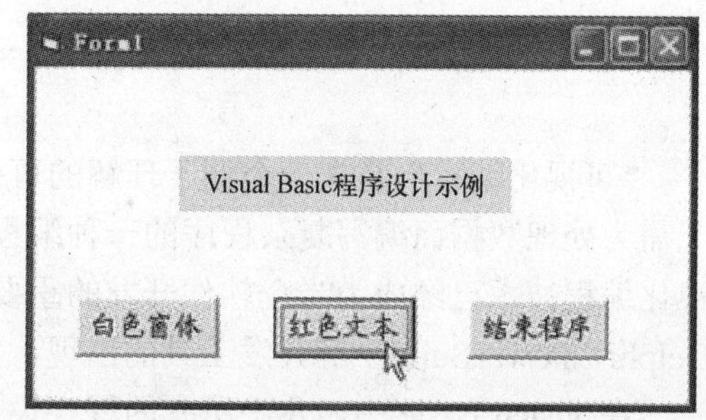

图 1-11 ［例 1-1］运行界面

1）建立工程。启动 Visual Basic，在出现的“新建工程”对话框中直接单击“打开”按钮。也可以在启动 Visual Basic 后，选择“文件”菜单中的“新建工程”命令，创建一个新工程。

2）设计应用程序界面。使用工具箱中的各种控件，在窗体设计器上“画”界面。

3）设置对象属性。先选择对象，然后通过属性窗口设置相应对象的属性。

本例需对窗体中四个控件的部分属性进行修改，见表 1-1。

表 1-1 控件属性设置

对象名称	属性名称	设置值
Label1	Caption	
	Font	宋体、四号
Command1	Caption	白色窗体
	Font	楷体、小四
Command2	Caption	红色文本
	Font	楷体、小四
Command3	Caption	结束程序
	Font	楷体、小四

说明：在程序代码中，通过赋值语句也可以进行属性设置，格式如下：

```
对象名.属性名称 = 属性值
```

4）编写程序代码。事件过程设置见表 1-2。

表 1-2 事件过程设置

对象名称	事件	响应
Command1	单击（Click）	将窗体的背景设置为白色
Command2	单击（Click）	将窗体中文本的颜色设置为红色
Command3	单击（Click）	结束程序运行
Form1	载入（Load）	显示“Visual Basic 程序设计示例”

5）保存程序。单击工具栏上的“保存”按钮，先出现保存窗体的“文件另存为”对话框，窗体保存后出现“过程另存为”对话框。

6）运行程序。选择“运行”菜单中的“启动”命令，或单击工具栏上的“启动”按钮。

7）生成可执行文件。选择“文件”菜单下的“生成”命令，可将该程序编译生成能够脱离 Visual Basic 集成环境而在 Windows 平台上独立运行的可执行文件（.exe 文件）。

1.2 Visual Basic 的对象与编程特点

“可视化编程”是在一个便于理解的可视化的编程环境中，仅用鼠标即可完成基本操作，无需为处理数据而编写复杂程序的一种编程方式。随着计算机软件工程技术的迅速发展，可视化编程技术已经成为当今软件开发的重要工具和手段，尤其是 Visual Basic、Visual C++、Delphi、PowerBuilder 等开发工具的出现，大大推动了可视化编程技术的发展和应用。

在 Visual Basic 中，几乎所有的程序设计工作都是围绕着对象展开的。Visual Basic 编程的核心就是要针对对象所响应的事件编写代码。本节仅介绍与 Visual Basic 可视化编程相关的几个概念。

1.2.1 Visual Basic 的对象

Visual Basic 是面向对象的程序设计语言。用 Visual Basic 进行应用程序的设计过程实际上就是与一组标准对象进行交互的过程。

1. 对象的概念

在面向对象的程序设计中，“对象”是系统中的基本运行实体。在 Visual Basic 中对象的概念和面向对象程序设计中的对象概念是一致的，但在使用上有很大的区别。在 Visual Basic 中，对象分为两类：一类是由系统设计好的，称为预定义对象，可以直接使用或对其进行操作；另一类由用户定义，可以建立用户自己的对象。

在 Visual Basic 中，窗体和控件就是预定义对象，是由系统设计好提供给用户使用的，其移动、缩放等操作都是由系统预先定义好的，使用非常方便，比如对象的移动，就像将桌子上的茶杯从一个地方移到另一个地方一样方便。除窗体控件外，Visual Basic 还提供了其他一些对象，如打印机、调试、剪贴板、屏幕等。

对象是具有特殊属性（数据）和行为方式（方法）的实体。建立一个对象后，其操作通过与该对象有关的属性、事件和方法来描述。

2. 对象的属性

属性是一个对象的特性，在可视化编程中，每一种对象都有一组特定的属性。对象常见的属性有标题（Caption）、名称（Name）、颜色（Color）、字体大小（FontSize）、是否可见（Visible）等。有许多属性可能为大多数对象所共有，还有一些属性仅局限于个别对象，例如只有命令按钮才有 Cancel 属性。每个对象属性都有一个默认值，如果不明确地改变该属性值，程序就将使用它的默认值。通过修改对象的属性能够控制对象的外观和操作，而有些属性在运行时是只读的。

对象属性的设置一般有两条途径：

（1）通过属性窗口设置。选定对象，在属性窗口（见图 1-6）中找到相应属性，直接进行设置。这种方法的特点是简单明了，其缺点是不能在属性窗口设置所有需要的属性。

（2）通过代码设置。对象的属性也可以在代码中通过编程来设置，一般格式为

```
对象名.属性名 = 属性值
```

例如，设置标签 Label1 的标题为“轻轻松松学习 Visual Basic”，代码为

```
Label1.Caption = "轻轻松松学习 Visual Basic"
```

注意：对象的大多数属性都可以通过以上两种方式进行设置，而有些属性只能使用程序代码或属性窗口设置其中之一进行设置。

3. 对象的事件与事件过程

事件（Event）就是对象上所发生的事情。在 VB 中，事件是预先定义好的、能够被对象识别的动作，如 Click（单击）、DblClick（双击）、Load（装入）、MouseMove（移动鼠标）、Change（改变）等。不同的对象能够识别不同的事件。当事件由用户触发（如 Click）或由系统触发（Load）时，对象就会对该事件做出响应。例如，把一个吹大的气球看成是一个对象，那么气球对刺破它的事件的响应是放气，对气球松开手的事件的响应是升空。再如，可以编写一个程序，该程序响应用户的 Click 事件，只要单击鼠标左键即可在屏幕上显示指

定的信息。

响应某个事件后所执行的操作通过一段程序代码来实现，这样的代码称为事件过程（Event Procedure）。一个对象可以识别一个或多个事件，因此可以使用一个或多个事件过程对用户或系统的事件做出响应。虽然一个对象可以拥有许多事件过程，但在程序中能使用多少事件过程，则要由设计者根据程序的具体要求来确定。

Visual Basic 中的事件分为系统事件和用户事件。

（1）系统事件。由其他事件或 Windows 操作系统触发的事件称为系统事件，系统事件无需任何用户干预。例如，Timer 事件就是一个系统事件。

（2）用户事件。由用户执行的某些操作所触发的事件称为用户事件。

例如，简单的用户操作有：

1）单击窗体上的命令按钮；

2）在文本框中输入数据；

3）在窗体上任意位置单击鼠标。

对象对事件响应的程序代码称为事件过程，一般格式如下：

```
PRIVATE SUB 对象名称_事件 ()
事件过程代码
End Sub
```

【例 1-2】 单击窗体上的命令按钮后，窗体的背景色设置为白色。

```
Private Sub Command1_ Click()
Form1.BackColor = vbWhite
End Sub
```

4. 对象的方法

方法（Method）就是要执行的动作。Visual Basic 的方法与事件过程类似，是一种特殊的过程和函数。它用于完成某种特定功能而不能响应某个事件，如 Print（打印对象）、Show（显示窗体）、Move（移动）方法等。每个方法完成某个功能，用户无法看到其实现的步骤和细节，更不能修改，用户能做的工作只是按照约定直接调用它们。

方法通过程序代码调用，格式为

```
[对象名称].方法名称
```

【例 1-3】 单击窗体后显示如图 1-12 所示的界面。

```
Private Sub Form_Click()
   Debug.Print "你好！"
End Sub
```

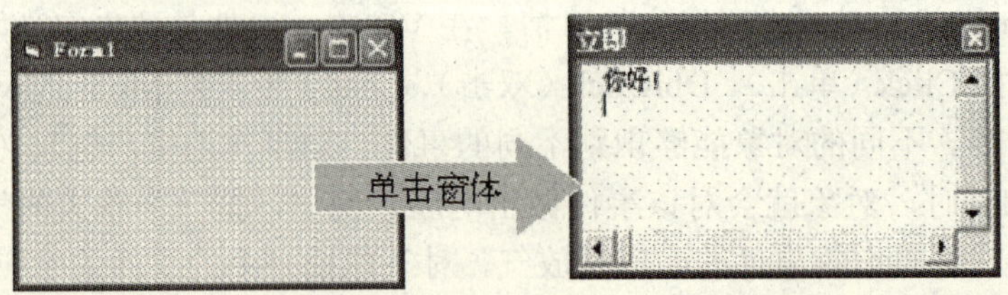

图 1-12 单击窗体后运行的界面

综上所述，可以把属性看成是对象的特征，把事件看成是对象的响应，把方法看成是对象的行为。属性、事件和方法构成了对象的三要素。

1.2.2　窗体

窗体是一块“画布”，在窗体上可以直观地建立应用程序。在设计程序时，窗体是程序员的“工作台”；在运行程序时，每个窗体对应于一个窗口。

窗体结构与 Windows 环境下的应用程序窗口一样，具有控制菜单、标题栏、最大化/还原按钮、最小化按钮、关闭按钮以及边框。窗体是 Visual Basic 中的对象，具有自己的属性、事件和方法。

当启动一个标准 EXE 程序后，窗体设计器中会出现一个默认的窗体。可以看到，它的外观大致与记事本窗口一样，其窗体右上角有三个按钮，分别表示最大化、最小化、关闭，如图 1-13 所示。在左上角有一个图标，单击它会弹出一个控制菜单。如将属性窗口 BorderStyle 的值改为 4（见图 1-14）。BorderStyle 的作用是设置对象的边框样式，窗体共有六种样式。

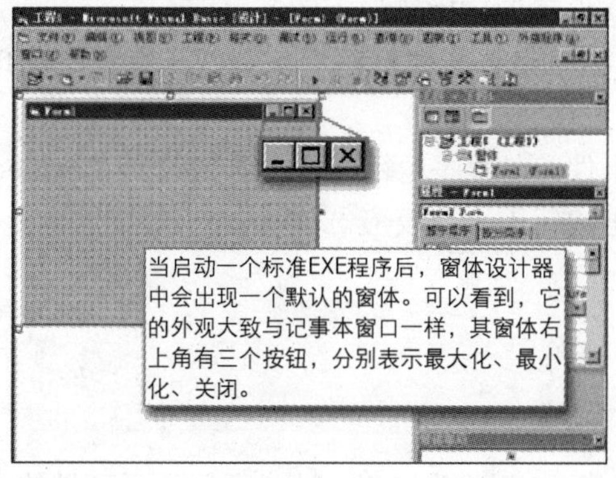

图 1-13　启动一个标准 EXE 程序

图 1-14　属性窗口中属性的设置

这时的窗体只有标题栏，而无最大化、最小化、关闭按钮及控制菜单（见图 1-15）。可以查看现在的 ControlBox 属性，其值为 False。ControlBox 属性表示在程序运行时窗体是否显示控制菜单栏（见图 1-16）。

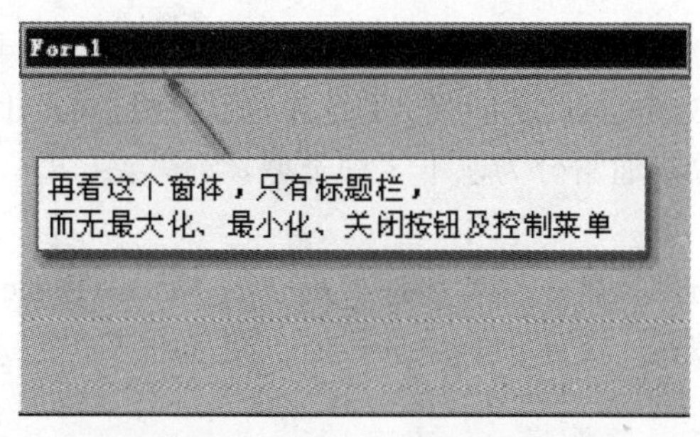

图 1-15　设置只有标题栏的窗体

图 1-16　窗体是否显示控制菜单栏设置

因此，改变 ControlBox 属性值后，窗体的外观会发生变化，当然该属性还涉及窗体的一些其他性质，它们都在属性窗口中排列。属性窗口的下方有针对每一种属性的中文解释。

下面列举出一些窗体的常用属性，对它们先进行初步认识。

名称是窗体的标识名，代码中称它为 Name。

BackColor：设置窗体背景颜色。

BorderStyle：设置窗体的边框风格（见图 1-17）。

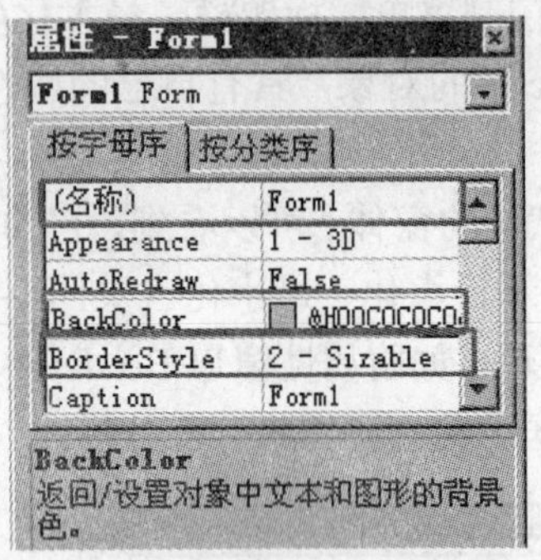

图 1-17 窗体属性设置

注意：属性值为 1-Fixed Single 与 3-Fixed Dialog 时，窗体外观相同，但功能不同。当属性为 1-Fixed Single 时，MaxButton 与 MinButton 这两个属性可以起作用。MaxButton 为 True 时窗体上具有了最大化按钮。MinButton 为 True 时最小化按钮有效。而当属性为 3-Fixed Dialog 时，MaxButton 与 MinButton 属性不起作用。此时 MaxButton 与 MinButton 为 True，但最大化、最小化按钮均未出现。

Caption：设置窗体标题栏上的文字。

ControlBox：设置窗体标题栏上是否具有控制菜单栏及按钮。

Enabled：决定运行时窗体是否响应用户事件。在程序运行时可以看到改变 Enabled 属性的效果，此时 Enabled 已设为 False，所以单击按钮不会有反应。

Height：设置窗体的高度。

Width：设置窗体的宽度。

Left：设置程序运行时窗体的水平位置。

Top：设置程序运行时窗体的垂直位置。

Visible：设置程序运行时窗体是否可见。当 Visible 为 False 时，窗体是不可见的，将值改为 True，运行时窗体就是可见的。

WindowsState：设置程序运行中窗体的最小化、最大化和原形三种状态。

Icon：设置窗体标题栏上的图标。

Picture：给窗体配上漂亮的位图。

最后要说明的是窗体的 Name 和 Caption 属性，虽然默认值相同，都是 Form1，但实际意义却不一样。Caption 指窗体标题栏上的文字，Name 指这个窗体的对象名，千万不能混淆。

1.2.3 控件

控件和窗体一样，都是 Visual Basic 中的对象，它们是应用程序的“积木块”，共同构成用户界面。正是由于有了控件，才使得 Visual Basic 不但功能强大，而且易于使用。Visual Basic 的控件是具有自己的属性、事件和方法的对象，通常分为以下 3 种类型。

1. 标准控件（也称内部控件）

在默认状态下工具箱中显示的控件都是内部控件，这些控件被封装在 Visual Basic 的可执行文件中，不能从工具箱中删除，如命令按钮、文本框、单选按钮、复选框等。

2. ActiveX 控件

ActiveX 控件单独保存在.ocx 类型的文件中，其中包括各种版本 Visual Basic 提供的控件，以及仅在专业版和企业版中提供的控件，如公共对话框、动画控件等。另外，还有许多软件厂商提供的 ActiveX 控件。

3. 可插入对象

用户可将 Excel 工作表或 PowerPoint 幻灯片等作为一个对象添加到工具箱中，编程时可根据需要随时创建。

1.3　Visual Basic 的程序组成与代码窗口

一个 Visual Basic 应用程序（工程）通常是由多种类型的文件模块组成的，其中最常用的是窗体模块和标准模块。与该工程有关的全部文件和对象的清单，以及所设置的环境选项方面的信息都保存在工程文件中（扩展名为.vbp）。

1.3.1　Visual Basic 的程序组成

Visual Basic 应用程序通常由三种模块组成，即窗体模块、标准模块和类模块。

1. 窗体模块

在 Visual Basic 中，一个应用程序包含一个或多个窗体模块（文件扩展名为.frm）。每个窗体模块分为两部分：一部分作为用户界面的窗体；另一部分是执行具体操作的代码。

每个窗体模块都包含事件过程，即代码部分，这些代码是为响应特定的事件而执行的指令。在窗体上可以含有控件，窗体上的每个控件都有一个相对应的事件过程集。除事件过程外，窗体模块中还可以含有通用过程，它可以被窗体模块中的任何事件过程调用。

窗体模块由界面和代码组成，扩展名为.frm，如图 1-18 所示。

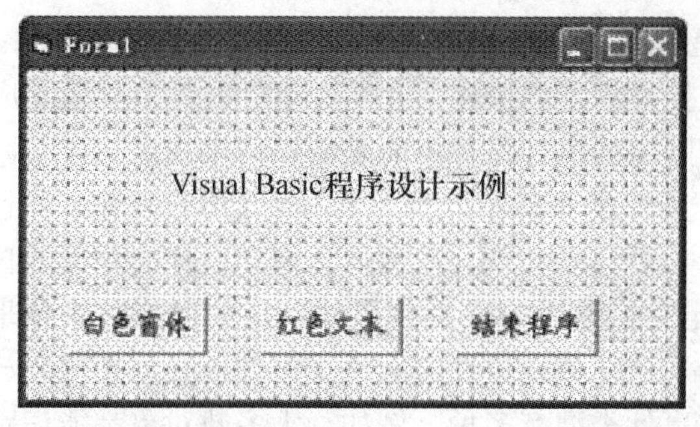

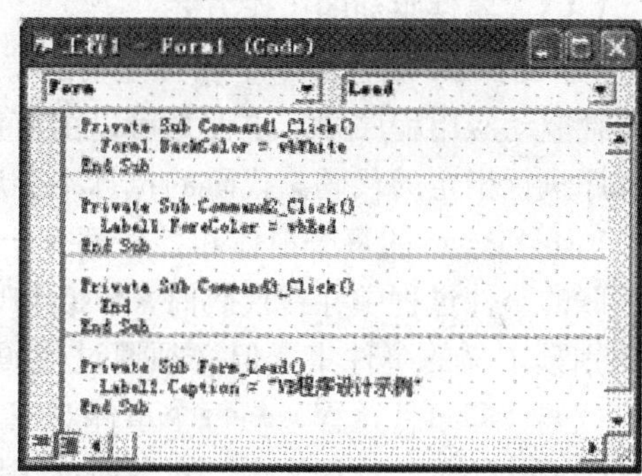

图 1-18　窗体模块的界面和代码组成界面

2. 标准模块

标准模块（文件扩展名为.bas）完全由代码组成，这些代码不与具体的窗体或控件相关联。在标准模块中，可以声明全局变量，也可以定义函数过程或子程序过程。标准模块中的过程可以被窗体模块中的任何事件调用。主要用来声明其他模块共同使用的全局变量或定义通用过程。标准模块可通过“工程”菜单中的“添加模块”命令来建立。

3. 类模块

可以把类模块（文件扩展名为.cls）看作没有物理表示的控件。标准模块只包含代码，而类模块既包含代码又包含数据。每个类模块定义了一个类，可以在窗体模块中定义类的对象，调用类模块中的过程。

这三种模块可以通过“工程”菜单中的“添加窗体”、“添加模块”、“添加类模块”来完成。

1.3.2 代码窗口

以下任一方法均可打开当前模块的代码窗口：

（1）在“视图”菜单中选择“代码窗口”命令。

（2）单击工程管理器上方的“查看代码”工具按钮。

（3）对窗体模块，直接双击窗体或控件，则直接进入该对象的某一事件过程。

代码窗口的左下角有“对象查看”和“全模块查看”两个，如图 1-19 所示。

代码窗口左下角有“过程查看”和“全模块查看”两个按钮，如图 1-20 所示。

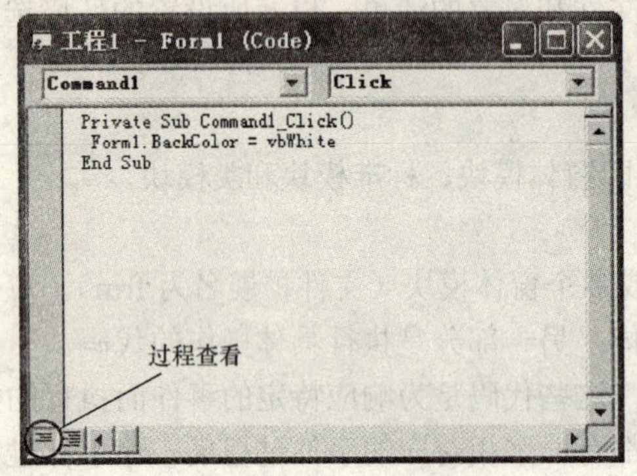

图 1-19 代码窗口的“过程查看”按钮

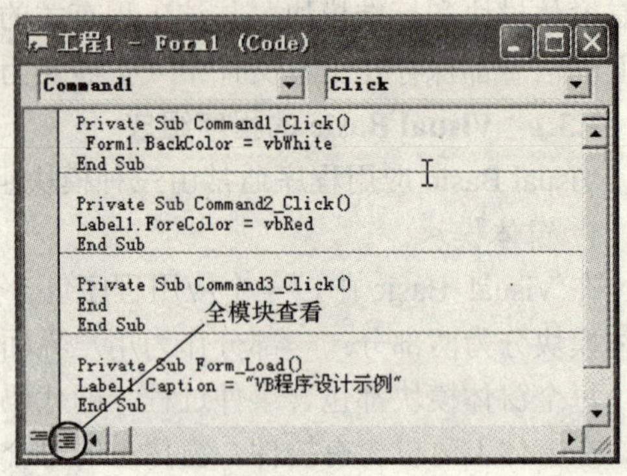

图 1-20 代码窗口的“全模块查看”按钮

1.3.3 事件驱动的工作方式

Visual Basic 编程的一个相当重要的特点是基于对象的事件驱动。程序是由事件驱动的。在事件驱动应用程序中，事件是可以由窗体或控件识别的操作，在响应事件时，事件驱动应用程序执行指定的代码。代码的执行不会遵循固定的执行路径，而是由操作来决定。

Visual Basic 的每个窗体和控件都有一个预定义的事件集，当其中的某个事件发生，并且相关联的事件过程中存在代码时，Visual Basic 执行这些代码。在窗体上拖动鼠标的对象能自动识别预定义的事件集，但必须通过代码判定它们是否响应具体事件以及如何响应具体事件。代码（即事件过程）与每个事件对应。为了让窗体或控件响应某个事件，必须把代码放入这个事件的事件过程之中。对象所能识别的事件类型有多种。例如，大多数对象都能识别 Click 事件，即单击事件。

事件驱动应用程序的典型操作序列为

（1）启动应用程序，加载和显示窗体。

（2）窗体或窗体上的控件接收事件。事件可以由用户引发（例如键盘操作），可以由系统引发（例如定时器事件），也可以由代码间接引发（例如，当代码加载窗体的 Load 事件时）。

（3）如果相应的事件过程中存在代码，则执行该代码。

（4）应用程序等待下一次事件。

注意：有些事件的发生可能伴随其他事件的发生。例如，在发生 Dblclick 事件时，将伴随发生 MouseDown、MouseUp 和 Click 事件。

用 Visual Basic 进行程序设计，除了设计界面外就是编写代码。对于简单的程序，编写的代码主要是事件过程中的代码。

1.3.4　Visual Basic 编程的一般步骤

由于 Visual Basic 的对象表现为窗体和控件，所以程序设计大大简化，一般来说，用 Visual Basic 开发应用程序，分为以下几个步骤：

（1）分析问题，设计算法。

（2）设计应用程序用户界面。

（3）设置界面上各个控件对象属性。

（4）编写程序代码。

（5）调试运行程序。

（6）保存程序文件。

下面通过一个实例来具体说明上述步骤。

【例 1-4】 程序要求：运行程序时，显示如图 1-21 所示的程序界面，要求在输入框输入姓名（如李小明），单击"输入完毕"按钮，屏幕显示："李小明同学，欢迎您来到 Visual Basic 世界！"，单击"退出"按钮结束该程序。

1. 分析问题，设计算法

该题目要求很清楚，无须进一步分析，解决问题的步骤很简单，即输入、单击按钮、输出等。同时该实例需要建立的程序界面应包括 5 个对象，即两个标签、一个文本框和两个命令按钮。

2. 设计应用程序用户界面

应用程序用户界面由对象，即窗体和控件组成。所有的控件都放在窗体上，程序中的所有信息都通过窗体显示出来，窗体是应用程序的最终用户界面。在应用程序中要用到哪些控件，就在窗体上建立相应的控件。程序运行后，将在屏幕上显示由窗体和控件组成的用户界面。

（1）新建一个工程。为了建立应用程序，首先应建立一个新的工程。有如下两种方法新建一个工程：

方法 1：启动 Visual Basic 时，系统显示"新建工程"对话框，在对话框的选项卡中选择"标准 EXE"，然后单击"打开"按钮，即可建立新的工程，进入 Visual Basic 集成开发环境。

方法 2：在 Visual Basic 的"文件"菜单中选择"新建工程"命令，也可建立新的工程，进入 Visual Basic 集成开发环境。

进入 Visual Basic 集成开发环境后，就可以开始设计工程，即应用程序设计。设计工程直接面对的是窗体，窗体是应用程序的运行背景。用户通过窗体来建立用户界面，用户界面由对象组成，建立用户界面实际上就是在窗体上画出代表各个对象的控件。因此主要工作就是在窗体设计器中完成窗体的设置。

（2）添加控件。用户通过工具箱选择并画出控件。单击工具箱中的标签图标，然后在窗体的适当位置画出标签控件，标签内自动标有 Label1 和 Label2。

单击工具箱中的文本框图标，然后在窗体的适当位置画出文本框控件，文本框内自动生成 Text1。

单击工具箱中的命令按钮图标，在窗体的适当位置分别画出两个命令按钮。画完后，按钮内自动标有 Command1 和 Command2。

（3）调整控件的大小和位置。如果对绘制好的程序界面不满意，还可以调整，改变界面中的控件大小和位置。调整方法和在 Word 中调整图片的大小和位置的方法一样。标签、文本框、命令按钮以及窗体等都可以调整大小和位置。多余的控件可以删除，还可以通过“格式”菜单“锁定控件”命令锁定控件。

设置完用户界面后，窗体的结构如图 1-22 所示。

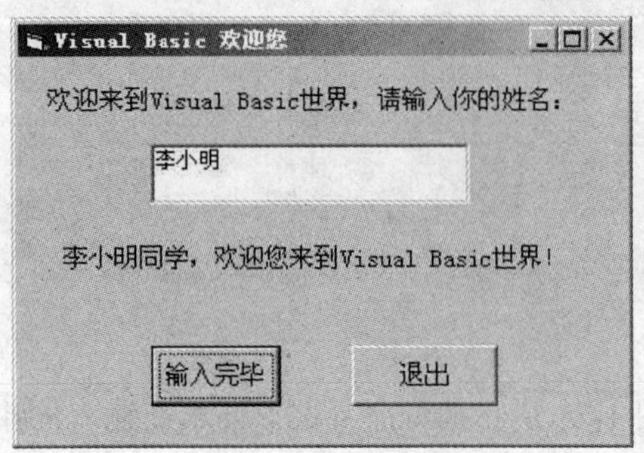

图 1-21 程序实例（运行后）

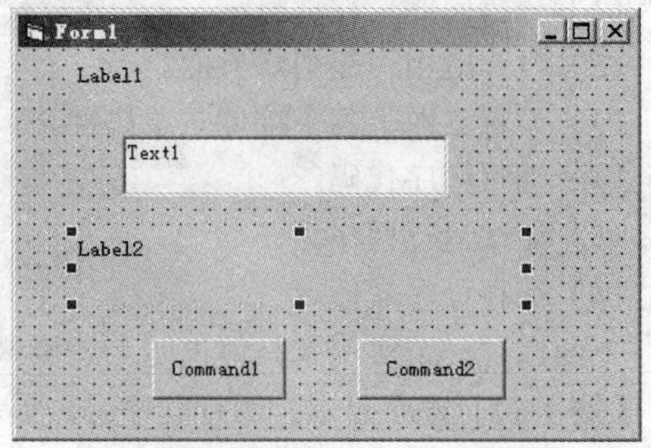

图 1-22 ［例 1-4］的应用程序界面

3. 设置界面上各控件对象属性

用户界面由 5 个控件对象和一个窗体对象构成。每个对象都有默认的属性，如 Caption 属性，窗体对象为 Form1，第一个命令按钮为 Command1。为了使界面符合用户的要求，应当对每个对象的属性进行修改。

（1）设置窗体 Form1 的属性。单击窗体的空白区域，使窗体成为活动对象，在属性窗口中找到标题属性 Caption，将其值改为“Visual Basic 欢迎您”。

（2）设置窗体 Label1、Label2 的属性。Label1 用来显示“欢迎来到 Visual Basic 世界，请输入你的姓名：”，单击 Label1 标签，在属性窗口中将 Caption 属性值改为“欢迎来到 Visual Basic 世界，请输入你的姓名：”，Label2 平时不显示任何内容，因此将 Label2 的 Caption 属性设置为空，即删除 Caption 属性值 Label2，单击“输入完毕”按钮，屏幕显示：“李小明同学，欢迎您来到 Visual Basic 世界！”。

（3）设置文本框 Text1 属性。文本框用来输入姓名，单击 Text1，在属性窗口中将 Text 属性值 Text1 清除。

（4）设置命令按钮属性。单击 Command1 按钮，在属性窗口，把 Caption 属性的默认值 Command1 改为“输入完毕”。将 Command2 按钮的 Caption 属性值设为“退出”。如果字体太小，可通过 Font 属性进行字体大小、样式等的设置。

至此，窗体与控件属性设置完毕，设置属性后的用户程序界面如图 1-23 所示。

4. 编写程序代码

代码即命令或语句，编写代码是 Visual Basic 程序设计必不可少的工作。代码窗口是编写应用程序代码的地方。在代码窗口中有“对象下拉列表框”、“过程下拉列表框”和“代码区”。对象下拉列表框中列出了当前窗体及所包含的全体对象名。其中，无论窗体的名称改为什么，作为窗体的对象名（Name 属性值）总是 Form。“过程下拉列表框”中列出了所选对象的所有事件名。代码区是代码编辑区，能够非常方便地进行代码的编辑和修改。另外，它还自动列出成员特性，能够自动列举适当的选择、属性值、方法或函数原型等性能。

代码编写步骤如下：

（1）在对象下拉列表框中，选定一个对象名 Command1。然后，在过程下拉列表中选中

Click 事件。也可以双击 Command1（输入完毕）按钮，直接进入事件过程 Command1_Click 代码编辑状态。该过程的代码如下：

```
Private Sub Command1_Click()
    Label2.Caption=Text1.Text+"同学,欢迎您来到 Visual Basic 世界!"
End Sub
```

（2）设置 Command2（退出）的单击事件，其代码如下：

```
Private Sub Command2_Click()
    End
End Sub
```

设置完成后的事件代码窗口如图 1-24 所示。

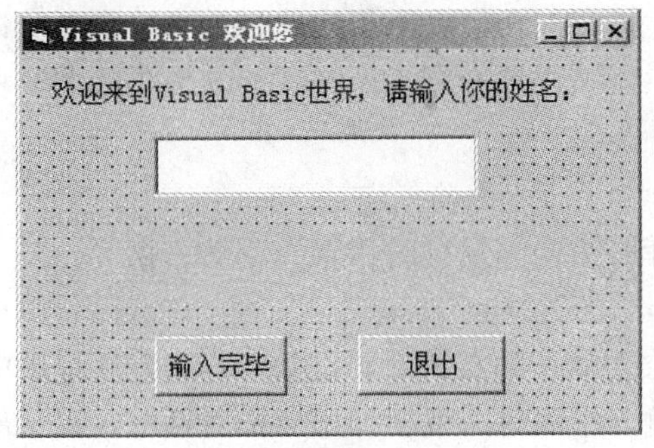

图 1-23　设置属性后的程序界面

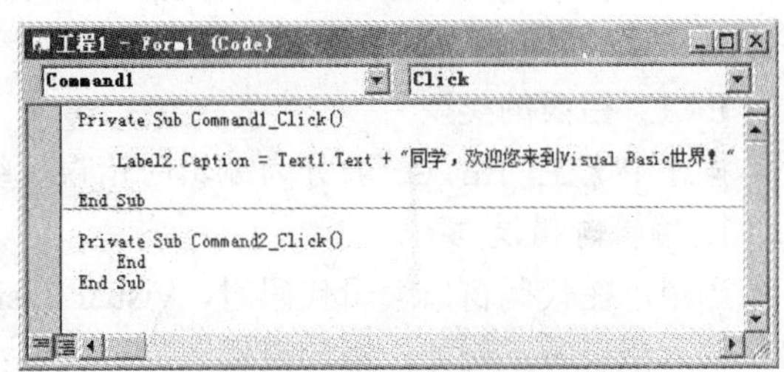

图 1-24　设置完成后的事件代码窗口

5. 调试、运行程序

从“运行”菜单中选择“启动”或单击工具栏上的按钮，或按 F5 键启动该程序，如图 1-25 所示。

如果对显示效果不满意，可返回窗体设计窗口，进行控件、代码等的修改。单击标题栏上的“关闭”按钮可关闭该窗口结束运行，单击工具栏上的按钮也可结束程序运行，返回窗体设计窗口。

6. 保存程序

设计好的应用程序在调试正确以后需要保存工程，即以文件的方式保存到磁盘上。可通过“文件”菜单中的“保存工程”或“工程另存为”命令，也可直接单击工具栏上的按钮，系统将打开“文件另存为”对话框，如图 1-26 所示。

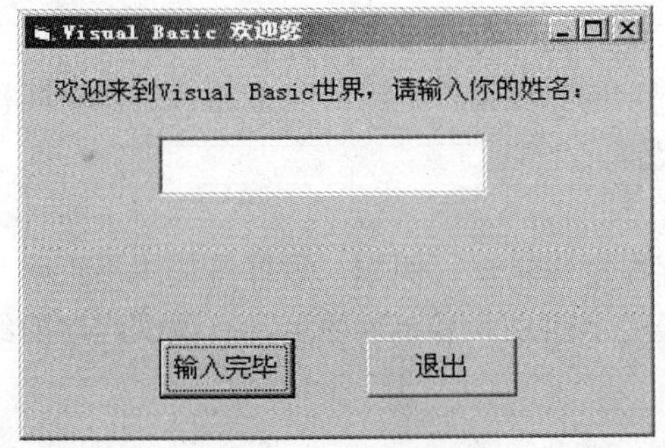

图 1-25　运行应用程序

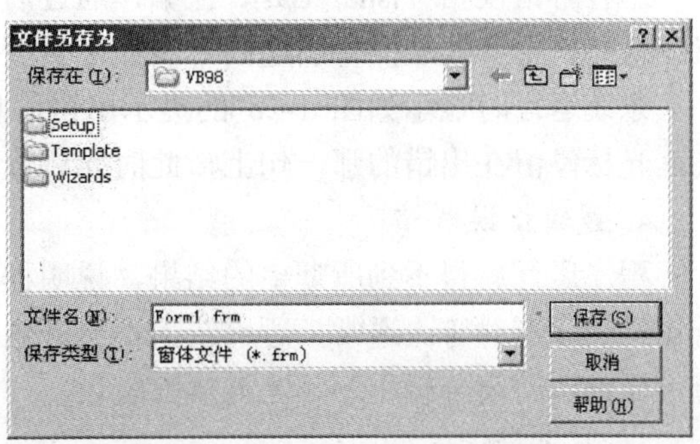

图 1-26　“文件另存为”对话框

由于一个工程可能含有多种文件，如工程文件和窗体文件，这些文件集合在一起才能构成应用程序。保存工程时，系统会提示保存不同类型文件的对话框，这样就有选择存放位置的问题。因此，建议在保存工程时将同一工程所有类型的文件存放在同一文件夹中，以便修改和管理程序文件。

在“文件另存为”对话框中，注意保存类型，保存窗体文件（*.frm）到指定文件夹中。窗体文件存盘后系统会弹出“工程另存为”对话框，保存类型为工程文件（*.vbp），默认工程文件名为“工程 1.vbp”，保存工程文件到指定文件夹中。

1.4 程 序 调 试

在程序设计过程中，程序越复杂就越容易产生错误。所以在上机实践过程中，既要验证程序的正确性，又要学会查找和纠正错误的方法。本节主要介绍 Visual Basic 提供的调试程序工具。

1.4.1 错误的类型

程序中产生的错误一般分为编辑时错误、编译时错误、运行时错误和逻辑错误等。

1. 编辑时错误

当用户在代码窗口编辑代码时，Visual Basic 会对程序直接进行语法检查，当发现程序中存在输入错误时，例如，语句没输入完、关键字输入错误等，就会弹出一个对话框，提示出错信息，如图 1-27 所示。这时，用户必须单击“确定”按钮，关闭出错提示对话框，出错的那一行变成红色，出错部分被高亮度显示，提示用户进行修改。

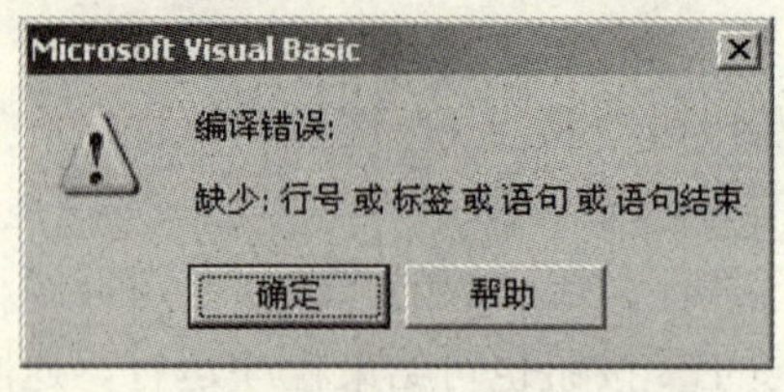

图 1-27 错误信息对话框

2. 编译时错误

编译时错误指单击了“启动”按钮，开始运行程序前，编译要执行的程序段时产生的错误。此类错误是由于用户未定义变量、遗漏关键字等原因而产生的。这时，Visual Basic 也弹出一个与图 1-27 类似的对话框，提示出错信息。出错的那一行被高亮度显示，同时 Visual Basic 停止编译。这时，用户必须单击“确定”按钮，关闭出错提示对话框，然后对出错行进行修改。

3. 运行时错误

运行时错误指 Visual Basic 在编译通过后，运行代码时发生的错误。这类错误往往是由指令代码执行了非法操作引起的。例如，类型不匹配、试图打开一个不存在的文件等。

系统运行时显示如图 1-28 的提示出错信息。当用户单击了“调试”按钮，进入中断模式，光标停留在出错的那一句上，此时允许修改代码。

4. 逻辑错误

程序运行后得不到所期望的结果，说明程序存在逻辑错误。例如，运算符使用不正确、语句的次序不对等。通常，逻辑错误不会产生错误提示信息，需要程序员具有调试程序的经验，仔细地阅读分析程序，才能排除错误。

5. 常见错误

下面介绍在设计程序中经常出现的错误。

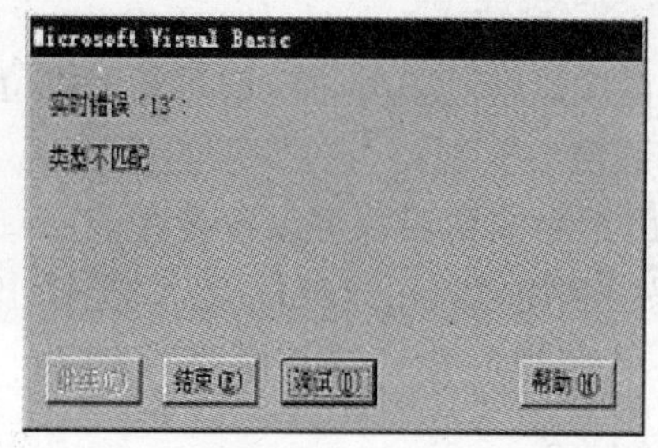

图 1-28　运行错误信息

（1）使用中文标点符号。系统将产生"无效字符"的错误提示，并以红色高亮显示代码。

（2）形状相似的字母和数字混淆。小写字母"l"和数字"1"形式相同，小写字母"o"与数字"0"非常相似，在输入时容易混淆。

（3）对象名称（Name）属性写错。在编写代码时，有可能因为字母顺序输入错误，而导致代码错误，或因为在属性窗口中修改了对象名称，而代码中未做相应修改。

（4）对象的属性名、方法名、标准函数名写错。Visual Basic 在输入代码时，在窗体或控件等对象的名称后，输入"."会自动列出其成员属性和方法，在其中选择属性和方法就可以了。

充分利用自动列出成员的方法，可以保证正确地输入属性名和方法名，避免由于用户直接输入而出现的拼写错误。

1.4.2　调试和排错

我们知道 Visual Basic 是集编辑、编译与运行于一体的集成环境，其工作状态分为设计模式、运行模式、中断模式三种。为了测试和调试应用程序，用户在任何时候都应知道应用程序正处于何种模式之下。在设计模式下可以进行程序的界面设计、属性设置、代码编写等，但在此模式下不能运行程序，也不能使用调试工具；运行模式，即执行"运行"菜单下的"启动"命令（也可按 F5 键或单击工具栏的"启动"按钮），即由设计模式进入运行模式，在此阶段，可以查看程序代码，但不能修改。若要修改代码，必须选择"运行"菜单的"结束"命令（或单击工具栏的"结束"按钮），回到设计模式或选择"运行"菜单的"中断"命令（或单击工具栏的"中断"按钮）进入中断模式，才可以修改代码。在中断模式下运行的程序被挂起，可以查看代码、修改代码、检查数据，修改结束，再单击"继续"按钮继续程序的运行或单击"结束"命令停止程序执行。

1. 插入断点和逐语句跟踪

在调试程序时，通常会设置断点来中断程序的运行，然后逐语句跟踪检查相关变量、属性和表达式的值是否在预期的范围内。在中断模式下或设计模式时可设置或删除断点。当应用程序处于空闲时，也可在运行时设置或删除断点。

一般在代码窗口选择怀疑存在问题的地方按下 F9 键，即可设置断点。在程序运行到断点语句处（该语句尚未执行）停下，进入中断模式，在此之前所关心的变量、属性、表达式的值都可以查看。若要继续跟踪断点以后的语句执行情况，只要按 F8 键或选择"调试"菜单的"逐语句"即可逐语句执行。

2. 调试窗口

在中断模式，除了用鼠标指向要观察的变量直接显示其值外，一般可通过“立即”窗口（单击“视图”菜单中的“立即”菜单项可打开该窗口）观察有关变量的值。

“立即”窗口是在调试窗口中使用最方便、最常用的窗口。可以直接在该窗口使用 Print 语句或“？”显示变量的值，也可以在程序代码中利用 Debug.Print 方法，把输出送到“立即”窗口。Visual Basic 还提供了“本地”窗口、“监视”窗口等其他调试窗口。

1.5 学习总结

1. Visual Basic 集成开发环境中的窗口

窗体设计器：使用工具箱中的各种控件，设计所需的程序运行界面。

工程资源管理器：管理当前工程中所包含的各种文件。

属性窗口：设置窗体和控件等对象的属性值。注意：一定要先选择对象，再设置属性。

窗体布局窗口：设置当前窗体启动时在屏幕上的显示位置。

工具箱：由一组图标组成，用于进行应用程序的界面设计。

代码窗口：输入或编辑各模块中的程序代码。

提示：如果误关闭了所需的窗口，通常可从“视图”菜单中进行相应的选择；如果将某一窗口移到了其他位置，双击该窗口的标题栏即可复位。

2. 创建 Visual Basic 应用程序的步骤

启动 Visual Basic 后，一般可按如下步骤创建应用程序：建立工程、设计应用程序界面、设置对象属性、编写程序代码、保存、运行程序、生成可执行文件。

3. Visual Basic 的对象和编程特点

对象是代码和数据的组合，可以被作为一个整体来处理。Visual Basic 的对象具有属性、事件和方法。属性是描述对象特征的数据，事件是可被对象识别的动作，方法告诉对象应做的事情，即对象的动作。

Visual Basic 编程的特点主要是面向对象和事件驱动。

4. Visual Basic 的程序组成

一个 Visual Basic 应用程序通常是由多种类型的文件模块组成的，其中最常用的是窗体模块（扩展名为.frm ）和标准模块（扩展名为 .bas ）。

与工程有关的全部文件和对象的清单，以及所设置的环境选项方面的信息都保存在工程文件中（扩展名为.vbp）。

5. 使用 Visual Basic 的帮助系统

可以使用联机帮助（选择“帮助”菜单中的相关命令）和上下文相关帮助（F1 键）等。

习 题

1-1 设计一个窗体，如图 1-29 所示，其中有“改变窗体高度”、“改变窗体宽度”和“改变窗体颜色”三个按钮。程序要求如下：

（1）单击窗体时，在窗体上出现“请单击右面的命令按钮”，如图 1-29 所示。

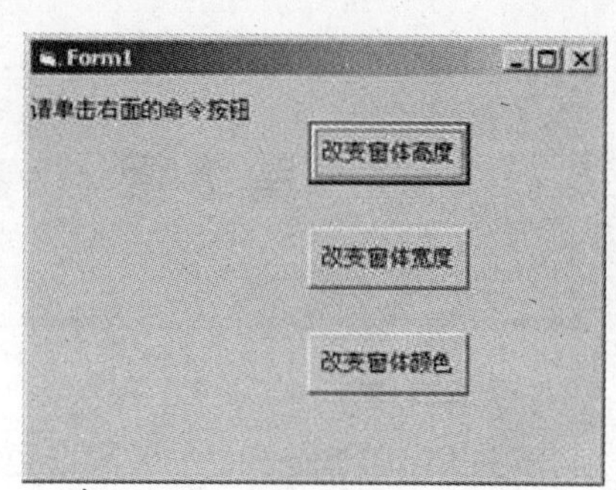

图 1-29　习题 1-1 的运行界面

（2）单击“改变窗体高度”按钮，可使当前窗体的高度减少 400。

（3）单击“改变窗体宽度”按钮，可使当前窗体的宽度减少 400。

（4）单击“改变窗体颜色”按钮，可将当前窗体的背景色设置为黄色。

（5）窗体文件保存为 exer12.frm，工程文件保存为 exer12.vbp 。

1-2　设计一个如图 1-30 所示的窗体，当单击“正确无误”按钮时，将在“立即”窗口中输出用户输入的各项数据。将窗体文件保存为 Frmdl.frm，工程文件保存为 exer13.vbp。

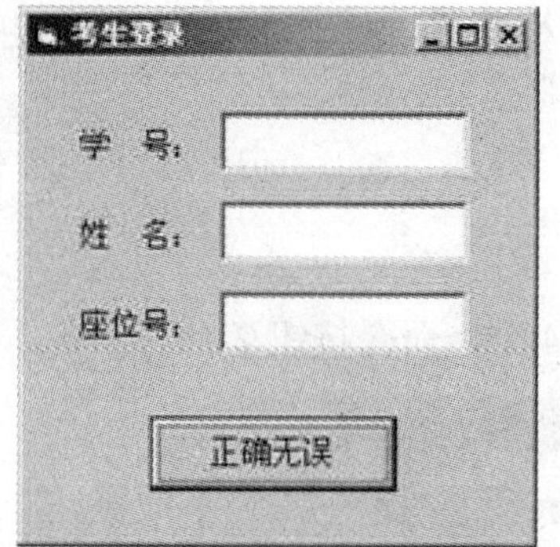

图 1-30　习题 1-2 的界面

第 2 章　Visual Basic 程序设计基础

【学习目标】

掌握 Visual Basic 的常用数据类型、运算符与表达式；熟练掌握和应用 Visual Basic 的常用内部函数。

2.1　常用数据类型与运算符表达式学习实例

实例 1　设计 Visual Basic 程序，实现小学生两位数乘法的学习。要求包含出题功能，正确答案显示功能，以及学习成绩显示功能。

2.1.1　实例 1 的实现

一、界面的实现

如图 2-1 所示的界面包含文本框 6 个，标签框 4 个，命令按钮 2 个。

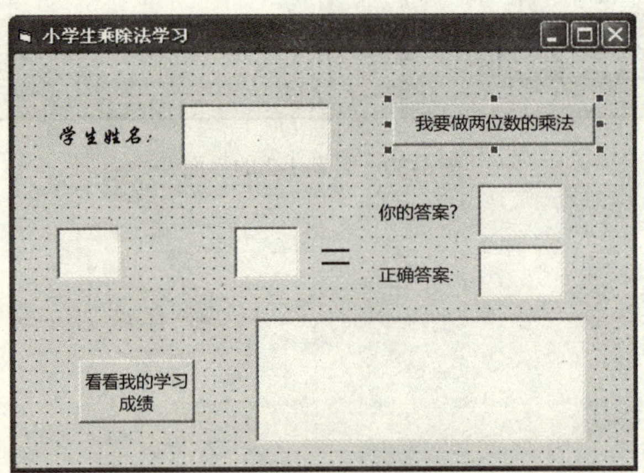

图 2-1　实例 1 的设计界面

二、代码编写

关于代码编写部分将分别呈现两部分内容，即控件属性的设置和控件事件代码的编写。

1. 控件属性窗口设置

表 2-1 所示为实例 1 控件的主要属性值的设置。

表 2-1　实例 1 的控件属性设置

控件名称	文本框 Text1～6	标签框 Label1	标签框 Label1	标签框 Label1	标签框 Label1	命令按钮 Command2	命令按钮 Command3
属性名	Text	Caption	Caption	Caption	Caption	Caption	Caption
属性值	" "	"学生姓名"	"="	"你的答案"	"正确答案"	"看看我的学习成绩"	"我要做两位数的乘法"

2. 程序实现参考代码

```
Dim m As Byte, m1 As Byte

Private Sub Command2_Click()        学习成绩总结
If m1 = 0 Then
Text5.Text = Text1.Text + "很遗憾乘法一道都不对!"
Else
If m1 / m < 0.6 Then Text5.Text = Text1.Text + "你的乘法还要加强!"
If m1 / m > 0.6 And m1 / m < 0.9 Then Text5.Text = Text1.Text + "你的乘法学的不错!"
If m1 / m = 1 Then Text5.Text = Text1.Text + "太棒了乘法全对!"
End If
End Sub
                                    产生随机的两位乘数
Private Sub Command3_Click()
Dim a As Integer, b As Integer
Label2.Caption = "*"
Text4.Text = ""
a = Int(Rnd * (90) - 10)
b = Int(Rnd * (90) - 10)
Text2.Text = Str(a)
Text3.Text = Str(b)
m = m + 1
End Sub
Private Sub Text4_KeyPress(KeyAscii As Integer)
If KeyAscii = 13 Then
Text6.Text = Val(Text3.Text) * Val(Text2.Text)
If Text4.Text = Text6.Text Then m1 = m1 + 1
End If
End Sub
                                    用户输入答案文本框的键盘按下事件
```

2.1.2　实例 1 的编程分析

一、界面构思

图 2-2 为实例 1 的最终运行结果界面。

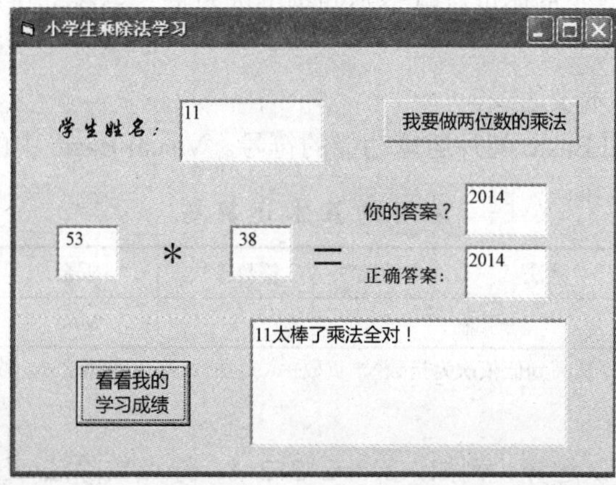

图 2-2　实例 1 的运行界面

二、程序构思

1. 所用 Visual Basic 编程知识点

实例 1 实际为乘法运算题，我们知道数学运算涉及整数运算、实数运算等不同数据类型的运算，所以 Visual Basic 中也包含相应数据类型的定义及使用。

（1）数据类型。Visual Basic 提供了数值型、字符型、日期型、逻辑型、变体型、对象型等多种数据类型。

1）整型数据：用于表示没有小数点的数据，它主要使用在对显示和存储要求比较严格的数据。如果超过了整型数的计数范围，用户可以使用长整型 Long。长整型变量在内存中占用 4 个字节。

2）浮点数：包括单精度型和双精度型。

单精度型（Single）变量在内存中占用 4 个字节，存储为 IEEE32 位十进制数值的形式。

双精度型（Double）变量在内存中占用 8 个字节，存储为 IEEE64 位十进制数值的形式。

3）货币类型（Currency）：变量在内存中占用 8 个字节，存储为 64 位整型的数值形式，然后除以 10 000 之后给出一个定点数，其小数点左边有 15 位数字，右边有 4 位数字。这种数据类型在货币计算和定点计算中很有用，在这种场合精度特别重要。

4）字符串变量（String)：有两种——变长字符串变量与定长字符串变量。变长字符串最多可包含 2G 个字符。定长字符串可包含大约 64K 个字符。字符串变量通常用来保存文本，例如文本框 Text 的 Text 属性中的文本。

5）日期型（Date）变量：在内存中占用 8 个字节，存储为 IEEE64 位十进制数值形式，其可以表示的日期范围从 0100 年 01 月 01 日至 9999 年 12 月 31 日，而时间可以从 00:00:00 至 23:59:59。任何可辨认的文本日期都可以赋值给 Date 变量。日期文字前后须加上数字符号#或者直接用文本定义。

6）逻辑型变量（Boolean)：也被称为布尔型变量，在内存中占用两个字节，存储为 16 位的数值形式。其取值范围只能是 True 或 False。

7）变体型数据：是一种特殊的数据类型，除了定长字符串数据及用户定义类型外，还可以包含各种类型的数据。它可以包含 Empty、Error 及 Null 等特殊值。如果向变体型变量中赋予整数值，则系统会当作整数处理；如果赋值为字符串，则系统会将其当作字符串。在同一过程运行期间，变体型变量还可以赋予不同类型的数据，系统会进行相应的转换。

（2）运算符和表达式。

1）算术运算符与算术表达式。

运算符是代表 Visual Basic 某种运算功能的符号。Visual Basic 中的算术运算符见表 2-2。

表 2-2　　常用的算术运算符

指数	负数	乘法	浮点数除法	整数除法	求余	加法	减法
^	–	*	/	\	Mod	+	–

注　算术运算符的优先级次序从高到低依次为指数^、负数–、乘法*、浮点数除法 /、整数除法\、求余 Mod（又称取模)、加法和减法。

说明：指数^表示幂次运算，例如，2^3=2*2*2=8；浮点数除法/表示通常意义上的除，其结果包含小数位，例如，7/2=3.5；整数除法\表示取整的除法，其结果仅含商的整数部分，例如，7\2=3；求余 Mod 表示取余运算，其结果仅含除法的余数部分，例如，7Mod2 结果为 1；其他运算和中学数学中的含义完全一样。

整除和求余只能对整型数据进行，对实型数先四舍五入为整数后再整除、求余。

算术表达式可由常量、变量、函数、运算符或圆括号连接后组成。

Visual Basic 算术表达式的书写格式：①不能漏写运算符，如 3xy 应写作 3*x*y。②Visual Basic 算术表达式中只能使用小括号。

2）字符串运算符与字符串表达式。字符串运算符：使用连接符 “ + ” 或 “ & ” 将字符串进行连接，生成一个新的字符串。

例如：a$ = "Visual"，b$ = "Basic"

则 a$ & b$或 a$ + b$的结果都是 Visual Basic。

注意："&"具有自动将非字符串类型的数据转换成字符串后再进行连接的功能，而"+"则不能。

例如："xyz"&123 计算后表达式的值为"xyz123"，而 "xyz"+123 出现类型不匹配的错误。

3）关系运算符与关系表达式。关系运算符（又称比较运算符）用来确定两个表达式之间的关系。各个关系运算符的优先级是相同的，结合顺序从左到右。由两个表达式和关系运算符组成的表达式称为关系表达式。

关系表达式是用几个比较运算符把两个表达式（如算术表达式）连接起来的式子。表 2-3 中为常用的比较运算符。

表 2-3　常用的比较运算符

大于	大于等于	小于	小于等于	等于	不等于
>	>=	<	<=	=	<>

注　1．所有比较运算符的优先级都相同，运算时按其出现的顺序从左到右执行。

2．比较运算符两侧可以是算术表达式、字符串表达式或日期表达式，也可以是作为表达式特例的常量、变量或函数，但是两侧的数据类型必须一致。

3．字符型数据按其 ASCII 码值进行比较：比较两个字符串时，先比较两个字符串的第一个字符，其中字符大的字符串大。如果第一个字符相同，则取第二个字符比较，以决定它们的大小，依次类推。

4．日期类型数据比较先后，后来的日期大：#11/18/2009# > #03/05/2010#，为 False。

5．字符类型数据比较字符的 ASCII 码，若两端首字符相同，则比较第二个字符……

例如　"ABCd" >= "ABCD"　为 True；

"ABCd" >= "cd"　为 False；

"ABCd" = "ABCd"　为 True，是两个完全相同的字符串。

6．字符串按机内码顺序对各字符逐一进行比较。

4）逻辑运算符和逻辑表达式。Visual Basic 中的逻辑运算符：and（与）、or（或）、not（非）、xor（异或）、eqv（等价）等 5 种。其真值表见表 2-4。

表 2-4　逻辑运算符真值表

表达式 A	表达式 B	A and B	not A	A or B	A xor B	A eqv B
F	T	F	T	F	F	T
F	T	T	T	T	T	F

续表

表达式 A	表达式 B	A and B	not A	A or B	A xor B	A eqv B
T	F	F	F	T	T	F
T	T	T	F	T	F	T

从表 2-4 可以看出，经过 not 运算后，原为真值（True）的量变为假值（False），假值则变为真值；且两个均为真值，经过 and 运算后得到真值，否则，为假值；两个量中只要有一个为真值、经过 or 运算后得到真值；两个量同时为真值或同时为假值，xor 运算结果为假值，否则，为真值；如果两个量同时为真值或同时为假值，eqv 运算结果为真值，否则，为假值。

注意：逻辑运算符的优先级次序从高到低依次为 not、and、or、xor、eqv。

说明：表达式的运算顺序是先进行算术运算或字符串运算，再做比较运算，逻辑运算。括号优先，同级运算从左到右执行。

有时一个逻辑表达式里还包含有多个逻辑符，运算时，按 no、and、or、xor、eqv 的优先级从高到低的顺序执行。逻辑表达式的取值为逻辑值（或称布尔值）：真（True）和假（False）。

5）关系运算与逻辑运算。①关系运算和逻辑运算的结果都是逻辑值：真（True）或假（False），非 0 表示逻辑真，0 表示逻辑假。②它们通常用在程序的条件判断中。

6）日期时间运算符。①日期时间型数据+或–数值型数据（天数）=新的日期时间型数据；②日期时间型数据–日期时间型数据=天数；③日期时间型数据之间的比较：较晚的（日期时间型数据）大于较早的。

7）表达式的运算顺序。

计算机按以下顺序对表达式求值：①函数运算；②算术运算；③关系运算；④逻辑运算。

2. 编程思路及 Visual Basic 参考实现

对于实例 1，考虑用几个文本框作为用户的输入输出界面。在命令按钮 3 的单击事件中利用公式 Int（Rnd *（90）–10）产生随机的两位正整数，输出显示在两个文本框中；同时累计统计所出的题目数。命令按钮 2 的单击事件中利用 IF 语句（将在第三章中学习）对用户做的题目的结果进行判断，对用户做对的题目所占的比例按 0%、小于 60%、60%～90%以及大于 90%进行分类总结。当用户输入答案并按下 Enter 键时，进行正确与否的判断并统计做对的题目数。

2.2 常量和变量学习实例

实例 2 设计 Visual Basic 程序，体会全局变量、局部变量和过程级静态变量的定义与使用时的区别。

2.2.1 实例 2 的实现

一、界面实现

如图 2-3 所示为实例 2 的设计界面效果图。

二、代码编写

代码编写部分分别呈现两部分内容，即控件属性的设置及控件事件代码的编写。

1. 控件属性窗口设置

表 2-5 为实例 2 中控件的主要属性值。

表 2-5　　实例 2 中控件的属性值

控件名称	窗体 Form1	文本框 Text1	文本框 Text1	命令按钮 Command1	命令按钮 Command2
属性名	Caption	Text	MultiLine	Caption	Caption
属性值	"统计输出大写字母的个数"	""	True	"统计并输出"	"程序结束"

2. 程序实现参考代码

```
Dim n As Integer
Private Sub Command1_Click()        全局变量按钮单击事件
n = n + 1
Print "n="; n; 'n 是全局变量,可以累积按钮的点击次数。
End Sub

Private Sub Command2_Click()        局部变量按钮单击事件
Dim m As Integer
Static x As Integer
x = x + 1
m = m + 1
Print "x="; x; 'x 是静态过程变量,过程结束存储空间不释放,可以累积按钮的点击次数。
Print "m="; m; 'm 是局部变量,过程结束存储空间释放,不可以累积按钮的点击次数。
End Sub

Private Sub Command3_Click()        过程静态变量按钮单击事件
Print "x="; x; 'x 是静态过程变量,过程结束存储空间不释放,可以累积按钮的点击次数。但是其他过程不可调用它的值!
End Sub
```

2.2.2　实例 2 的编程分析

一、界面构思

如图 2-4 所示为实例 2 的运行结果显示界面。

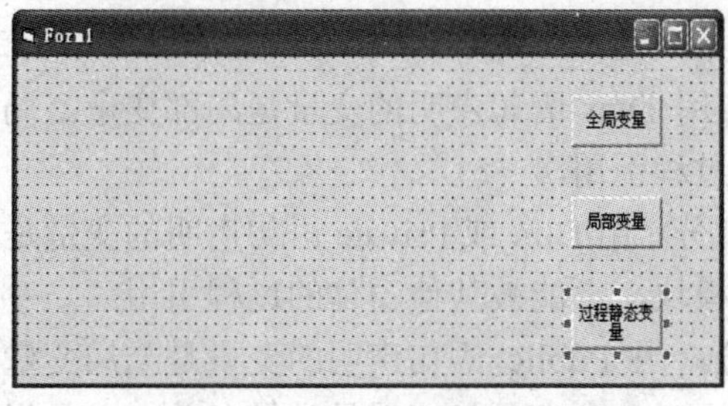

图 2-3　实例 2 的设计界面

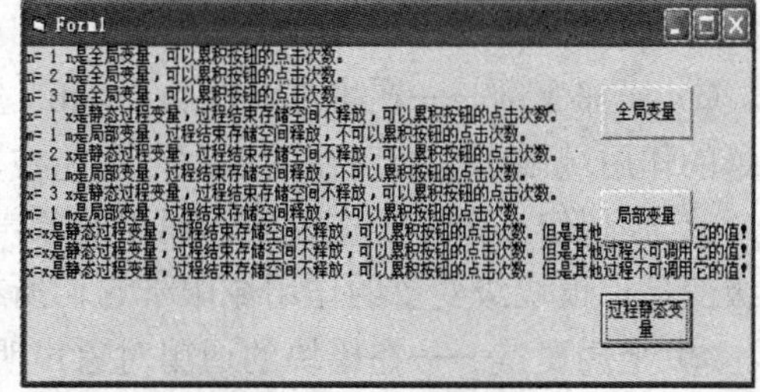

图 2-4　实例 2 的运行界面

二、程序构思

1. 所用 Visual Basic 编程知识点

（1）变量。变量是任一种高级编程语言所必须具有的。变量用来存储数据，并且可以用来在函数和过程中传递参数。变量的值可以改变，并拥有一个名称和一定的数据类型，在内存中占有一定的存储单元。在该存储单元中存放变量的值，注意变量名和变量的值是不同的两个概念。

定义和使用变量时，通常要把变量名定义为容易使用的和能够描述所含数据用处的 Visual Basic 合法变量名。Visual Basic 的一个显著特点就是不需要在使用一个变量之前一定要定义该变量。但是作为一个好的程序员还是应该习惯于先声明后使用变量。

为了避免写错变量名引起的麻烦，可以规定，只要遇到一个未经明确声明的变量名，Visual Basic 都发出错误报告。这时可以在类模块、窗体模块或标准模块的声明段中加入 Option Explicit 语句。或者在 Tools 菜单中选取“选项”，单击“编辑器”选项卡，再复选“要求变量声明”选项。这样就在任何新模块中自动插入 Option Explicit 语句，但注意不会在已经建立起来的模块中自动插入。所以对于已建立的模块只能用手工方法向现有模块添加强制声明语句。

Visual Basic 中声明变量时，声明部分的位置决定了变量能在程序中的哪一部分有效，变量对于程序的可识别程度称为变量的作用范围。

Visual Basic 中的代码区域是以层的方式设置的，这种结构是一种等级分明的结构。在 Visual Basic 中代码区域有 4 个主要的功能模块：窗体、MDI 窗体、模块和类模块，这是第一层。这些区域又分成了通用区域和过程区域，这是第二层。相应的变量也分为过程级（局部）变量和模块级变量，这取决于声明该变量时采用的方式。

在声明变量时有两种变量范围说明符，分别是 Private、Public。Private 表示私有变量或者局部变量，它的作用范围是当前过程；Public 表示公用变量，它的作用范围是整个模块，也就是说，在模块的任何过程中都可以使用由 Public 定义的变量。

过程级变量只有在声明它的过程中才能被识别，因而也称为局部变量。前面介绍过可以用 Dim 语句来声明过程级局部变量，这种局部变量在每次过程调用结束时消失，但是有时用户会希望过程中的某个变量的值一直存在，这就要用静态变量。静态变量用 Static 声明。

声明了静态变量之后，每次过程调用结束时系统就会保存该变量的变量值。在下一次调用该过程时，该变量的值会一直存在。

综上所述可总结如下。

1）变量的作用域：

① 局部变量——在事件、函数、Sub 过程中用 Dim 语句声明的变量是局部变量。局部变量的作用域限于它们所在的过程，不能被其他过程引用。

② 模块级变量——在模块的通用对象声明部分，用 Dim 或 Private 语句声明的变量是模块级变量。模块级变量的作用域限于它们所在的模块，不能被其他窗体的过程引用。

③ 全局变量——在模块的通用对象声明部分，用 Public 语句声明的变量是全局变量。全局变量可以在整个工程中被引用，其他窗体引用时，在变量名或符号常量名前，必须指出窗体名称。

2）变量的生存期——根据变量在程序运行期间的生命周期，把变量分为静态变量（Static）和动态变量（Dynamic）。

① 动态变量——动态变量是指程序运行进入变量所在的过程时，才分配给该变量内存空间，退出该过程时，变量所占的内存空间自动释放，其值消失。使用 Dim 语句在过程中

声明的局部变量就属于动态变量，在过程执行结束后，变量的值不被保留，在每一次重新执行过程时，变量重新声明。

② 静态变量——静态变量是指程序运行期间虽然退出变量所在的过程，其值仍被保留的变量，即变量所占的内存空间没有释放。当以后再次进入该过程时，原来变量的值可以继续使用。

a）使用 Static 语句在过程中声明的局部变量就属于静态变量。静态变量只能在过程中声明，不能在通用对象声明部分声明。

b）为使过程中所有的局部变量都为静态变量，可在过程头部加上关键字 Static，如 Private Static Sub aa( )。在 Sub 过程中，无论用 Static、Dim 或 Private 声明的变量，还是隐式声明的变量，都称为静态变量。

（2）常量。常量的处理比变量快，程序运行时，常量值不需要查找，编译器只要将常量名换成常数即可，这样保证了程序执行更快。

在程序设计中，经常会遇到一些多次出现或难以记忆的常数值，我们可以用常量定义的方法以标识符对这些常数值命名，取代应用程序中出现的常数值。这样做可以提高代码的可读性和可维护性。这个被定义的常量名称为符号常量。

说明符号常量时，可以在常量名后加上类型说明符。

在程序中引用符号常量时，通常省略类型说明符。类型说明符不是符号常量的组成部分。

Const 语句可以放在程序的不同位置，语句出现的位置不同，有效范围也不同。

2. 编程思路及 Visual Basic 参考实现

对于实例 2，主要体会全局变量、局部变量、动态变量以及静态变量的定义和作用域等的不同。其中，*n* 在程序的通用声明部分定义为全局变量，*x* 是过程级别静态变量，定义在命令按钮 2 的单击事件过程中，可以累计按钮的单击次数但不可被其他命令按钮调用。

2.3　常用内部函数学习实例

实例 3　设计 Visual Basic 程序，在用户输入的一个字符串变量中查找用户指定的颜色单词，并用输出对话框给出找到的个数或找到的查找结果。

2.3.1　实例 3 的实现

一、界面实现

如图 2-5 所示为实例 3 的设计效果界面。

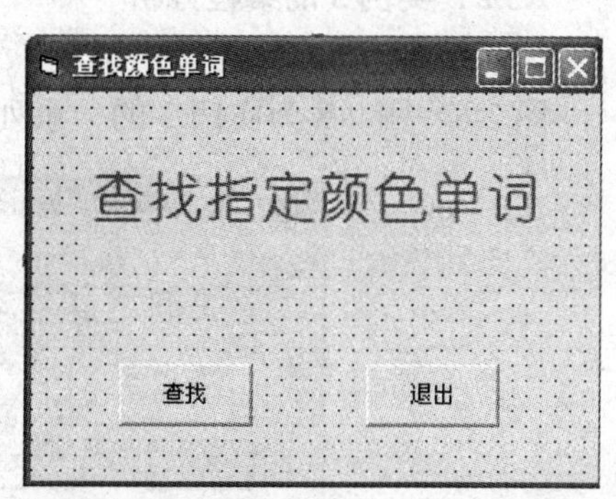

图 2-5　实例 3 的设计效果界面

二、代码编写

代码编写部分分别呈现两部分内容，即控件属性的设置及控件事件代码的编写。

1. 控件属性窗口设置

表 2-6 为实例 3 中控件的主要属性值。

表 2-6 实例 3 中控件的属性值

控件名称	窗体 Form1	文本框 Text1	文本框 Text1	命令按钮 Command1	命令按钮 Command2
属性名	Caption	Text	MultiLine	Caption	Caption
属性值	"统计输出大写字母的个数"	" "	True	"统计并输出"	"程序结束"

2. 程序实现参考代码

```
Private Sub Command1_Click()        '查找按钮单击事件
Dim str1 As String, str2 As String, length%, sum%, i%
str2 = InputBox("请输入要查找的颜色单词!")
str1 = InputBox("请输入一个字符串!")
length = Len(str1)
i = 1
sum = 0
Do While i <= length - 2
    If Mid(str1, i, Len(str2)) = str2 Then
        sum = sum + 1
    End If
  i = i + 1
Loop
If sum = 0 Then
    MsgBox "没有找到"
Else
    MsgBox "找到了" & Str(sum) & "个" & str2
End If

End Sub

Private Sub Command2_Click()        '退出按钮单击事件
End
End Sub
```

2.3.2 实例 3 的编程分析

一、界面构思

图 2-6～图 2-8 为实例 3 的一系列运行效果界面。

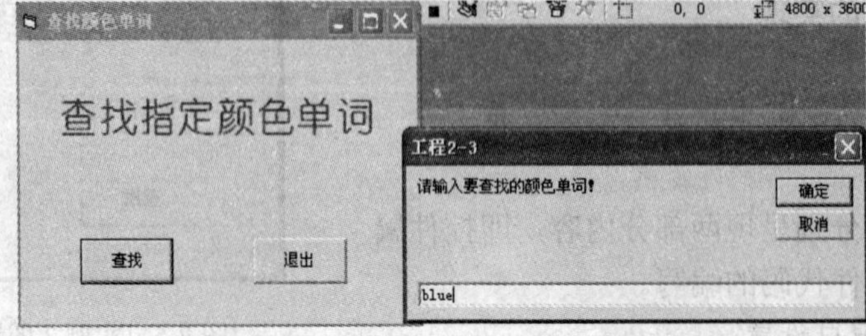

图 2-6 实例 3 的运行之查找单词输入界面

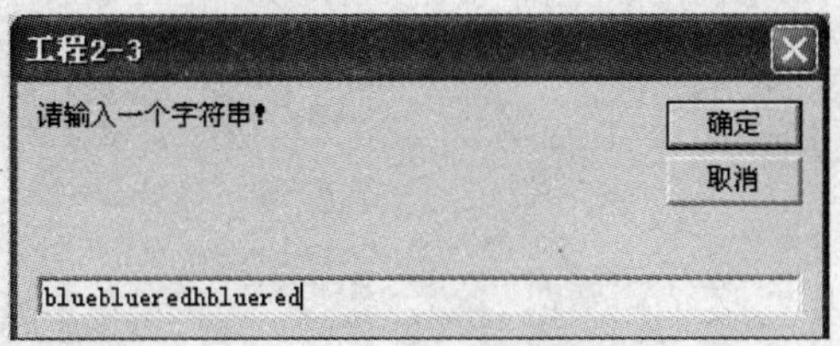

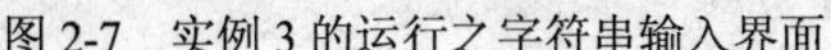

图 2-7 实例 3 的运行之字符串输入界面

图 2-8 实例 3 的查找结果输出界面

二、程序构思

1. 所用 Visual Basic 编程知识点

Visual Basic 的内部函数大体上可以分为转换函数、数学函数、字符串函数、时间日期函数和随机函数 5 类。这些函数都带有一个或几个自变量，在程序设计语言中称为“参数”。函数对这些参数运算，返回一个结果值。

常用函数格式:<函数名> ([<参数表>])

其中：

1）若有多个参数，则以逗号分隔。

2）函数以表达式的形式调用，即变量名=<函数名> ([<参数表>])。

3）内部函数参数表达式的值不受计算过程的影响，其计算过程只是访问它们。

（1）数学函数。

1）三角函数。

sin（*x*）：返回自变量 *x* 的正弦值。

cos（*x*）：返回自变量 *x* 的余弦值。

tan（*x*）：返回自变量 *x* 的正切值。

atan（*x*）：返回自变量 *x* 的反正切值。

其中：*x* 是数值表达式，sin、cos、tan 函数的自变量是以弧度为单位的角度，而 atan 函数的自变量是正切值，返回值是以弧度为单位的角度。

一般情况下，自变量以角度给出，可以用下面的公式将其转换为弧度：

$1° = \pi/180 = 3.14159/180°$（弧度）

例如：sin 30°写成 Visual Basic 的表达式为 sin（30 * 3.1416/180）。

2）绝对值函数。abs（*x*）：返回 *x* 的绝对值。

3）指数函数。exp（*x*）：返回以 e 为底、*x* 为指数的值，即求 e^x 值。

4）对数函数。log（*x*）：返回 *x* 的自然对数。

5）符号函数。sgn（*x*）：返回 *x* 的符号（–1、0、1）。

6）求平方根函数。sqr（*x*）：返回 *x*（*x*≥0）的平方根。

7）取整函数。int（*x*）返回不大于 *x* 的最大整数。

例如：int（5.8）值为 5；int（–5.8）值为–6。

fix（*x*）：返回 *x* 的整数部分。

例如：fix（6.8）值为 6；fix（–6.8）值为–6。

（2）字符串函数。

1）trim（x）、ltrim（x）、rtrim（x）：删除空白字符函数。

trim（s）：去除 s 字符串前后所有空格（s 为字符串）。

例如：trim（"abc"）：计算结果为 "abc"。

ltrim（s）：去除 s 左边所有空格。

例如：ltrim（"abc"）：计算结果为"abc"。

rtrim（s）：去除 s 右边所有空格。

例如：rtrim（"abc"）：计算结果为"abc"。

2）mid（x，m，n）、left（x，n）、right（x，n）：字符串截取函数。

left（x，n）：从字符串 *x* 左边（前）截取 *n* 个字符组成新的字符串。

right（x，n）：从字符串 *x* 右边（后）截取 *n* 个字符组成新的字符串。

mid（x，m，n）：从字符串 x 第 m 个字符起，截取 *n* 个字符，组成新的字符串。

例如：x $ = “12345678”

Left（x$，2）：返回“12”。

Right（x$，2）：返回“78”。

Mid（x$，2，3）：返回“234”。

Mid（x$，9，3）：返回空字符串。

3）Len（x）：字符串长度测试函数。*x* 为字符串，则返回字符串长度。*x* 不是字符串，则返回 *x* 所占存储空间的字节数。

例如：Len（"1234567"）：返回 7。

4）Ucase（x）、Lcase（x）：字母大小写转换函数。

例如：Ucase（"ABcde"）：返回“ABCDE”。

Lcase（"ABcde"）：返回“abcde”。

5）Space（n）：生成由 *n* 个空格组成的字符串。

6）Instr（x，y）：字符串查找函数。

返回字符串 *y* 在字符串 *x* 中首次出现的位置；如果 *y* 没有出现在 *x* 中，则返回 0。

7）String（n，ch）：生成 *n* 个同一字符（ch）组成的字符串。

8）spc（n）、tab（n）：输出定位，仅用于 Print 语句。

（3）日期和时间函数。

1）date：返回系统当前日期。

2）time：返回系统当前时间。

3）now：返回系统当前日期、时间。

4）minute（now）、minute（time）：返回系统当前时间 hh：mm：ss 中的 mm（分）值。

5）second（now）、second（time）：返回系统当前时间 hh：mm：ss 中的 ss（秒）值。

（4）类型转换函数。

1）str（x）：返回数值 *x* 的字符串形式。

2）val（x）：val 数返回字符串表达式 *x* 中所含的数值。

3）chr（x）：返回 ASCII 码值为 *x* 的字符。

4）asc（x）：返回字符串 *x* 的首字符的 ASCII 码值。

（5）随机函数。在测试、模拟及游戏程序中，经常使用随机数。Visual Basic 的随机函数和随机语句就是用以产生这种随机数的。

1）Rnd [（x）]：产生一个大于或等于 0 且小于 1 的单精度随机数。

2）为了生成[a，b]范围内的随机整数，可使用以下公式：

Int（(b-a+1）*rnd+a）

其中，*b* 是随机数范围的上限；*a* 是随机数范围的下限。

3）Randomize 语句。

```
randomize [ < n > ]
```

初始化 rnd 函数的随机函数发生器，为其设初值 *n*。

（6）与 print 方法有关的函数。

1）tab（n）：输出定位，仅用于 print 语句。将输出项定位到从第 *n* 列开始显示输出，tab 函数与输出项之间用分号隔开。

2）spc（n）：输出 *n* 个空格。

（7）inputbox 函数和 msgbox 函数。

1）inputbox 函数：输入对话框。产生输入对话框，用户在其上的文本框中输入信息，按“确定”按钮后，返回用户输入的信息。

str2 = inputbox（"请输入要查找的颜色单词！"，"输入"，"red"）

如图 2-9 所示为 inputbox 函数的 3 个参数所对应的界面显示位置。

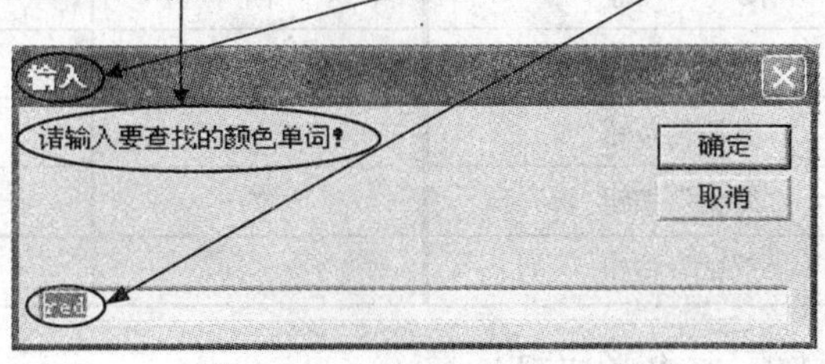

图 2-9 inputbox 界面

2）msgbox 函数：消息对话框。输出消息，用户单击按钮后返回一个整数以表明单击了哪个按钮。

y=msgbox（"你的输入不合法！"，52，"警示"）

如图 2-10 所示为 msgbox 函数的两个参数所对应的界面显示位置。msgbox 函数的第二个参数 52 是由表 2-7～表 2-9 查得，52=4+48+0。

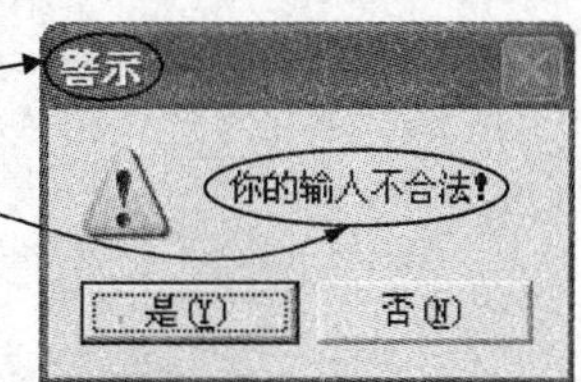

图 2-10 msgBox 界面

表 2-7 msgBox 的按钮样式

值	Visual Basic 常量	按 钮 样 式
0	VbOKOnly	“确定”按钮
1	VbOKCancle	“确定”和“取消”按钮
2	VbAbortRetryIgnore	“终止”、“重试”、“忽略”按钮
3	vbYesNoCancle	“是”、“否”、“取消”按钮
4	vbYesNo	“是”、“否”按钮
5	vbRetryCancle	“重试”、“取消”按钮

表 2-8 图 标 样 式

值	Visual Basic 常量	图 标 样 式
16	vbCritical	停止图标
32	vbQuestion	问号图标
48	vbExclamation	感叹号图标
64	vbInformation	消息图标

表 2-9 默 认 按 钮

值	Visual Basic 常量	说 明
0	vbDefaultButton1	第一按钮为默认按钮
256	vbDefaultButton2	第二按钮为默认按钮
512	vbDefaultButton3	第三按钮为默认按钮

msgbox 函数的不同按钮被单击时，会有不同的返回值，见表 2-10。

表 2-10 单击 msgbox 不同按钮的返回值列表

返 回 值	按 钮	返 回 值	按 钮
1	“确定”按钮	5	“忽略”按钮
2	“取消”按钮	6	“是”按钮
3	“终止”按钮	7	“否”按钮
4	“重试”按钮		

2. 编程思路及 Visual Basic 参考实现

对于实例 3 主要是利用了 Visual Basic 提供的内部函数 inputbox 来实现用户要查的单词以及待查的字符串，用内部函数 mid 以及 if 语句进行查找匹配动作，用内部函数 msgbox 对检索结果进行输出显示。

2.4 学 习 总 结

本章主要进行了数据类型、常量以及变量和常用内部函数的学习。本章要注意变量中作用域的问题、动态变量及静态变量的定义和使用的区别。

习 题

2-1 设计 Visual Basic 程序，实现对用户输入的两个数的数值进行交换并在窗体上显示交换后的数值。

2-2 设计 Visual Basic 程序，实现对用户输入的任意正整数进行按位分离，对分离后各个位的值求和并输出结果。

2-3 设计 Visual Basic 程序，实现利用 print 方法输出显示如图 2-11 所示的图像。

```
      *
     ***
    *****
  *********
*************
     ***
     ***
     ***
```

图 2-11　习题 2-3 的图

第 3 章　结构化程序设计

Visual Basic 这种面向对象的编程语言尽管主调是采用事件驱动的机制，调用功能相对简单的事件过程。但在设计具体的事件过程包含的程序代码时，程序员仍然需要对过程的流程进行控制。从这个层面上来说，Visual Basic 程序设计和结构化程序设计一样，仍然使用三种最基本的程序流程结构，即顺序结构、选择结构和循环结构。

【学习目标】

熟练掌握结构化程序设计的三种基本结构——顺序结构，选择结构，循环结构，并能熟练编写程序。

- 熟练掌握 if 结构、select case 情况选择结构的使用，掌握选择的嵌套结构。
- 熟练掌握实现循环的 for/next、do/loop 结构的使用，掌握多重循环。

3.1　顺序结构学习实例

实例 1　已知三角形的三条边长 *A*、*B*、*C* 之值，要求设计一个完整的 Visual Basic 程序根据输入的三角形的三条边长 *A*、*B*、*C* 之值，求出该三角形的面积，并将所求结果在窗体上显示出来。

3.1.1　实例 1 的实现

通过本书前几章的学习，我们知道一个完整的 Visual Basic 程序实现应该包括界面设计和代码实现两部分，对实例 1 给出如下的参考界面设计和代码实现。

一、界面实现

如图 3-1 所示为实例 1 的设计界面。窗体上包括程序运行所需的控件。

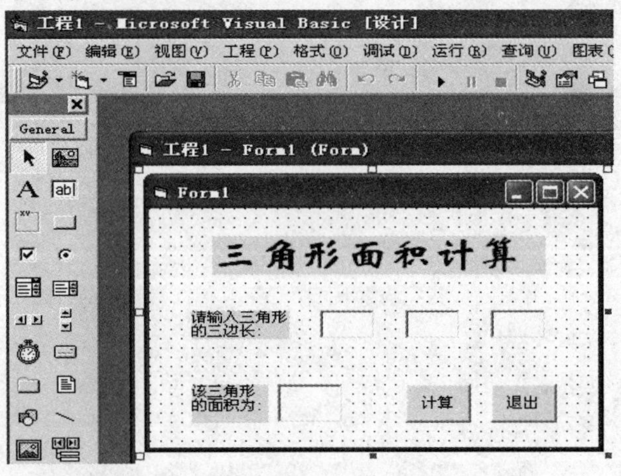

图 3-1　实例 1 设计界面

图 3-2 为实例 1 的运行结果界面。

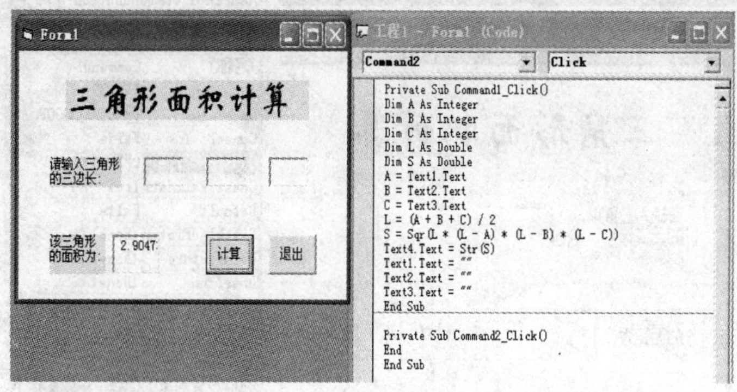

图 3-2 实例 1 的运行结果界面

二、代码编写

代码编写部分包括两部分内容，控件属性窗口设置及控件事件代码的编写。

（1）控件属性窗口设置。图 3-3 为设计阶段通过属性窗口修改标签框的 Caption 属性的示意图；图 3-4 为设计阶段通过属性窗口修改文本框的 Text 属性的示意图；图 3-5 为设计阶段通过属性窗口修改命令按钮的 Caption 属性的示意图。

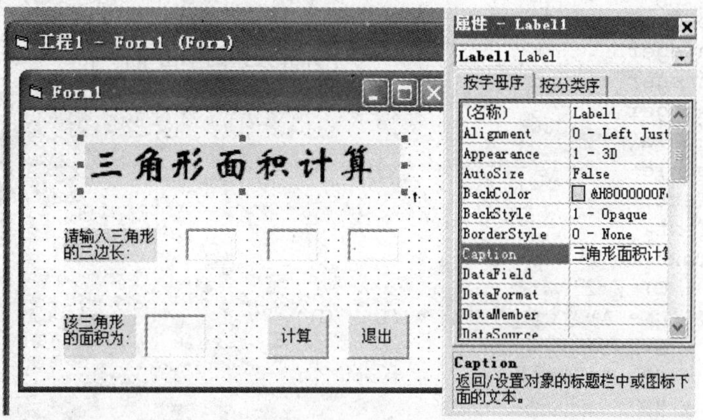

图 3-3 标签框的 Caption 属性设置

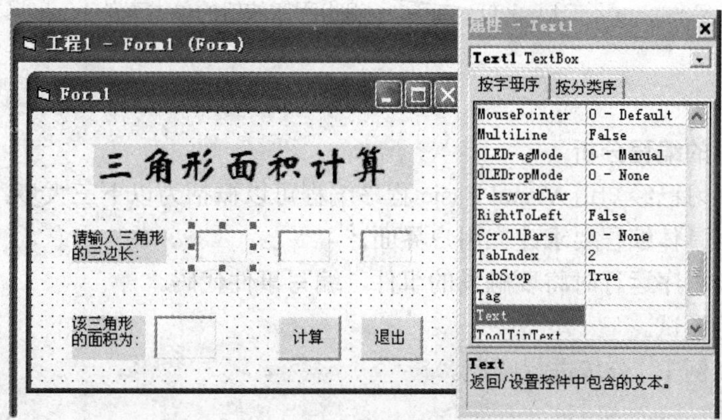

图 3-4 文本框的 Text 属性设置

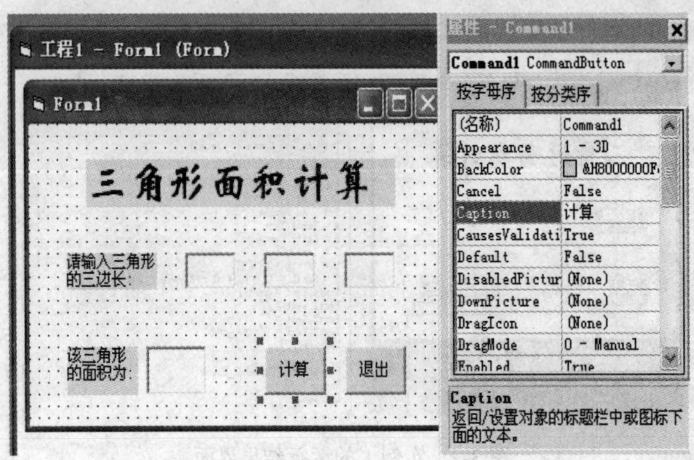

图 3-5 命令按钮的 Caption 属性设置

（2）程序实现参考代码。命令按钮 CommandButton 最常用的事件是鼠标单击（Click）事件，当单击按钮时，犹如发出了一道命令，而这也正是“命令按钮”这个说法的由来。这个事件的主要功能：定义变量 *A*、*B*、*C*，并将它们的初值赋值为用户的文本框输入值；计算三角形面积并输出结果。

```
Private Sub Command1_Click()
Dim A As Integer
Dim B As Integer
Dim C As Integer
Dim L As Double
Dim S As Double
A = Text1.Text
B = Text2.Text
C = Text3.Text
L = (A + B + C) / 2
S = Sqr(L * (L - A) * (L - B) * (L - C))
Text4.Text = Str(S)
Text1.Text = ""
Text2.Text = ""
Text3.Text = ""
End Sub
Private Sub Command2_Click()
End
End Sub
```

计算按钮的单击事件

退出程序按钮的单击事件

3.1.2 实例 1 的编程分析

通过前面的学习已经知道 Visual Basic 程序编程可以概括为以下三大步：

第一步：根据具体编程要求建立用户界面。

第二步：确定程序运行时将要触发的事件，编写事件代码。

第三步：运行调试。

下面就针对实例 1，分步进行阐述。

一、界面构思

Visual Basic 程序设计的界面设计主要涉及 Visual Basic 控件的应用，程序设计者主要应根据实例的编程要求，适当选择控件，合理地进行窗体布局，恰当设置相应控件的相关属性。

此处所介绍的界面构思设计将主要针对实例 1 的编程要求，实例 1 要求根据用户输入的三角形三边长度计算三角形的面积，所以在程序的界面设计时首先要考虑选用适当控件为用户提供输入三角形三边长度的功能，这里首先考虑最常用的输入输出控件“文本框 TextBox”，继而考虑为没有 Caption 属性的文本框添加输入提示信息的功能，所以选用“标签框 Label”用于提示用户窗体界面中间的三个文本框是供用户输入三角形三边长度的。另外，考虑计算结果输出的需要，此处仍选用最常用的输入输出控件“文本框 TextBox”，“标签框 Label”用于提示用户窗体界面下端的那个文本框是输出显示计算好的三角形面积的；最后考虑 Visual Basic 的事件驱动特性，设想程序执行时用户或系统将会触发的事件，此处考虑在窗体界面上添加两个按钮，两个按钮的单击事件分别用于对应用户可能触发的“计算三角形面积”的要求和“整个程序的退出”的要求。

二、程序构思

当程序界面设计好之后，编程者就要开始考虑怎样使程序真正运行起来，这正是程序代码构思阶段所要做的事情，以实例 1 为背景，我们将对代码编写做进一步剖析。

首先应该明确任何编程都离不开数学的支持，所以应该养成编程之前先分析实例完成所需数学知识点的习惯。

1. 数学知识点

根据三角形的三条边计算三角形面积的数学公式是同学们在中学阶段就学习过的。

公式：设 A、B、C 分别为三角形的三边，变量 $L=(A+B+C)/2$，则三角形的面积=$L*(L-A)*(L-B)*(L-C)$ 的平方根。

2. 所用 Visual Basic 编程知识点

在编程所需的数学知识点领会了之后，接下来要考虑的就是怎样用 Visual Basic 程序设计语言将实例 1 的设计要求通过编程来实现。这时我们脑海里自然就会形成一个流程：首先输入三角形的三条边长；其次运用上面提到的面积计算公式进行计算；最后输出结果。这一在我们脑海里自然形成的过程就构成了计算机程序设计中的顺序结构。

（1）顺序结构。顺序结构是最简单的一种程序结构，如图 3-6 所示，各功能框是顺序执行关系。在顺序结构中，只有一个入口和一个出口，计算机依次执行程序中的每一条语句，没有分支和循环，不对程序的流程进行控制。

（2）在 Visual Basic 中，实现顺序结构的语句。

1）赋值语句。

<变量名>=<表达式>或者是[<对象名>.]<属性名>=<表达式>

功能：计算表达式的值并赋给变量或属性。

说明：①变量名或属性名是必需的，表达式也是必需的，用来给变量或属性赋值。②只有当表达式是一种与变量兼容的数据类型时，表达式的值才可以赋给变量或属性。不能将字符串表达式的值赋给数值变量，也不能将数值表达式的值赋给字符串变量。

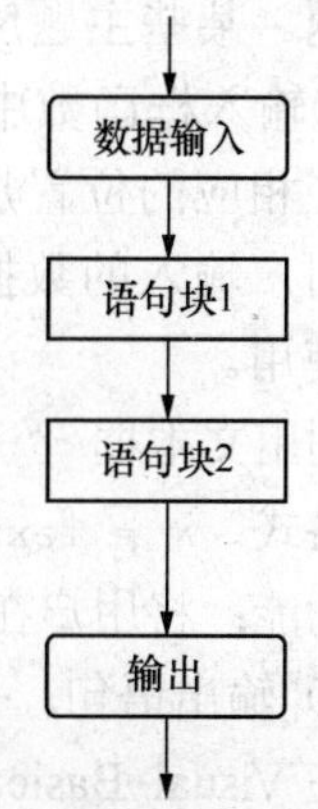

图 3-6 顺序结构流程示意图

如果这样做，就会在编译时出现错误。可以用字符串或数值表达式赋值给变体变量。任何除 Null 之外的变体类型数据都可以赋值给字符串变量，但只有当变体类型数据的值可以解释为某个数时才能赋给数值变量。

注意：将一种数值类型的表达式赋给另一种数值类型的变量时，Visual Basic 会强制将该表达式的值转换为结果变量的数值类型。此外，赋值语句还可以将一个记录类型的变量赋给属于同一用户定义类型的变量。

赋值语句是程序中使用最多的一个基本语句，可以给变量或属性赋初值、中间运算结果和最终运算结果。

2）输入语句。在 Visual Basic 编程中可以使用文本框控件、InputBox 函数等方法给程序提供数据。

利用 InputBox 函数

格式：`InputBox (<提示信息>[,标题][,默认值][,X][,Y][,帮助文件名,上下文编号])`

功能：使用此函数，会弹出一个对话框，在对话框中显示提示信息，等待用户输入内容或按下按钮。如果用户单击“确定”按钮或按下 Enter 键，则 InputBox 函数会返回包含文本框内容的信息；如果用户单击“取消”按钮，则此函数返回一个长度为零的字符串。通过 InputBox 函数用户可以方便地给变量动态赋值。

例如：`X = InputBox("请输入一个数：")`

说明：①提示信息是一个作为对话框消息出现的字符串。提示信息的最大长度是 1024 个字符，由所用字符的宽度决定。如果提示信息包含多行，则可在各行之间用回车符［chr（13）]、换行符［chr（10)］或回车换行符的组合［chr（13）&chr（10)］来分隔。②标题是显示在对话框的标题栏中的字符串。如果省略标题，则把应用程序名放入标题栏中。③默认值是在没有其他输入时显示在文本框中的字符串。如果省略默认信息，则文本框为空。④*X* 和 *Y* 是一对坐标值。*X* 指定对话框的左边与屏幕左边的水平距离，如果省略，则对话框会在水平方向居中；*Y* 指定对话框的上边与屏幕上边的距离，如果省略则对话框被放置在屏幕垂直方向距下边大约 1/3 的位置。⑤帮助文件名指定一个为对话框提供上下文相关帮助的文件。上下文编号是由帮助文件的作者指定给某个帮助主题的帮助编号。帮助文件名和上下文编号必须同时提供，这时用户可以按 F1 键来查看与上下文编号相应的帮助主题。某些主题应用程序，如 Microsoft Excel，会在对话框中自动添加一个“帮助”按钮。⑥输入框函数中的参数可以以表达式的形式出现。⑦如果要省略某些位置的参数，则必须在相应的位置加入逗号分界符。⑧在程序中如果仅仅是为了给出一个提示信息，并不接收用户输入的数据，则 InputBox 函数不必放在表达式中，可以省去括号，和语句一样单独使用。

利用文本框

格式：`X = Text1.text`

功能：将用户在运行界面中提示输入数据的文本框中的数据赋值给变量 *X*。

3）输出语句。

在 Visual Basic 编程中可以使用文本框控件、MsgBox 函数、Print 方法等将程序计算处理好的数据输出显示。

利用 MsgBox 函数

格式：MsgBox (<提示信息>[,按钮样式][,标题][,默认值][,帮助文件名,上下文编号])

功能：使用 MsgBox 函数时，会弹出一个消息框，在消息框中显示提示信息包含的内容，并等待用户单击按钮，然后返回一个整型数，通知程序用户单击了哪一个按钮。

说明：①MsgBox 函数使用的参数，除按钮样式参数外，其余的和输入框函数中的参数含义及使用方法一样。②按钮样式是一个数值型表达式，其值决定了显示按钮的数目及样式，使用的图标样式，默认按钮是什么，以及消息框的强制返回等。按钮样式的值和对应的功能及常数参见相关章节。如果省略按钮样式，则按钮样式默认值为 0。③消息框函数的返回值和对应的按钮及常数的关系参见相关章节，这些常数和按钮样式常数都是由 Visual Basic for Applications 指定的，可以在程序代码中使用这些常数名称，而不必使用实际数值。④如果消息框显示“取消”按钮，则按下 Esc 键与单击“取消”按钮的效果相同。⑤在程序中要根据用户的选择进行操作时，可调用此函数，但必须放在表达式中，例如 y= MsgBox()。如果仅仅是为了给出一个消息，并不接收用户输入的选择，则消息框函数不必放在表达式中，可以省去括号单独使用，例如：MsgBox “别忘了要进行的考试！”。

利用 Print 方法

格式：[<对象名.>] Print [<表达式> [,|;[<表达式>]…]]

功能：在接受 Print 方法的控件中显示表达式的结果。

利用文本框

格式：Text1.Text = str (Y)

功能：在文本框中显示变量 Y 的值。

说明：str( )为 Visual Basic 提供的一个内部函数，可以将变量 Y 转换为字符串类型。

利用标签框

格式：Label1.Caption = str (Y)

功能：在标签框中显示变量 Y 的值。

4）结束语句。

格式：End

功能：终止程序的执行。

5）注释语句。

格式：Rem 或 '

功能：用来在程序中加入注释内容，该注释内容不会被程序执行。

说明：①如果使用关键字 Rem，在 Rem 和注释内容之间要加一个空格。使用‘时，注释内容以单引号开头，可跟在其他语句后面。②允许使用 GoTo 或 Go sub 语句转到一个有行号或行标签的注释语句行，程序会从该注释语句下面的第一条可执行语句继续执行。③在其他语句行后使用 Rem 关键字，则必须使用冒号与前面的语句隔开。在程序中加入注释内容，可增加程序的可读性，使程序更容易理解。

3. 编程算法思路及 Visual Basic 参考实现

结合实例 1 的界面设计，考虑程序运行时可能被触发的事件为用户单击“命令按钮”，并且当用户单击“命令按钮 1”（即显示“计算”两个字的按钮）时，会等待程序输出计算好的三角形面积；当用户单击“命令按钮 2”（即显示“退出”两个字的按钮）时，会等待程序结束运行；所以考虑将程序的主干部分（即输入三角形三边，计算及计算好的三角形面积输出的程序流程代码）填写在命令按钮 1 的单击事件中（即 Private Sub Command1_Click( )事件中）；结束程序运行的代码填写在命令按钮 2 的单击事件中（即 Private Sub Command2_Click( )事件中）。

下面具体分析上述两个事件中代码的编写，首先在命令按钮 1 的单击事件中要执行一个输入数据、计算面积、输出结果的顺序流程，注意该流程的三大部分的前后顺序不可颠倒。

首先考虑输入数据。根据本章前半部分内容提供的顺序结构输入语句，此处考虑选用最简单的利用文本框做输入，格式为变量名= `Text1.Text`，此处需输入三角形的三个边长，所以写为

A = Text1.Text

B = Text2.Text

C = Text3.Text

注意：本书的第 2 章介绍过变量在运用之前应该先定义，所以在使用变量 A、B、C 之前用 Dim 语句先定义这 3 个变量，变量类型为整型数 Integer:

Dim A As Integer

Dim B As Integer

Dim C As Integer

接下来利用数学公式计算三角形的面积。设 A、B、C 分别为三角形的三条边，变量 $L=(A+B+C)/2$，则三角形的面积 $S=L*(L-A)*(L-B)*(L-C)$ 的平方根。此处注意对变量 L 和 S 也应先定义后使用，所以在程序定义部分加入：

Dim L As Double

Dim S As Double

另外，回查第 2 章的数学运算符和常用内部函数可知，计算三角形面积的公式可用 Visual Basic 语言表示如下：

$L=(A+B+C)/2$

$S=\text{Sqr}(L*(L-A)*(L-B)*(L-C))$

其中，Sqr( )为 Visual Basic 提供的求平方根函数。

最后考虑计算结果的输出，根据顺序结构输出语句，此处选用最简单的文本框做输出，格式为

```
Text1.Text=变量名;
```

另外，便于用户进行第二次运算，所以在结果输出后加入 Text1.Text = ""语句实现对输入三角形三条边的 3 个文本框清空，以便用户输入下一次面积计算所需的三角形的三个边长：

```
Text4.Text = Str(S)
Text1.Text = ""
Text2.Text = ""
Text3.Text = ""
```

其中，Str( )为 Visual Basic 提供的转换函数，可以将变量 S 的数据类型转换为字符串类型，

便于文本框正确输出显示。综合上述并考虑顺序结构语句的先后，总结可得如下代码：

```
Private Sub Command1_Click()
Dim A As Integer
Dim B As Integer
Dim C As Integer
Dim L As Double
Dim S As Double
A = Text1.Text
B = Text2.Text
C = Text3.Text
L = (A + B + C) / 2
S = Sqr(L * (L - A) * (L - B) * (L - C))
Text4.Text = Str(S)
Text1.Text = ""
Text2.Text = ""
Text3.Text = ""
End Sub
```

关于命令按钮 2 的程序结束功能的实现，可根据顺序结构的常用语句中的结束语句 End 的功能，编写如下程序：

```
Private Sub Command2_Click()
End
End Sub
```

到此为止，实例 1 的编程就可以结束了，细心的读者可能会问，中学的数学是要求三角形两边之和大于第三边的，在实例 1 中怎么没有体现呢?别着急！程序总是不断完善的，随着我们阐述的编程知识越来越多，我们的程序就会更完备，关于“三角形两边之和大于第三边”的解决方法将在下一节讲述，当然读者在进行了全书的学习之后也可以考虑用其他方法实现。

3.2 选择结构学习实例

用顺序结构编写的程序比较简单。只能实现一些简单问题的处理。在实际应用中，有许多问题是要判断一些条件，根据判断的结果来控制程序的流向，使用选择结构的程序可以实现这样的处理。

实例 2 针对实例 1 的要求，根据初、高中所学的知识，在计算三角形面积的基础上，加入对用户输入的三角形的三个边长进行合法性判断，数学依据是“三角形两边之和应大于第三边”，如用户输入错误，则提醒用户进行正确输入。

3.2.1 实例 2 的实现

对于实例 2 我们同样给出如下的参考界面设计和代码实现。

一、界面实现

图 3-7～图 3-9 为实例 2 的设计以及运行过程中的一系列界面。

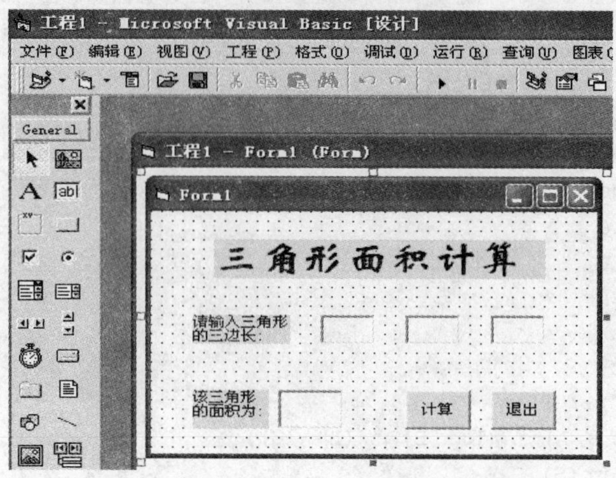

图 3-7 实例 2 设计界面

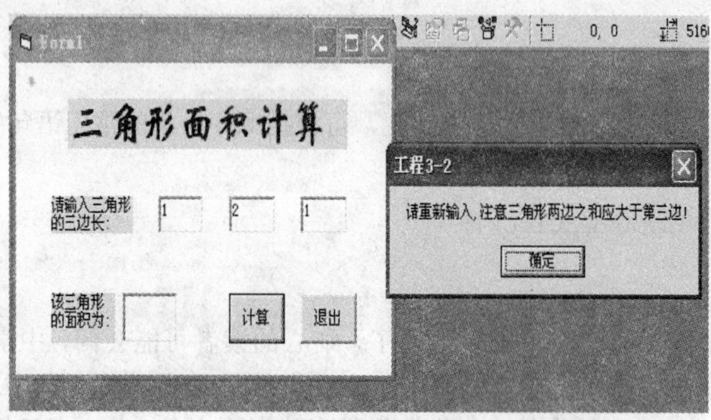

图 3-8 实例 2 的运行界面之用户输入错误提示

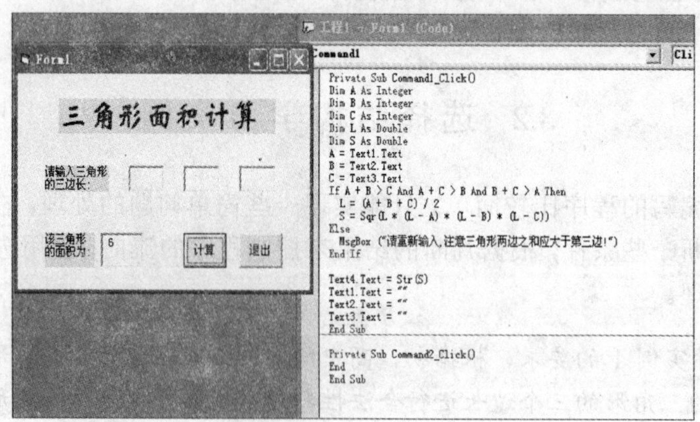

图 3-9 实例 2 的运行界面之结果界面

二、代码编写

实例 2 为实例 1 的提高版，其控件属性设置如实例 1 所述，实例 2 的程序实现参考代码如下（注意斜体字部分为针对实例 2 的程序更改）。

“计算”按钮的单击事件的主要功能为定义变量 *A*、*B*、*C*，并将它们的初值赋值为用户的文本框输入值；对用户的输入进行判断，对于符合三角形两边之和大于第三边的计算三角形面积并输出结果。

```
Private Sub Command1_Click()          计算按钮的单击事件
Dim A As Integer
Dim B As Integer
Dim C As Integer
Dim L As Double
Dim S As Double
A = Text1.Text
B = Text2.Text
C = Text3.Text
If A + B > C And A + C > B And B + C > A Then
  L = (A + B + C) / 2
  S = Sqr(L * (L - A) * (L - B) * (L - C))
Else
  MsgBox ("请重新输入,注意三角形两边之和应大于第三边!")
End If

Text4.Text = Str(S)
Text1.Text = ""
Text2.Text = ""                       退出程序按钮的单击事件
Text3.Text = ""
End Sub
Private Sub Command2_Click()
End
End Sub
```

3.2.2 实例 2 的编程分析

一、界面构思

因为实例 2 是实例 1 的补充完善版本，所以界面设计构思参照实例 1，当然读者也可以自行设计自己喜欢的界面布局，但应充分考虑为三角形面积计算所需的输入数据和输出数据提供相应的输入输出方式（如文本框和消息框等）。

二、程序构思

1. 数学知识点

三角形的面积计算公式同实例 1，但应考虑到三角形两边之和大于第三边的判断条件。例如：设 A、B、C 为三角形的三条边，则“三角形任两边边长之和大于第三边边长”可表述为 $A+B>C$ 且 $A+C>B$ 且 $B+C>A$；转化为 Visual Basic 的合法表达式即为 $A+B>C$ And $A+C>B$ And $B+C>A$（相关知识点请参见第二章逻辑表达式部分）。

2. 所用 Visual Basic 编程知识点

本实例为实例 1 的完善版，所以涉及的 Visual Basic 新知识点不多，仅是加入判断“三角形两边之和是否大于第三边”的部分，涉及的主要知识为 Visual Basic 的选择结构。

如图 3-10 所示的条件选择结构是根据外部条件的不同而采用相应的操作，也就是说，允许用户作出决策并根据这些决策完成特定的工作。

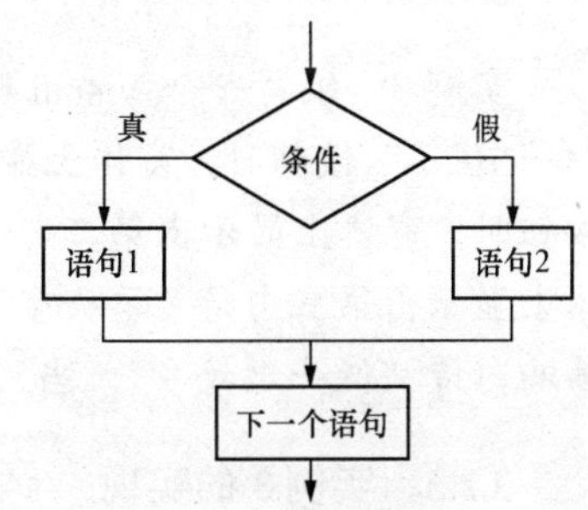

图 3-10 条件选择结构流程图

选择结构之 if 结构。在进行判断的情况下，一般思路是希望条件为真时才执行一条或多条语句，这就引入了 Visual Basic 中的条件判断结构。

1）行 if 语句（对于行 if 语句要求语句只能写在一行上）

格式：`if <条件> then <语句块1> [ else <语句块2> ]`

功能：条件成立，执行语句 1；否则，执行语句 2。

说明：①此处所提到的 <条件> 可以是一个逻辑表达式，或是结果可转换为逻辑值的其他表达式。②对于行 if 语句，当一行写不下，可使用续行符："_"（空格+下划线）。③特别注意：行 if 语句的最后不需要加 end if。④此处提到的<语句块>可以是一条或多条连续的语句，在行 if 形式中，多条语句必须写在一行上（ 语句间使用 ：号分隔）。

对于实例 2 中的"三角形任意两条边边长之和大于第三条边的边长"的条件判断用行 if 语句可表述为

if A+B>C And A+C>B And B+C>A then L=（A+B+C）/2：S=Sqr（L*（L–A）*（L–B）*（L–C））else MsgBox（"请重新输入，注意三角形两条边之和应大于第三条边!"）

以上为一条语句，在 Visual Basic 编程环境中要求写在一行上!

2）块 if 语句

格式：

```
if <条件> then
      <语句块1>
 [ else
      <语句块2> ]
end if
```

功能：条件成立，执行语句块 1；否则，执行语句块 2。

说明：①此处所提到的<条件>可以是一个逻辑表达式，或是结果可转换为逻辑值的其他表达式。②特别注意：块 if 语句的最后一定要加 end if。

3. 编程算法思路及 Visual Basic 参考实现

对于实例 2 中的"三角形任两条边边长之和大于第三条边边长"的条件判断用块 if 语句可表述为

```
if A + B > C And A + C > B And B + C > A then
  L = (A + B + C) / 2
  S = Sqr(L * (L - A) * (L - B) * (L - C))
else
  MsgBox ("请重新输入,注意三角形两边之和应大于第三条边!")
end if
```

实例 3 编写一个 Visual Basic 程序，实现简单的辅助背唐诗功能：即当用户第一次单击"我记住了"按钮时，窗体上显示出第一句诗"床前明月光"；当用户第二次单击"我记住了"按钮时，窗体上显示出第二句诗"疑是地上霜"；当用户第三次单击"我记住了"按钮时，窗体上显示出第三句诗"举头望明月"；当用户第四次单击"我记住了"按钮时，窗体上显示出第四句诗"低头思故乡"；当用户第五次单击"我记住了"按钮时，窗体上内容全部清空。

3.2.3 实例 3 的实现

对于实例 3 我们根据一个完整的 Visual Basic 程序实现所应包括的界面设计和代码实现

两部分，给出如下的参考界面设计和代码实现。

一、界面实现

如图 3-11 所示左侧窗体界面即为实例 3 的参考设计界面，读者也可以根据自己对实例 3 的理解设计符合题意并且符合自己审美观的界面。

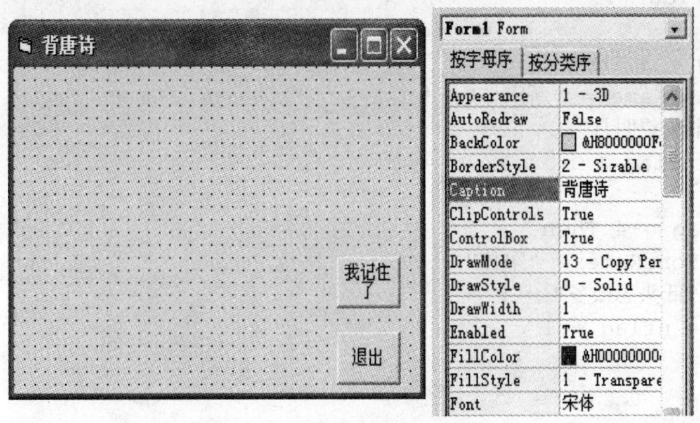

图 3-11 实例 3 设计界面及窗体属性设置界面

二、代码编写

代码编写部分包括两部分内容，即控件属性的设置和控件事件代码的编写。

（1）控件属性窗口设置。如图 3-12 所示，为命令按钮 command1 的 caption 属性值的设置，请读者注意图 3-12 的高亮显示部分。

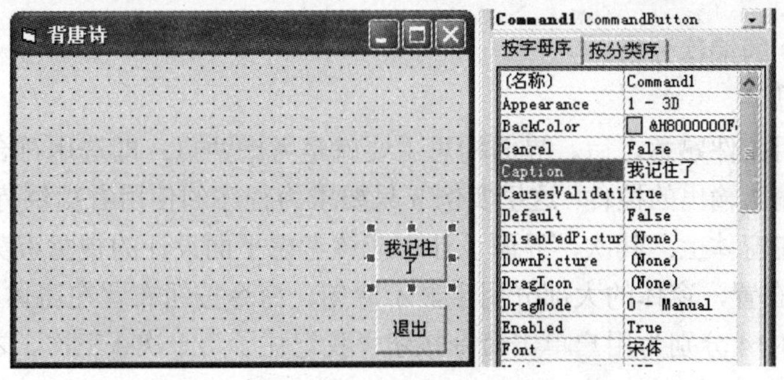

图 3-12 实例 3 设计界面及命令按钮属性设置界面

（2）程序实现参考代码。我记住了按钮的单击事件的主要功能：定义数组 a，为数组 a 赋初值，对用户输入进行符合题目要求的判断处理并输出结果。

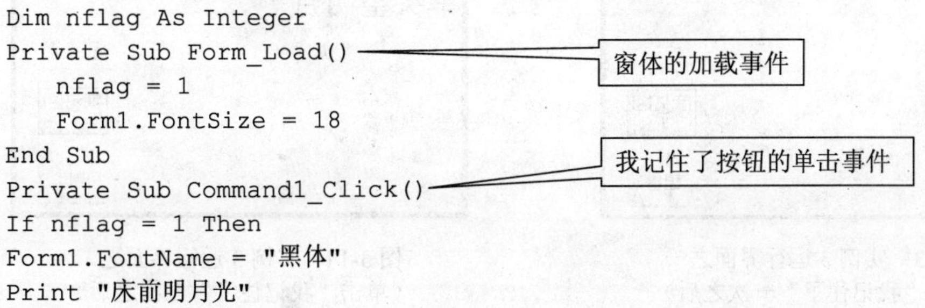


```
Dim nflag As Integer
Private Sub Form_Load()
   nflag = 1
   Form1.FontSize = 18
End Sub
Private Sub Command1_Click()
If nflag = 1 Then
Form1.FontName = "黑体"
Print "床前明月光"
```

```
nflag = nflag + 1
Else
  If nflag = 2 Then
  Form1.FontName = "楷体_GB2312"
  Print "疑是地上霜"
  nflag = nflag + 1
  Else
    If nflag = 3 Then
    Form1.FontName = "新宋体"
    Print "举头望明月"
    nflag = nflag + 1
    Else
      If nflag = 4 Then
      Form1.FontName = "宋体"
      Print "低头思故乡"
      nflag = nflag + 1
      Else
      Cls
      nflag = 1
      End If
    End If
  End If
End If
End Sub
Private Sub Command2_Click()    ' 程序结束的单击事件
End
End Sub
```

3.2.4 实例 3 的编程分析

一、界面构思

在读者对常用控件熟悉之后，界面构思主要就是考虑两点：即选用符合题目要求的可以为程序运行提供输入输出的控件（这里实例 3 只要求为程序的使用者提供诗词语句输出），所以可将诗词显示在窗体上；其次，界面设计还应该考虑平面设计的视觉审美效果，笔者考虑如图 3-13 的界面布置，窗体的大部分用于显示诗句，命令按钮布置在窗体的右下角。

图 3-13、图 3-14 分别为用户单击命令按钮“我记住了”一次、三次、之后用户看到的程序运行界面。

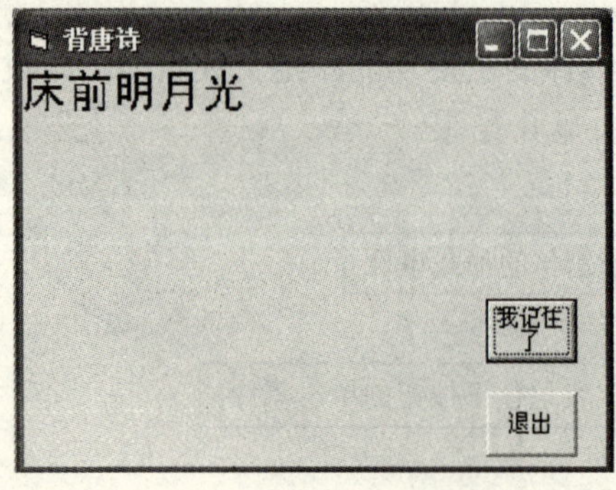

图 3-13 实例 3 运行界面之一（单击“我记住了”一次之后）

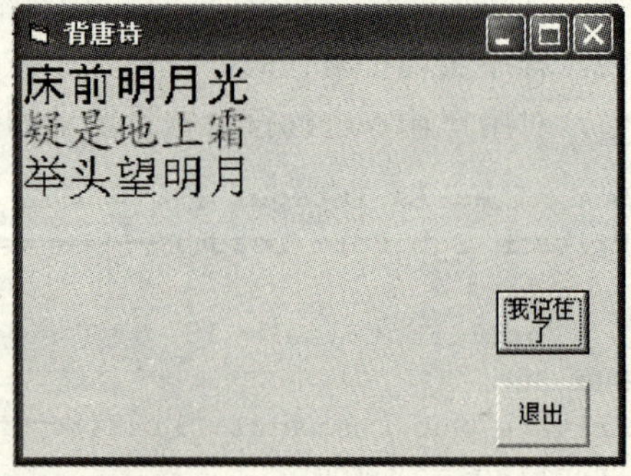

图 3-14 实例 3 运行界面之二（单击“我记住了”三次之后）

二、程序构思

1. 数学知识点

在本书的学习过程中应该逐步学会并且习惯在实现任何程序设计之前，首先分析该程序编程所需的数学知识点，之后再考虑该数学基础的 Visual Basic 合法实现。

但是也应该明白不是每个编程实例都一定需要数学公式或算法，此处所提到的实例 3 由于是一个简单的显示编程，所以不涉及复杂的数学知识，在此处只需要设置一个计数变量 *n*flag，用于统计用户单击了几次命令按钮“我记住了”。

2. 所用 Visual Basic 编程知识点

（1）if 语句的嵌套。如果在前面所述的 if 语句格式中的语句块 1，或语句块 2 本身又是一个 if 语句，则称此结构为 if 语句的嵌套。

格式：

```
if 条件 1 then
   语句块 1
   if 条件 2 then
      语句块 2
   else
      if 条件 3 then  语句块 3  else  语句块 4
   end if
else
   if 条件 5 then
      语句块 5
   end if
end if
```

功能：如果条件 1 成立执行语句块 1，然后进入下一个 if 判断条件 2，成立执行语句块 2，条件 2 不成立进入下一个 if 判断条件 3，成立执行语句块 3，条件 3 不成立执行语句块 4，条件 1 不成立进入条件 5 的判断，条件 5 成立，执行语句块 5。

说明：if 嵌套结构可实现多条件判断编程的应用，上述格式示例的 if 嵌套层次可根据实际编程需要而改变。

（2）if…then...Else if 语句（多分支结构）。

格式：

```
if  条件 1  Then
             语句块 1
   Elseif  条件 2  Then
             语句块 2
   …
   Elseif  条件 n  Then
             语句块 n
   Else
             语句块 n+1]
End  if
```

功能：Visual Basic 首先测试条件 1，如果它为 False，Visual Basic 就测试条件 2，依次类推，直到找到一个为 True 的条件。当它找到一个逻辑值为 True 的条件时，Visual Basic 就会执行相应的语句块，然后执行 End if 后面的代码。作为一个可选择项，可以包含 Else 语句块，如果所有条件都是 False，则 Visual Basic 就执行 Else 语句块。

说明：在这种语句结构中可以包含任意多个 Elseif 语句。

上面的所有条件判断结构，无一例外均涉及了条件表达式的选择和表述，相关的知识参见第 2 章。

（3）条件表达式。在使用选择结构语句时，要用条件表达式来描述判断条件。条件表达式可以分为两类：关系表达式和逻辑表达式（读者请参阅本书第 2 章相关内容）。

3. 编程算法思路及 Visual Basic 参考实现

下面进一步分析实例 3 的题目要求，可得到以下思路：首先我们想实现当用户第一次单击“我记住了”按钮时，窗体上显示出第一句诗“床前明月光”；当用户第二次单击“我记住了”按钮时，窗体上显示出第二句诗“疑是地上霜”；当用户第三次单击“我记住了”按钮时，窗体上显示出第三句诗“举头望明月”；当用户第四次单击“我记住了”按钮时，窗体上显示出第四句诗“低头思故乡”；当用户第五次单击“我记住了”按钮时，窗体上内容全部清空。

由分析可知，如果设置一个用于统计用户单击了命令按钮“我记住了”的次数的计数变量 *n*flag 的话，以上设计思路可以用条件判断 if 来实现，其中条件部分可以用 *n*flag 的数值等于多少来进行判断，即在用户第一次单击“我记住了” 按钮前，设 *n*flag=1，if 判断 *n*flag=1 时，窗体上显示出第一句诗“床前明月光”；在用户第二次单击“我记住了”按钮前，设 *n*flag=2，if 判断 *n*flag=2 时，窗体上显示出第二句诗“疑是地上霜”；在用户第三次单击“我记住了”按钮前，设 *n*flag=3，if 判断 *n*flag=3 时，窗体上显示出第三句诗“举头望明月”；当用户第四次单击“我记住了”按钮前，设 *n*flag=4，if 判断 *n*flag=4 时，窗体上显示出第四句诗“低头思故乡”；在用户第五次单击“我记住了” 按钮前，设 *n*flag=5，if 判断 *n*flag=5 时，窗体上内容全部清空并且设 *n*flag=1，以备下次用户背诗时显示第一句诗时能满足 if 的判断条件。

所以实例 3 首先要用的 Visual Basic 编程知识是条件判断 if 结构，但实例 2 所讲述到的行 if 结构和块 if 结构显然都不满足实例 3 以计数变量 *n*flag 的 5 次不同取值作为判断条件的要求，这里考虑引入可进行多次条件判断的 if 语句嵌套结构。

如果设一个用于统计用户单击了命令按钮“我记住了”的次数的计数变量 *n*flag，并考虑以 *n*flag 的计数值等于多少为 if 判断的条件，则实例 3 的题目描述可转换为如下的 Visual Basic 语句：

```
if nflag = 1 Then '首次单击"我记住了"按钮之前,令计数变量nflag = 1'
Form1.FontName = "黑体"
print "床前明月光"
nflag = nflag + 1 '计数变量nflag加1,为第二次单击"我记住了"按钮做计数判断条件准备'
else
  if nflag = 2 Then
  Form1.FontName = "楷体_GB2312"  '设置显示字体样式'
  print "疑是地上霜"
  nflag = nflag + 1  '计数变量 nflag 再累加 1,为第三次单击"我记住了"按钮做计数判断条
件准备'
```

```
  Else
    if nflag = 3 Then
    Form1.FontName = "新宋体"
    Print "举头望明月"
    nflag = nflag + 1 '计数变量nflag再累加1,为第四次单击"我记住了"按钮做计数判断条件准备'
    Else
      if nflag = 4 Then
      Form1.FontName = "宋体"
      Print "低头思故乡"
      nflag = nflag + 1 '计数变量nflag再累加1,为第五次单击"我记住了"按钮做计数判断条件准备'
      Else
 Cls '窗体清空,为下一次用户背诗显示做准备'
      nflag = 1 '计数变量nflag再次置1,为下一次用户背诗显示第一句诗做if判断条件计数变量nflag=1的准备'
      End if
    End if
  End if
End if
```

细心的读者可能会发现，在上述 if 嵌套结构中我们使用的是块 if 的嵌套结构，根据前面所学的块 if 的结构特点，每一个 if 必须和一个 End if 配套使用，所以在此种嵌套结构中最要注意的是不可少写了 End if，否则程序调试时会出现错误提示。

然而作为初学者在使用 if 嵌套时往往会少写 End if，下面所引出的 if…then...Elseif 语句实现恰好有效地解决了上述问题，在多层判断结构中只需配一个 End if 即可。

例如实例 3 可改用下面的代码实现。

```
if nflag = 1 Then
Form1.FontName = "黑体"
    Print "床前明月光"
    nflag = nflag + 1
    Elseif nflag = 2 Then
    Form1.FontName = "楷体_GB2312"
    Print "疑是地上霜"
    nflag = nflag + 1
Elseif nflag = 3 Then
    Form1.FontName = "新宋体"
    Print "举头望明月"
    nflag = nflag + 1
Elseif nflag = 4 Then
    Form1.FontName = "宋体"
    Print "低头思故乡"
    nflag = nflag + 1
Else
    Cls
    nflag = 1
End if
```

实例 4 设计一个 Visual Basic 程序，完成科目选择的功能，即用户输入要选择的科目代码（三位的数字，如001），程序根据用户输入的科目代码，在列表框中显示添加相应的科目名称（如用户输入科目代码 001，并单击“选择”按钮，列表框添加科目“高等数学”）；当用户没输入科目代码时，系统提示“请输入课程代码!”；当输入的不是三位合法代码（设合法代码为 000 ~ 011）时，系统提示“课程代码错误!”；当用户在列表框选择了一个科目名称（如“英语”）并单击“退选”按钮时，该科目名称从列表框中被删除掉。

3.2.5 实例 4 的实现

对于实例 4 我们遵照 Visual Basic 编程设计的步骤给出如下的参考界面设计和代码实现。

一、界面实现

首先考虑用一个文本框 Text1 做课程代码的输入口，并在文本框左侧加标签框提示用户文本框是用来输入课程科目代码的；由于要选择的课程可能为多个，为了便于显示，选择了可显示多个条目的列表框 List1 作为用户的选择输出，如图 3-15 所示。

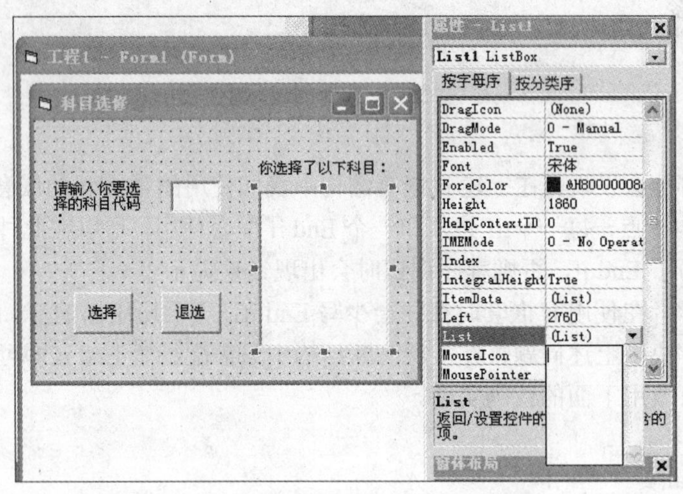

图 3-15 实例 4 的设计界面及列表框 List 属性设置

二、代码编写

代码编写部分包括两部分内容，即控件属性的设置及控件事件代码的编写。

1. 控件属性窗口设置

实例 4 的控件属性设置采取了两种方法：首先对于两个标签框要显示的提示信息采用在程序的设计阶段选中要设置属性的控件，之后修改 Visual Basic 环境右侧相应的控件属性窗口的 Caption 属性为相应的提示信息的方法；两个命令按钮的 Caption 属性的修改采用的也是这种方法；同样在设计阶段选中列表框 List1，修改右侧相应的 List 属性为空可实现对列表框 List1 内容清空的作用。

其次，实例 4 对控件属性的设置还采用了程序中用代码进行赋值修改的方法，格式为

```
控件名.属性名=属性值
```

例如实例 4 中的：

```
Private Sub Form_Load()  '窗体的加载事件,在程序运行之初窗体被加载时触发执行'
Text1.Text = ""          '清空文本框的内容'
End Sub
```

2. 程序实现参考代码

课程选择添加按钮单击事件

```
Private Sub Command1_Click()
If Len(Text1.Text) = 3 Then
Select Case Val(Text1.Text)
Case 0
   List1.AddItem ("语文")
   Text1.Text = ""
Case 1
   List1.AddItem ("高等数学")
   Text1.Text = ""
Case 2
   List1.AddItem ("英语")
   Text1.Text = ""
Case 3
   List1.AddItem ("计算机文化基础")
   Text1.Text = ""
Case 4
   List1.AddItem ("计算机网络")
   Text1.Text = ""
Case 5
   List1.AddItem ("图形图像")
   Text1.Text = ""
Case 6
   List1.AddItem ("多媒体")
   Text1.Text = ""
Case 7
   List1.AddItem ("电子技术基础")
   Text1.Text = ""
Case 8
   List1.AddItem ("C++程序设计")
   Text1.Text = ""
Case 9
   List1.AddItem ("Visual Basic 程序设计")
   Text1.Text = ""
Case 10
   List1.AddItem ("数据库基础")
   Text1.Text = ""
Case 11
   List1.AddItem ("数据结构")
   Text1.Text = ""
Case Else
   If Val(Text1.Text) < 0 Or Val(Text1.Text) > 11 Then
   MsgBox ("课程代码错误!")
   End if
   Text1.Text = ""
End Select
ElseIf Text1.Text = "" Then
   MsgBox ("请输入课程代码!")
Else
MsgBox ("课程代码错误!")
```

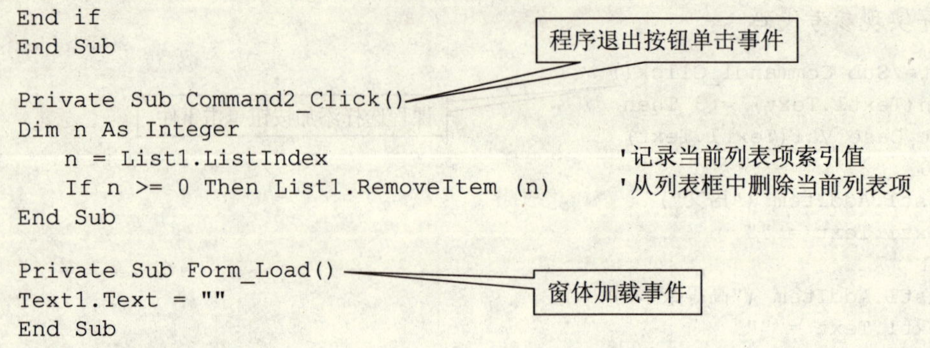

```
End if
End Sub

Private Sub Command2_Click()
Dim n As Integer
   n = List1.ListIndex                    '记录当前列表项索引值
   If n >= 0 Then List1.RemoveItem (n)    '从列表框中删除当前列表项
End Sub

Private Sub Form_Load()
Text1.Text = ""
End Sub
```


3.2.6 实例 4 的编程分析

一、界面构思

如图 3-16～图 3-18 所示为实例 4 程序运行时，正常运行界面以及当用户输入错误或是用户没输入而单击了“选择”按钮后的错误提示界面，读者可以根据自己对题目的理解选用其他控件，只要能实现实例 4 的编程要求并且平面布局看起来美观即可。其中，图 3-16 为添加了“高等数学”之后，又输入“003”准备添加下一科目。

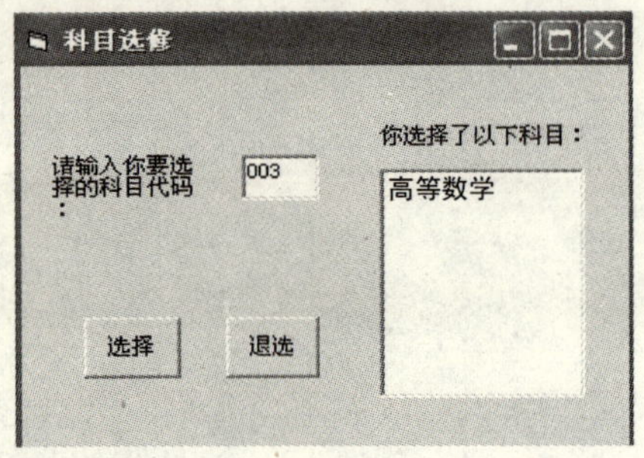

图 3-16 实例 4 输入正确的三位课程代码时的运行窗口

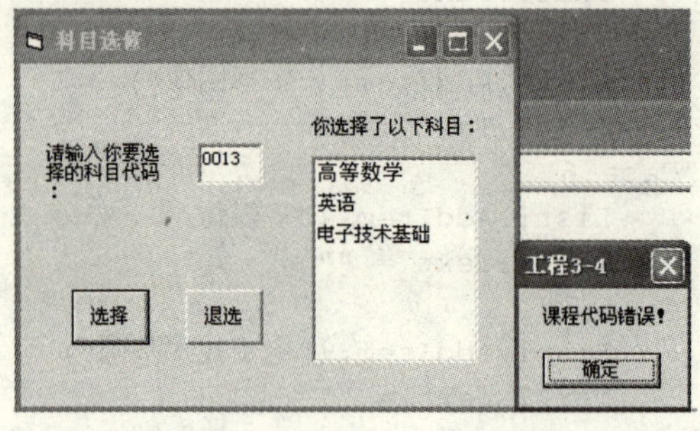

图 3-17 实例 4 输入课程代码不是三位时的运行及错误提示界面

二、程序构思

1. 数学知识点

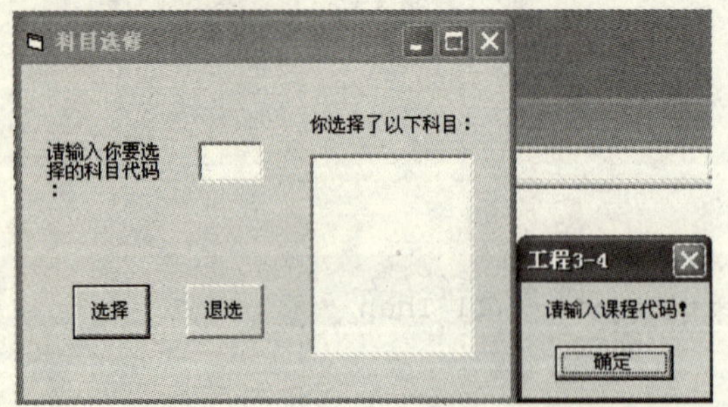

图 3-18 实例 4 用户未输入课程代码时的运行及错误提示界面

在进行程序设计之前，首先要分析该程序编程所需的数学知识点，之后再考虑该数学基础的 Visual Basic 合法实现。

此处所提到的实例 4 经分析题意可知也是一个简单的显示编程，所以也不涉及复杂的数学知识。

2. 所用 Visual Basic 编程知识点

和 If 嵌套结构具有同样功能的 Select Case 结构一样，又称多分支选择结构。

（1）Select Case 结构。多分支结构是根据给定的条件从多个分支路径中执行其中一个路径的控制结构，它通过情况语句来完成。情况语句以 Select Case 开头，以 End Select 结束。

格式：

```
Select Case<测试表达式>
    [Case <表达式列表 1>
        [<语句块 1>]]
    [Case <表达式列表 2>
[<语句块 2>]]
…
    [CaseElse
        [<语句块 n>]]
End Select
```

功能：是根据“测试表达式”的值，从多个语句块中选择符合条件的一个语句块执行。

说明：在 Select Case 语句中如果不止一个 Case 与测试表达式相匹配，则只对第一个匹配的 Case 执行与之相关联的语句块。如果在表达式列表中没有一个值与测试表达式相匹配，则 Visual Basic 执行 Case Else 子句后的语句。如果这时没有 Case Else 子句，则退出执行 Select Case 语句后面的语句。

（2）表达式列表 *n* 的形式。

1）使用关键字 To。例如：测试表达式为 *x*，当 *x* 取值为 1、2、3、4、5、6、7、8 时执行语句块 1，则正确语句为

```
Select Case x
Case 1 to 8
语句块 1
```

2）使用多个表达式用“,”隔开。

例如：测试表达式为 *x*，当 *x* 取值为 2、4、6、8 时执行语句块 1，则正确语句为

```
Select Case x
Case 2,4,6,8
语句块 1
```

3）使用关键字 Is。

例如：测试表达式为 *x*，当 *x* 小于等于 5 时执行语句块 1，则正确语句为

```
Select Case x
Case is<=5
语句块 1
```

3. 编程算法思路及 Visual Basic 参考实现

下面我们进一步分析题意，以期总结归纳出实例 4 的解题思路。首先题目要求程序能根据用户输入的科目代码，在列表框中显示添加相应的科目名称（如用户输入科目代码 001，并单击“选择” 按钮，列表框添加科目“高等数学”）。

其次题目要求当用户没输入科目代码时，系统提示“请输入课程代码!”；当输入的不是三位合法代码（设合法代码为 000～011）时，系统提示“课程代码错误!”。

再次题目要求当用户在列表框选择了一个科目名称（如“英语”）并单击“退选”按钮时，该科目名称从列表框中被删除掉。

可见实例 4 的编程可分三块考虑：首先考虑实现用户在文本框 Text1 中输入科目代码后，

相应课程名称会被加入列表框 List1 中。对于这部分功能，如果我们假设科目代码 000 对应课程为“语文”、科目代码 001 对应课程为“高等数学”、科目代码 002 对应课程为“英语”、科目代码 003 对应课程为“计算机文化基础”、科目代码 004 对应课程为“计算机网络”，依此类推，在上述参考程序代码中共设有 12 门课程分别对应科目代码 000～011，则应该读取文本框 Text1 中的数值，分十二种情况分别为列表框 List1 加入不同的课程名称。这里如果用前面讲到的 if 嵌套结构可以实现十二种情况的分支，但会使得生成的程序比较复杂，难以阅读，也容易引起混乱。所以此处选用 select case 语句。

对于 select case 语句的应用其中的一个关键点是根据题意确定*测试表达式和表达式列表*，对于实例 4 要测试的表达式就是每次用户输入文本框 Text1 的值，该输入值在文本框 Text1 的 Text 属性中，所以此实例的测试表达式就确定为 Text1.Text；同时根据题意，测试表达式的可能取值（即表达式列表值）为所设的 12 个科目代码 000～011。

相应语句为

```
…
Select Case Val(Text1.Text)
Case 0
   List1.AddItem "语文"
   Text1.Text = ""
Case 1
   List1.AddItem "高等数学"
   Text1.Text = ""
Case 2
   List1.AddItem "英语"
   Text1.Text = ""
Case 3
   List1.AddItem "计算机文化基础"
   Text1.Text = ""
Case 4
   List1.AddItem "计算机网络"
   Text1.Text = ""
Case 5
   List1.AddItem "图形图像"
   Text1.Text = ""
Case 6
   List1.AddItem "多媒体"
   Text1.Text = ""
Case 7
   List1.AddItem "电子技术基础"
   Text1.Text = ""
Case 8
   List1.AddItem "C++程序设计"
   Text1.Text = ""
Case 9
   List1.AddItem "Visual Basic 程序设计"
   Text1.Text = ""
Case 10
   List1.AddItem "数据库基础"
   Text1.Text = ""
```

```
Case 11
    List1.AddItem "数据结构"
    Text1.Text = ""
…
```

接下来分析当某一个表达式列表与测试表达式相匹配时要执行的语句。例如：当用户输入科目代码 000 时，列表框 List1 中应添加条目“语文”，这涉及列表框的相关语法。

列表框常用来显示多个项目，可从中选择一项或多项。当列表框中的列表项总数超过了可能显示列表项数时，就会自动添加滚动条，可以对选项进行滚动浏览、选择。

它不具备编辑功能，运行时不能在列表框内输入。

（1）向列表框添加表项。在设计阶段可在属性窗口中通过 List 属性添加表项，用 Ctrl+Enter 键换行。

在程序运行阶段，用 AddItem 方法添加一个新表项，用法为

```
列表框名.AddItem   列表项文本 [,索引号]
```

说明：“索引号”用于指定新插入的项在列表框中的位置，若省略该参数，则新增加的列表项放在列表框的末尾。

所以在实例 4 中当某一个表达式列表与测试表达式相匹配时，要执行的向列表框添加表项（即相应课程名称）的语句应为 List1.AddItem "某一课程名"；同时考虑添加相应课程名称后，应将用于输入科目代码的文本框 Text1 清空，以备用户输入下一个要选的科目代码时方便使用，所以添加语句 Text1.Text = ""。

实例 4 的编程第二部分考虑出错处理，即当用户没输入科目代码时，系统提示“请输入课程代码!”；当输入的不是三位合法代码（设合法代码为 000～011）时，系统提示“课程代码错误!”。

“课程代码错误!”可能有两种情况：用户输入非法的三位科目代码或是输入的科目代码超出 000～011 的设定范围。这涉及的 Visual Basic 知识包括常用内部函数 Len 及关系表达式。

对于用户没输入科目代码的情况，即文本框为空的情况为 Text1.Text = ""，以及上述两种系统报警提示的处理可调用本章前面介绍的消息框 Msgbox。具体实现结构为

```
If Len(Text1.Text) = 3 Then
Select Case Val(Text1.Text)
…
```

输入正确科目代码时的 12 种情况，见前所述

```
…
Case else
     If Val(Text1.Text) < 0 or Val(Text1.Text) > 11 then
     MsgBox ("课程代码错误!")
     End if
     Text1.Text = ""
End Select
Elseif Text1.Text = "" then
   MsgBox ("请输入课程代码!")
Else
```

```
MsgBox ("课程代码错误!")
End if
```

实例 4 的编程第三部分考虑用户在列表框选择了一个科目名称（如“英语”）并单击“退选”按钮时，该科目名称从列表框中删除的操作，这涉及列表框删除表项的方法。

（2）列表框的 Removeitem 方法。

格式为

```
列表框名. Removeitem  索引号
```

功能：Removeitem 方法用于删除列表框中指定的列表项。

说明：“索引号”用于指定用户选中的表项在列表框中的位置。

实例 4 中的相应语句为

```
Private Sub Command2_Click()
Dim n as integer
    n = List1.ListIndex                              '记录当前列表项索引值
    If n >= 0 then List1.RemoveItem n                '从列表框中删除当前列表项
End Sub
```

3.3 循环结构学习实例

在实际应用中，经常会遇到一些操作并不复杂，但需要反复多次处理的情况。对于这类问题，如果用顺序结构的程序来实现，将会是十分繁琐的，有时候还可能是难以实现的。为此，Visual Basic 提供了循环结构，用循环语句来实现重复循环的程序设计。

循环，是指在程序设计中有规律地反复执行某一程序块的操作，被重复执行的程序块称为循环体。使用循环可以简化程序，节约内存，从而提高效率。

Visual Basic 提供了 3 种不同风格的循环结构：

—For...Next
—While...Wend
—Do...Loop

说明：FOR 循环（For…Next 循环）、当循环（While…Wend 循环）和 Do 循环（Do…Loop 循环）中 For…Next 循环按规定的次数执行循环体，而 While…Wend 循环和 Do…Loop 循环则是在给定的条件满足时执行循环体。

下面就以 4 个实例为主线，对以上几种循环结构进行学习。

实例 5 编写 Visual Basic 程序，计算猴子原有桃子的数目。已知猴子每天吃掉当天拥有桃子的一半加一个桃子，并且吃到最后一天只剩余一个桃子，用户输入猴子吃桃的总天数，编程计算猴子原有桃子的数目。

3.3.1 实例 5 的实现

对于实例 5 遵照 Visual Basic 编程设计的步骤给出如下参考界面设计和代码实现。

一、界面实现

如图 3-19 所示，由于题目要求根据用户输入的猴子吃桃的总天数和猴子吃桃的规律回推计算猴子原有的桃子数，所以考虑在窗体上设计一个文本框 Text1 来做用户的输入媒介，供用户输入猴子吃桃的总天数，而文本框没有 Caption 属性，所以在文本框的上方加设一个标签框 Label1 来提示用户文本框要输入的内容为“猴子吃桃的总天数”；添加 Command1 和 Command2 命令按钮，当用户单击 Command1 命令按钮，即“计算猴子原有多少桃子”时，程序响应用户的单击事件，完成计算。

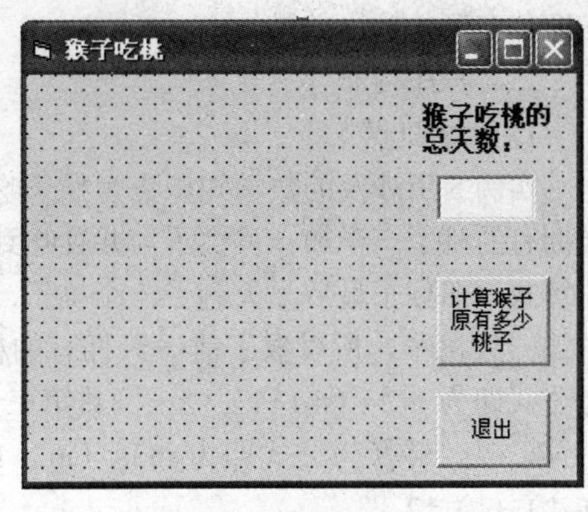

图 3-19 实例 5 设计界面

二、代码编写

代码编写部分包括控件属性窗口设置及控件事件代码的编写两部分内容。

（1）控件属性窗口设置。对于控件的属性设置，本实例 5 基本采用设计阶段选中某一个控件并修改相应的控件属性窗口的方法，要修改的控件属性值见表 3-1。

表 3-1 实例 5 的控件属性值

控件名称	标签框 Label1	文本框 Text1	窗体 Form1	命令按钮 Command1	命令按钮 Command2
属性名	Caption	Text	Caption	Caption	Caption
属性值	"猴子吃桃的总天数"	""	"猴子吃桃"	"计算猴子原有多少桃子"	"退出"

（2）程序实现参考代码。

```
Private Sub Command1_Click()        '计算原有桃子数的按钮事件
Dim n As Integer, i As Integer, m As Integer
  n = Text1.Text
  m = 1
  Print "第"; Str(n); "天的桃子数为:1只"
  For i = n - 1 To 1 Step -1
    m = (m + 1) * 2
    Print "第"; i; "天的桃子为:"; m; "只"
  Next i
  Print "所以猴子原来共有桃子"; m; "只!"
  Text1.Text = ""
End Sub

Private Sub Command2_Click()        '程序退出按钮事件
End
End Sub
```

3.3.2 实例 5 的编程分析

一、界面构思

图 3-20 为实例 5 的吃桃天数为 8 天的运行结果界面。

界面布局是基于考虑满足题目要求并且考虑计算结果的输出显示采用窗体的 Print 方法，所以标签框、文本框以及两个命令按钮均设计分布在窗体的右侧，这样可以不影响计算结果在窗体左侧的输出效果。

二、程序构思

1. 数学知识点

实例 5 所涉及的数学知识点为猴子吃桃方式公式的推导，根据题目描述猴子每天吃掉当天拥有的桃子一半加一只桃子，并且吃到最后一天只剩余一只桃子，可以得到一个倒推天数的算式，即猴子最后一天剩下一个桃子，设为 m1=1，又知猴子每天吃掉当天拥有的桃子一半加一只桃子，所以猴子前一天拥有的桃子数为最后一天的桃子数加上一再乘以二，转换为公式即为 m2=（m1+1）*2；倒数第三天猴子拥有的桃子数为倒数第二天的桃子数加上一再乘以二，转换为公式即为 m3=（m2+1）*2；依此类推，可得到递推公式：m（i）=（m（i–1）+1）*2。

2. 所用 Visual Basic 编程知识点

实例 5 的递推公式如果要想有效地实现，所要用到的 Visual Basic 编程知识点是循环结构，其流程图如图 3-21 所示。

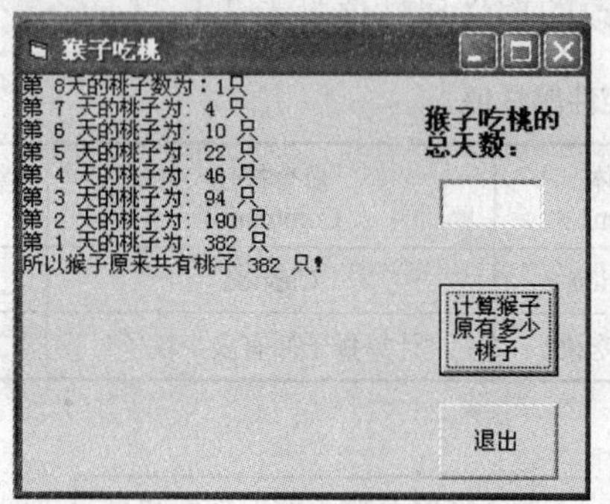

图 3-20 实例 5 的当输入吃桃天数为 8 时的运行界面

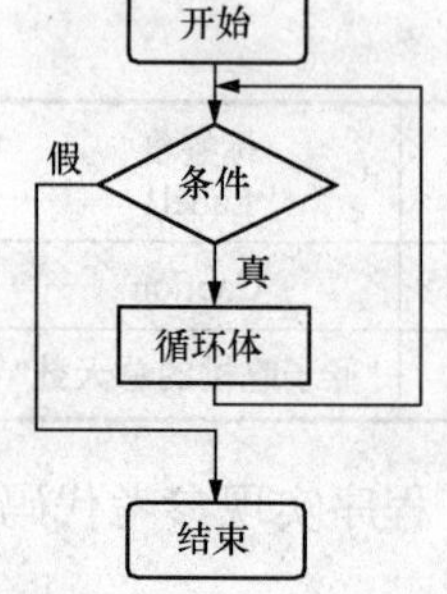

图 3-21 循环结构流程图

从循环控制流程可以看到，如果一个程序模块的出口具有返回入口的流程线，就构成了循环。重复执行的语句序列称为循环体。进入循环体的条件称为循环条件。循环体不能无休止地执行，因此必须有循环结束条件。循环结构要解决的问题：循环体的算法、进入循环条件和结束循环条件。

循环条件和循环结束条件往往是一个问题的两个方面，是相辅相成的，但有时也不存在必然的运算关系。

For 循环也称 For…Next 循环或计数循环，它通常用于循环次数已知的程序结构中。

格式：

```
For<控制变量>=<初值> To <终值>[Step<步长>]
  [<循环体>]
Next[<控制变量>]
```

功能：For…Next 循环结构是一种最简单的循环结构，它指定代码重复执行的次数。用户使用 For 循环语句时可以设置起始值、终值和一个数值变量用来作为计数器变量。当程序执行到 For 语句时，首先把“初值”赋给“控制变量”（即计数器变量），接着检查“控制变量”是否超过“终值”，如果超过就停止执行“循环体”，跳出循环，执行 Next 后面的语句；否则执行一次“循环体”，然后把“控制变量”+“步长”的值赋给“控制变量”，重复上述过程。

说明：

（1）“控制变量”是一个数值变量，但不能是下标变量或记录元素。

（2）“初值”、“终值”和“步长”均为数值表达式，它们的值可以是整数或实数。当控制变量为整型而它们为实数时，Visual Basic 将对其进行舍入取整。当步长大于等于 0 时，作递增循环，即终值大于等于初值；步长小于 0 时，作递减循环，即终值小于等于初值；步长等于 1 时，可省略 Step 子句。步长不应为 0，否则作“死循环”。

（3）“循环体”由 Visual Basic 语句序列构成。省略“循环体”时，For 语句依然执行。

（4）循环次数由初值、终值和步长 3 个因素决定，计算公式为

循环次数–Int（(终值–初值）/步长+1）。

3. 编程算法思路及 Visual Basic 参考实现

对于实例 5 的题目要求，首先要做的是从文本框 Text1 的 Text 属性中读取出“猴子吃桃的总天数”，根据本章前面所讲述的文本框作输入的用法，可得如下 Visual Basic 语句：

```
n = Text1.Text
```

以下语句用于将猴子最后一天所拥有的桃子数显示在窗体上：

```
Print "第";Str(n);"天的桃子数为 1 只"
```

接下来根据实例 5 所用的数学知识点处所总结出来的递推公式，结合上面所介绍的 For…Next 循环结构，可得如下 Visual Basic 语句：

```
m = 1
For i = n - 1 To 1 Step -1
    m = (m + 1) * 2
    Print "第"; i; "天的桃子为"; m; "只"
Next i
```

通过从倒数第二天（即第 n–1 天）开始的循环倒推至第一天就可以推算出第一天猴子原来拥有的桃子总数。之后用窗体的 Print 方法将计算结果显示在窗体上并将文本框清空以备用户下一次计算时输入猴子吃桃的总天数。输出语句如下：

```
Print "所以猴子原来共有桃子"; m; "只!"
Text1.Text = " "
```

实例 6 编写 Visual Basic 程序使用数学中的穷举法求解方程 $x^3+5y^2+50x+100y+10z=1000$ 的所有 0 及正整数解。

3.3.3 实例 6 的实现

对于实例 6 遵照 Visual Basic 编程设计的步骤给出如下的参考界面设计和代码实现。

一、界面实现

如图 3-22 所示为实例的参考设计界面，因为此实例不需要用户输入数据，仅需要考虑求出方程的零及正整数解的输出显示，所以只在窗体上添加 Command1 和 Command2 两个命令按钮用于提供用户单击“求解方程的解”和程序的“退出”。

二、代码编写

代码编写部分包括控件属性窗口设置和控件事件代码的编写两部分内容。

1．控件属性窗口设置

表 3-2 为图 3-22 涉及的控件属性的设置值列表。

表 3-2　　实例 6 的控件属性值

控件名称	窗体 Form1	命令按钮 Command1	命令按钮 Command2
控件属性名	Caption	Caption	Caption
控件属性值	穷举法求方程的解	求方程的解	退出

2．程序实现参考代码

求方程解的按钮事件

```
Private Sub Command1_Click()
Dim x As Integer, y As Integer, z As Integer
  For x = 0 To 10
    For y = 0 To 100
      For z = 0 To 100
        If x ^ 3 + 5 * y ^ 2 + 10 * z + 50 * x + 100 * y = 1000 Then
           Print "方程 x ^ 3 + 5 * y ^ 2 + 10 * z + 50 * x + 100 * y = 1000 的可能解为:"; x; y; z
        End if
  Next z, y, x
End Sub
```

程序的退出按钮事件

```
Private Sub Command2_Click()
End
End Sub
```

3.3.4　实例 6 的编程分析

一、界面构思

如图 3-23 所示的实例 6 的运行界面，由于编程时考虑用窗体的 Print 方法来做程序所求出的三次方程的零及正整数解的显示，所以为了不影响结果的显示将两个命令按钮安排在了窗体的下方。

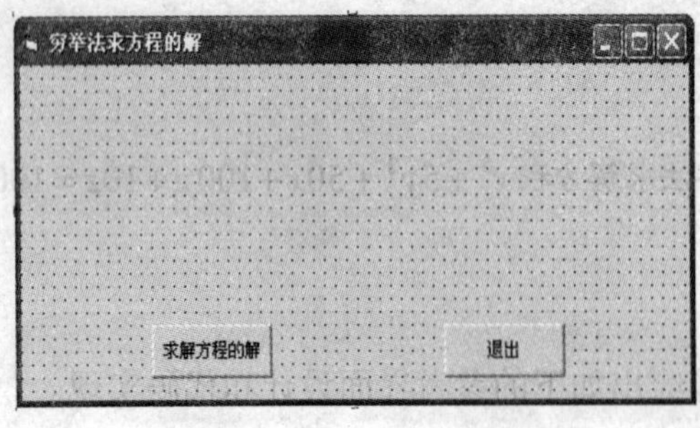

图 3-22　实例 6 的设计界面

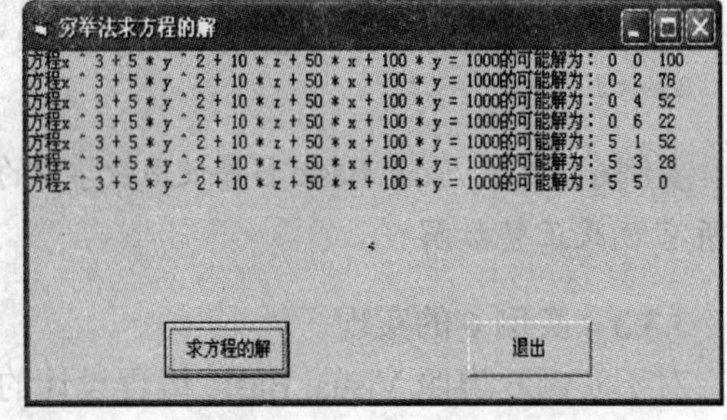

图 3-23　实例 6 的运行界面

二、程序构思

（一）数学知识点

对于实例 6 所要求的问题为典型的数学穷举法求解方程的解的方法。所谓穷举法即是遍试所有的变量 x、y 和 z 的可能取值来求得满足方程的 x、y 和 z 的取值。

进一步分析此实例要求，可知对于方程 $x^3+5y^2+50x+100y+10z=1000$ 来说，x 的零及正整数取值仅可能为 0～10，因为如果 y、z 为 0，则 $x^3+50x=1000$，所以估计 x 的最大取值不可能大于 10；同理，当 x 和 z 取值为 0 时，可估计 y 的最大取值不可能大于 100；同理，当 x 和 y 取值为 0 时，可估计 z 的最大取值不可能大于 100。所以变量 x 的穷举范围考虑为 0～10，变量 y 的穷举范围考虑为 0～100，变量 z 的穷举范围考虑为 0～100。编程时仅仅考虑试遍以上所说的 x、y 和 z 的取值范围内的 x、y 和 z 的取值组合是否满足方程 $x^3+5y^2+50x+100y+10z=1000$ 即可。

（二）所用 Visual Basic 编程知识点

要实现穷举的思想，简单的 For 循环是不够的，虽然循环的初值和终值都已知，即变量 x 的穷举范围考虑为 0～10，变量 y 的穷举范围考虑为 0～100，变量 z 的穷举范围考虑为 0～100。为完成实例 6 的要求进一步介绍循环嵌套。

1. 多重循环——For 循环嵌套

在一个循环结构的循环体内含有另一个循环结构，这就形成了嵌套循环（或称多重循环、循环嵌套）。

例如：

```
…
For i  = 1 To 9
   Print i ; " ";
   For j = 1 To i
      Print Tab ( j * 6 ); i * j; " ";
   Next  j
   Print              '单独的 Print 语句使输出换行
Next i
…
```

说明：

外循环：循环变量 i 表示行号

内循环：循环变量 j 表示列号

每执行一次外循环，内循环就循环执行一遍在窗体上打印输出一行（第 i 行），语句末为“;”，表示下面要执行的 Print 语句将接着这一行继续紧凑输出。

2. For 循环的嵌套形式（三种表述形式）

（1）形式一：

```
For  k1 = …
For  k2 = …
     For  k3 = …
       …
       Next  k3
   …
   Next k2
   …
Next k1
```

（2）形式二：

```
For  k1 = …
```

```
    For k2 =…
      For  k3 = …
        …
     Next
    …
    Next
  …
 Next
```

（3）形式三：

```
 For  k1 =…
   For  k2 = …
     For  k3 = …
       …
 Next k3,k2,k1
```

说明：每执行一次外循环，内循环就循环执行一遍；每执行一次内循环，下一级内循环就循环执行一遍，依此类推执行多层循环。

以上所列的三种 For 循环嵌套形式，读者可以根据自己的喜好选用任意一种。

对于实例 6 所述题目要求，笔者采用形式三的格式实现如下：

```
For x = 0 To 10
  For y = 0 To 100
    For z = 0 To 100
      If x ^ 3 + 5 * y ^ 2 + 10 * z + 50 * x + 100 * y = 1000 Then
          Print "方程 x ^ 3 + 5 * y ^ 2 + 10 * z + 50 * x + 100 * y = 1000 的
可能解为:"; x; y; z
      End If
Next z, y, x
```

（三）编程算法思路及 Visual Basic 参考实现

对于实例 6 所述的题目要求，其基本解题思路就是在上述 x、y 和 z 的取值范围内试遍所有的 x、y 和 z 的取值组合是否满足方程 $x^3+5y^2+50x+100y+10z=1000$，这显然要用到循环结构。例如当 x=0 且 y=0 时，z 取遍 0～100 内所有的正整数值，看是否可使方程 $x^3+5y^2+50x+100y+10z=1000$ 成立；当 x=0 且 y=1 时，z 取遍 0～100 内所有的正整数值，看是否可使方程 $x^3+5y^2+50x+100y+10z=1000$ 成立；当 x=0 且 y=2 时，z 取遍 0～100 内所有的正整数值，看是否可使方程 $x^3+5y^2+50x+100y+10z=1000$ 成立；当 x=0 且 y=3 时，z 取遍 0～100 内所有的正整数值，看是否可使方程 $x^3+5y^2+50x+100y+10z=1000$ 成立……依此类推，当 x=0，y 也要以以上的方式试遍 0～100 之内所有的正整数值，看是否可使方程 $x^3+5y^2+50x+100y+10z=1000$ 成立。

当 x=1 且 y=0 时，z 取遍 0～100 内所有的正整数值，看是否可使方程 $x^3+5y^2+50x+100y+10z=1000$ 成立；当 x=1 且 y=1 时，z 取遍 0～100 内所有的正整数值，看是否可使方程 $x^3+5y^2+50x+100y+10z=1000$ 成立；当 x=1 且 y=2 时，z 取遍 0～100 内所有的正整数值，看是否可使方程 $x^3+5y^2+50x+100y+10z=1000$ 成立；当 x=1 且 y=3 时，

z 取遍 0～100 内所有的正整数值，看是否可使方程 $x^3+5y^2+50x+100y+10z=1000$ 成立……依此类推，当 x=1，y 也要以以上的方式试遍 0～100 内所有的正整数值，看是否可使方程 $x^3+5y^2+50x+100y+10z=1000$ 成立。

当 x=2 且 y=0 时，z 取遍 0～100 内所有的正整数值，看是否可使方程 $x^3+5y^2+50x+100y+10z=1000$ 成立；当 x=2 且 y=1 时，z 取遍 0～100 内所有的正整数值，看是否可使方程 $x^3+5y^2+50x+100y+10z=1000$ 成立；当 x=2 且 y=2 时，z 取遍 0～100 内所有的正整数值，看是否可使方程 $x^3+5y^2+50x+100y+10z=1000$ 成立；当 x=2 且 y=3 时，z 取遍 0～100 内所有的正整数值，看是否可使方程 $x^3+5y^2+50x+100y+10z=1000$ 成立……依此类推，当 x=2，y 也要以以上的方式试遍 0～100 内所有的正整数值，看是否可使方程 $x^3+5y^2+50x+100y+10z=1000$ 成立。类推，作为穷举法 x 也要试遍 0～10 内的所有整数取值，尝试 x 和 y 及 z 所有可能组合是否满足方程 $x^3+5y^2+50x+100y+10z=1000$。

实例 7 编写 Visual Basic 程序实现对用户输入的 1～100 之间的自然数求阶乘，并显示出所求的结果。

3.3.5 实例 7 的实现

对于实例 7，遵照 Visual Basic 编程设计的步骤给出如下的参考界面设计和代码实现。

一、界面实现

同样对于实例 7 的编程要求，由于考虑用户输入要求阶乘的自然数 n 由输入对话框输入，所以实例 7 的设计界面如图 3-24 所示仅仅考虑添加两个命令按钮 Command1 和 Command2 用于提供用户在程序运行时单击所用。

图 3-24 实例 7 的设计界面

二、代码编写

代码编写部分包括控件属性窗口设置及控件事件代码的编写两部分内容。

1. 控件属性窗口设置

表 3-3 为图 3-24 涉及的实例 7 的控件属性设置值。

表 3-3 实例 7 的控件属性值

控件名称	窗体 Form1	命令按钮 Command1	命令按钮 Command2
控件属性名	Caption	Caption	Caption
控件属性值	求 *N* 的阶乘	求阶乘	程序结束

2. 控件事件参考代码

```
Private Sub Command1_Click()        '求解阶乘的按钮事件
Dim n As Integer, k As Double, i As Integer
    n = InputBox("请输入要求阶乘的自然数 n (1-100)的值:")
    i = 1
    k = 1
    While i <= n
        k = k * i
        i = i + 1
```

```
    Wend
    Print n; " != "; k          '在窗体上输出计算结果
End Sub

Private Sub Command2_Click()    程序退出按钮事件
End
End Sub
```

3.3.6 实例 7 的编程分析

一、界面构思

如图 3-25、图 3-26 所示为实例 7 的运行界面，可见阶乘的计算结果将显示在窗体上，所以考虑将两个命令按钮放置在程序主窗体的下方。

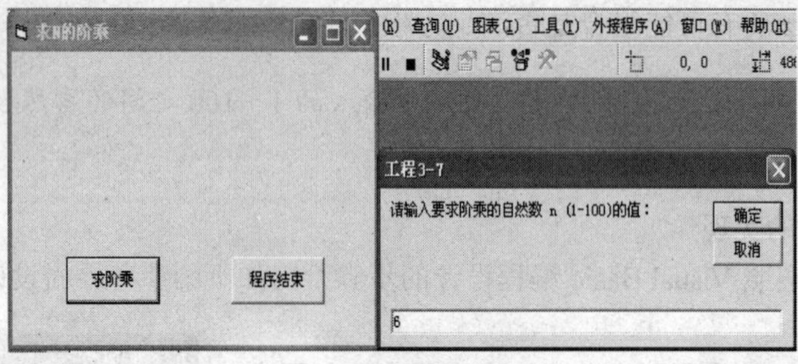

图 3-25 实例 7 的运行界面（一）

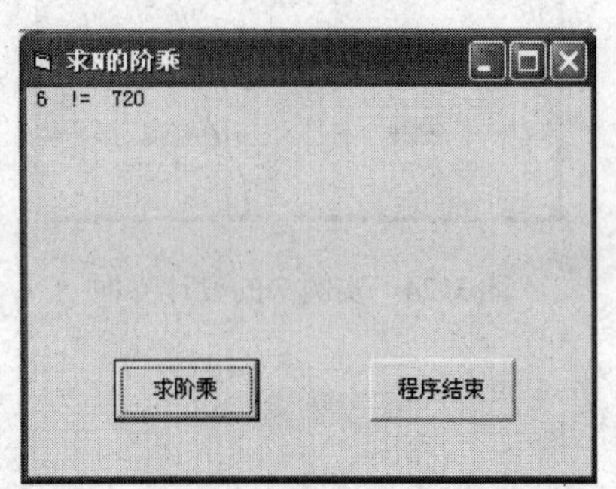

图 3-26 实例 7 的运行界面（二）

二、程序构思

1. 数学知识点

分析实例 7 的题目要求可知该题的主要要求为根据用户的输入值 n，求解 n 的阶乘值。所以数学上主要考虑如何求解阶乘。

由阶乘的定义可知：$i! = 1 * 2 * \cdots * (i-2) * (i-1) * i = (i-1)! * i$

也就是说，一个自然数的阶乘，等于该自然数与前一个自然数阶乘的乘积（即从 1 开始连续地乘下一个自然数，直到 i 为止）。

由上述数学知识，进而分析题意可知如果设 1! =1，则 2! =1! *2，3! =2! *3，… 依此类推，可知 $n! = (n-1)!*n$，可知这是一个递推公式，实现递推公式必然要用到循环结构。

2. 所用 Visual Basic 编程知识点

实例 7 中提到的阶乘求解可用到 For 循环结构，也可用到以下所讲述的 While… Wend 循环。

While… Wend 循环作为循环语句时，根据某一条件（循环执行条件）进行判断，决定是否执行循环。

格式：

```
While<条件>
   <语句块>
Wend
```

功能：当条件为真（True）时执行循环体，即如果“条件”为 True，执行由“语句块”组成的循环体，当遇到 Wend 语句时，控制返回到 While 语句，对“条件”进行测试，如果仍为 True，则重复上述过程。如果“条件”为 False，则不再执行“语句块”，而执行 Wend 后面的语句。

说明：1）先判断条件，后执行循环体。

2）“条件”为一个布尔表达式，用以指定循环条件。

3）While…Wend 循环语句先对“条件”进行测试，再决定是否执行循环体。如果进入循环体之前，“条件”为 False，则一次也不执行循环。因此，进入循环体之前应正确设置循环条件。

4）循环体内应该有修改循环条件的语句，使得循环体能正常执行和正常终止。

3. 编程算法思路及 Visual Basic 参考实现

对于实例 7 所要求的求 n 的阶乘，首先应考虑用输入对话框 InputBox 采集用户的输入值 n，语句如下（具体知识参见本章关于输入的知识）：

```
n = InputBox("请输入要求阶乘的自然数 n (1-100)的值:")
```

对于上述递推公式的循环可用 While…Wend 循环语句实现，具体如下：

```
i = 1
k = 1
 While i <= n
   k = k * i
   i = i + 1
 Wend
```

其中，最重要的是循环条件的设立以及循环体语句的编写。循环体要实现递推公式 $n!=(n-1)!*n$，可以考虑用 $k=k*i$ 对每次的累乘结果进行存储，注意 While…Wend 循环中应加入 $i=i+1$，使每次累乘的因子逐渐由 1 变化到用户输入的 n；当然考虑到 Dim 定义的数值型变量初值默认为 0，而变量 i 应从 1 开始增加，所以令 i=1；变量 k 用来存储累乘的积，不能为 0，所以令 k=1。

另外，考虑当 i 小于用户输入的 n 时，应不断执行循环体，所以循环执行的条件为 $i<=n$。

实例 8 编写 Visual Basic 程序，实现对公式 $1-\frac{1}{2}+\frac{1}{3}-\frac{1}{4}+\cdots+(-1)^{n-1}\frac{1}{n}$ 的求和，要求计算精确到末项的绝对值小于 0.0001 时的结果。

3.3.7 实例 8 的实现

针对实例 8 遵照 Visual Basic 编程设计的步骤给出如下的参考设计界面和代码实现：

一、界面实现

对于实例 8 的编程要求，由于考虑没有用户输入，所以实例 8 的设计界面如图 3-27 所示，仅考虑添加两个命令按钮 Command1 和 Command2 用于提供用户在程序运行时单击所用。

二、代码编写

代码编写包括控件属性窗口设置及控件事件代码的编写两部分内容。

（1）控件属性窗口设置。表 3-4 为图 3-27 涉及的控件属性设置值。

表 3-4　　实例 8 的控件属性设置值

控件名称	窗体 Form1	命令按钮 Command1	命令按钮 Command2
控件属性名	Caption	Caption	Caption
控件属性值	求和	求值	退出

（2）控件事件参考代码。

```
Private Sub Command1_Click()        '求值按钮单击事件
Dim fh As Integer, n As Integer, y As Double
y = 1
fh = 1
n = 2
Do While Abs(-fh / n) >= 0.0001
fh = -fh
y = y + fh / n
n = n + 1
Loop
Print "当求和末项绝对值小于 0.0001 时,计算了"; n; "项的和是:"
Print y
End Sub

Private Sub Command2_Click()        '程序退出事件
End
End Sub
```

3.3.8　实例 8 的编程分析

一、界面构思

如图 3-28 所示为实例 8 的运行界面，可见对已知公式的指定精度求和的计算结果将显示在窗体上，所以考虑将两个命令按钮放置在程序主窗体的下方。

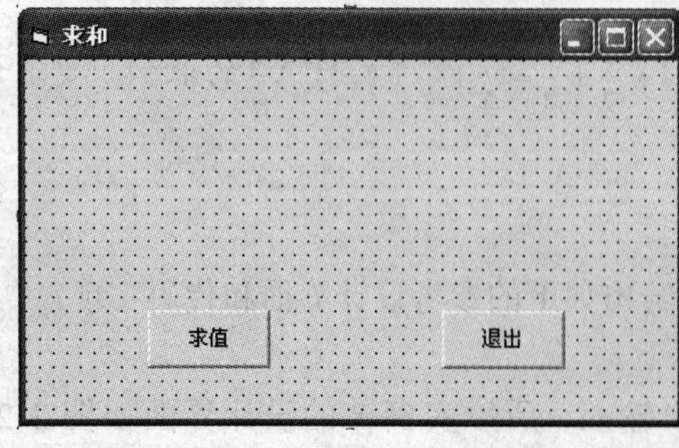

图 3-27　实例 8 的设计界面

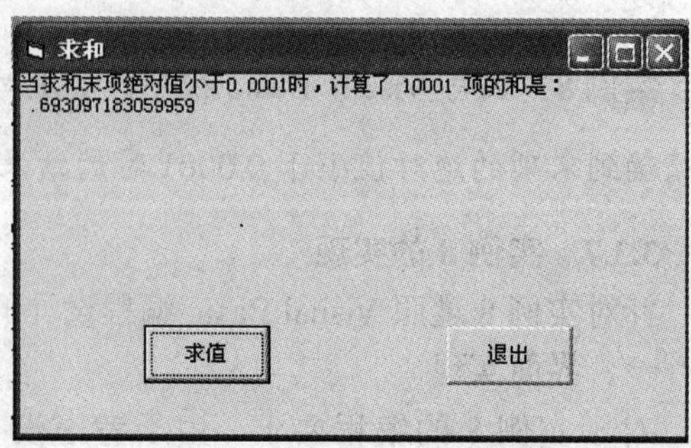

图 3-28　实例 8 的运行界面

二、程序构思

1. 数学知识点

实例 8 所涉及的是一个累加求和的问题。进一步分析数学上给出的计算公式可知，这应该是一个用到循环的累加运算，可用累加的经典公式 $s=s+$通项式的形式。对于这一类问题，解题的关键是总结出题目的累加通项式，分析题目中所给的公式可以总结出该题的累加通项应该就是 $(-1)^{n-1}\dfrac{1}{n}$。

2. 所用 Visual Basic 编程知识点

对于编程中时常遇到的求累加和的问题，通常用到的编程结构就是未知循环次数的循环结构。下面介绍的 Do 循环就是常用的未知循环次数的循环结构。

（1）Do 循环结构。Do…Loop 循环语句也是根据条件决定循环的语句，它既能指定循环条件，也能指定循环结束条件；有先判断条件，也有后判断条件的形式。

形式一　先判断条件形式的 Do…Loop 语句格式如下：

```
Do[While/Until<条件>]
    [<语句块>]---循环体   '先判断条件、后执行循环体
Loop
```

形式二　后判断条件形式的 Do…Loop 语句格式如下：

```
Do
    [<语句块>]---循环体   '先执行循环体、后判断条件
Loop[while/Until<条件>]
```

功能：先判断条件形式的 Do…Loop 语句实现的功能：当（即 Do While…Loop）指定的循环条件为 True 或直到（即 Do Until…Loop）指定的循环结束条件变为 True 之前，重复执行语句块组成的循环体。进入循环体时，如果循环条件不成立或者循环结束条件成立，就不执行循环体的语句块。

后判断条件形式的 Do…loop 语句实现的功能：该语句首先执行循环体，然后测试循环条件（对 Do…Loop While 而言）或循环终止条件（对 Do…Loop Until 而言），决定是否继续循环。所以，这种结构的语句至少执行一次循环体。

说明：

1）选项 While 当条件为真时执行循环体，选项 Until 当条件为假时执行循环体。

2）循环体中可以出现语句 Exit Do（详见下面的退出循环），将控制转移到 Do…Loop 结构后的一条语句。

3）Do While/Until…Loop 进入循环前，若循环条件不满足，循环次数为 0。Do…Loop While/Until 至少执行 1 次循环体。

（2）退出循环。一般循环语句的每次循环都要执行循环体的全部语句，才决定是否结束循环。然而 Visual Basic 也可以用循环出口语句（Exit）的形式，根据需要退出循环，执行循环结构的后续语句。

退出循环形式一：无条件形式

```
Exit Do
Exit For
```

说明：此形式语句无测试条件，直接强制退出循环。常用于程序调试时的跟踪，调试成功后删除。

退出循环形式二：有条件形式

```
If  <条件>  Then  Exit Do
If  <条件>  Then  Exit  For
```

说明：此形式语句只当“条件”为 True 时才退出循环；如果“条件”不为 True，则出口语句没有意义。

（3）循环嵌套。

循环体的语句块中可以包含任何 Visual Basic 语句，当然也包括循环语句。也就是说，在一个循环结构的循环体内含有另一个循环结构，这就形成了循环嵌套，又称为多重循环。

说明：

1）嵌套的原则：外层循环与内层循环必须层层相套，循环体之间不能交叉。

2）For 语句嵌套的基本要求：每个循环必须有一个唯一的控制变量；内层循环的 Next 语句必须在外层循环的 Next 语句之前，内外循环不可相互交叉。

注意：For 循环、Do 循环和 While…Wend 循环之间还可以实现嵌套。例如：

示例 1：

```
Do
   For j=k1 To k2
   …
   Next j
Loop While b1
```

示例 2：

```
Do While b1
   Do
   …
   Loop Until b2
Loop
```

下面的嵌套形式就是错误的：

示例 1：

```
Do While b1
   For j=k1 To k2
   …
   Loop
Next j
```

该例的错误在于内层 For 循环的 Next *j* 不应该写在外层的 Do 循环的 Loop 之后。

示例 2：

```
For j=k1 To k2
   Do Until b2
   …
   Next j
Loop
```

该例的错误在于内层 Do 循环的 Loop 不应该写在外层 For 循环的 Next *j* 之后。

3. 编程算法思路及 Visual Basic 参考实现

对于实例 8 的题目要求可以考虑如下的编程思路：

首先对于题目中所给的公式$1-\frac{1}{2}+\frac{1}{3}-\frac{1}{4}+\cdots+(-1)^{n-1}\frac{1}{n}$，观察其形式可以看做是正数项和负数项交替出现的累加求和问题，所以可以设置一个符号项 *fh*，令其初值为 1，之后在每次的循环体运行时令 *fh* =–*fh*，这样随着循环体的执行，*fh* 就会实现 1 和–1 的交替变换。这样就可以把实例 8 公式中总结出的通项$(-1)^{n-1}\frac{1}{n}$简化为$fh*\frac{1}{n}$，因为 *fh* 可以在程序运行时实现 1 和–1 的交替变换，则$fh*\frac{1}{n}$也可以实现类似$(-1)^{n-1}\frac{1}{n}$正负交错变换。

进一步分析可知，如果用 Do While…Loop 的循环结构，则其循环执行条件应为 Abs (–*fh* / *n*) >= 0.0001。这是因为题目要求计算精确到末项的绝对值小于 0.0001 时，所以循环体即累加的终止条件为 Abs（–*fh* / *n*）<0.0001，从而循环的执行条件为循环的终止条件取反。综上所述，可得如下的 Visual Basic 程序：

```
y = 1       '存储累加和的变量 y 初值取 1
fh = 1      '令标志位初值为 1
n = 2       '因为存储累加和的变量 y 初值取 1,考虑累加式 y = y + fh / n,就取 n 初值为 2
Do While Abs(-fh / n) >= 0.0001
fh = -fh
y = y + fh / n
n = n + 1
Loop
```

当然对于 For 循环、Do 循环和 While…Wend 循环都有循环嵌套的形式，只要嵌套符合以上关于循环嵌套的定义即可。

3.4 综 合 实 例

这一部分给出的实例似乎没有像实例 1 那样用标准的顺序结构，但是读者应该可以体会到如果把编程中用到的选择结构和循环结构看作是一条选择结构语句或是一条循环结构语句，那么实例 9 的程序实现就是一个标准的包含变量定义、数据输入、程序中间处理过程以及结果输出的顺序结构了。

实例 9 求最大公约数：编写 Visual Basic 程序，实现如下功能——提示用户输入三个正整数，对用户输入的三个数编程求解其最大公约数，输出显示所求的最大公约数；当用户输入数据是非正整数时，以消息框提示用户“输入三个正整数”；判断三个正整数中有哪些是素数、哪些不是？将判断出的结果显示在窗体上。

一、界面构思

图 3-29、图 3-30 为实例 9 运行时的相关界面。

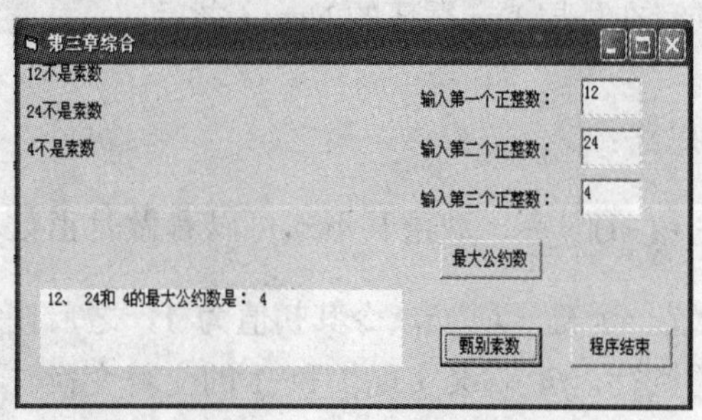

图 3-29 实例 9 的运行界面

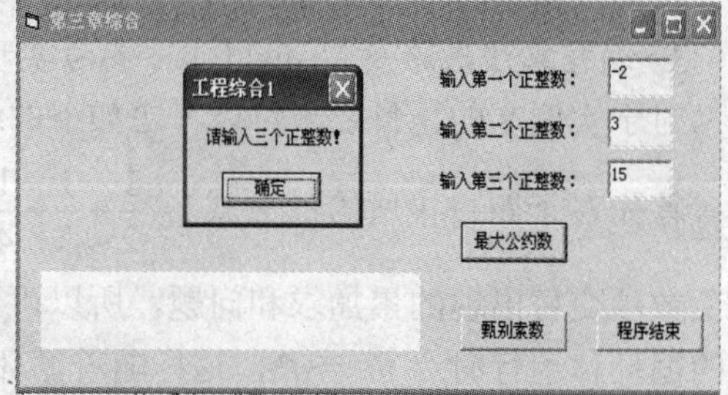

图 3-30 实例 9 输入了非正整数的提示界面

实例 9 考虑了用 3 个文本框作为程序的数据输入，以 3 个标签框作为相应文本框的输入提示，3 个命令按钮为用户单击求“最大公约数”、“甄别素数”及“程序结束”的事件控件。

如图 3-29 所示文本框 Text4 的外观是通过设计阶段修改文本框 Text4 的 BorderStyle 属性为 0-None 得到的。表 3-5 为图 3-29 涉及的控件的属性设置值列表。

表 3-5　　实例 11 的控件属性值

控件名称	窗体 Form1	命令按钮 Command1	命令按钮 Command2	命令按钮 Command3	标签框 Label1、Label2、Label3	文本框 Text1、Text2、Text3、Text4	文本框 Text4
控件属性名	Caption	Caption	Caption	Caption	Caption	Text	BorderStyle
控件属性值	第 3 章综合	最大公约数	程序结束	甄别素数	输入第一个整数、输入第二个整数、输入第三个整数	" "	0-None

二、程序构思

1. 数学知识点

对于实例 9 来说，所用到的数学知识就是求最大公约数以及判断素数，下面我们分别进行介绍。

我们知道求最大公约数有许多方法，这里介绍其中的一种——求两个数的最大公约数的辗转相除法。

设 $m = n * k + r$（$0 \leqslant r < n$），就是说 r 是 m 除 n 的余数，这里 m 和 n 的最大公约数与 n 和 r 的最大公约数相同。若 r 等于 0 ，则 n 就是 m 和 n 的最大公约数；若 r 不等于 0，则对 n 和 r 继续求余，直到余数 r 等于 0 为止。

素数的概念，即为只能被 1 和它自身整除的数称为素数。

素数的判定定理：

（1）如果 n 不能被 2～n–1 的任何一个数整除，则 n 就是素数。

（2）如果 n 不能被 2～Sqr（n）中的任何一个数整除，则 n 就是素数。

2. 编程算法思路及 Visual Basic 参考实现

接下来我们要做的是整理对于实例 9 的编程思路，首先程序的数据输入采用文本框供用户输入 3 个正整数（相关语法参看本章前面的叙述）；接下来将进入到数据处理即求最大公约数部分，这实际上是上述辗转相除法的 Visual Basic 实现，参考上述有关辗转相除法的描述，可见求两个数的最大公约数的辗转相除的过程实际上是一个循环过程，在循环中只要余数 *r* 不等于 0，就不停地做 *m* Mod *n*（*r* = *m* Mod *n*）、除数 *n* 赋值给被除数 *m*（*m* = *n*）、余数 *r* 赋值给除数 *n* 的过程（*n* = *r*）。

同理如果求 3 个数的最大公约数，可以先用辗转相除法求出两个数的最大公约数，再求该最大公约数和第 3 个数的最大公约数（此即为 3 个数的最大公约数）。

对于利用素数判定定理进行输入数据是否为素数的判断，可有如下分析及算法：

分析——*n* 能被整数 *a* 整除，一定可表示为 *n*=*a***b*，*a* 和 *b* 中必然有一个小于或等于 Sqr（*n*）。

算法——判断 *n* 是否为素数的方法就是用 2～Sqr（*n*）中的每一个数依次整除 *n*，如果其中有一个数能够整除 *n*，则 *n* 肯定不是素数。

进一步分析素数判定定理，可知如果一个数为 2 或 3，则这个数就是素数，对于其他的数 *n*"如果 *n* 不能被 2～Sqr（*n*）中的任何一个数整除，则 *n* 就是素数"，将上述描述转化为 Visual Basic 语句即可实现该功能。

完整的参考程序代码如下：

```
Dim a As Integer, b As Integer, c As Integer
Private Sub Command1_Click()        '最大公约数求解显示单击事件过程
Dim m, n, r As Double
    a = Val(Text1.Text)
    b = Val(Text2.Text)
    c = Val(Text3.Text)
    m = a: n = b: r = n
If a <= 0 Or b <= 0 Or c <= 0 Then
    MsgBox ("请输入3个正整数!")
    Text1.Text = ""
    Text2.Text = ""
    Text3.Text = ""
Else
    Do While a > 0 And b > 0 And r <> 0
        r = m Mod n
        m = n
        n = r
    Loop
    m = m: n = c: r = n
    Do While a > 0 And b > 0 And r <> 0
        r = m Mod n
        m = n
        n = r
    Loop
    Text4.Text = Str(a) + "、" + Str(b) + "和" + Str(c) + "的最大公约数是:" + Str(m)
End if
End Sub

Private Sub Command2_Click()        '程序结束单击事件过程
```

```
End
End Sub

Private Sub Command3_Click()        素数的甄别单击事件过程
Dim n As Integer
    a = Val(Text1.Text)
    b = Val(Text2.Text)
    c = Val(Text3.Text)
    n = a
    If n = 2 Or n = 3 Then
        Print Str(n); "是素数"
    Else
        For i = 2 To Sqr(n)
          If n Mod i = 0 Then Exit For      '能整除,不是素数,退出
        Next i                              '此时, i  <= Sqr(n)
        If i > Sqr(n) Then
          Print Str(n); "是素数"
       Else
          Print Str(n); "不是素数"
       End if
    End if
    Print
    n = b
    If n = 2 Or n = 3 Then
        Print Str(n); "是素数"
    Else
        For i = 2 To Sqr(n)
          If n Mod i = 0 Then Exit For      '能整除,不是素数,退出
        Next i                              '此时, i  <= Sqr(n)
        If i > Sqr(n) Then
          Print Str(n); "是素数"
       Else
          Print Str(n); "不是素数"
       End if
    End if
    Print
    n = c
    If n = 2 Or n = 3 Then
        Print Str(n); "是素数"
    Else
        For i = 2 To Sqr(n)
          If n Mod i = 0 Then Exit For      '能整除,不是素数,退出
        Next i                              '此时, i  <= Sqr(n)
        If i > Sqr(n) Then
          Print Str(n); "是素数"
       Else
          Print Str(n); "不是素数"
       End if
    End if
End Sub
```

3.5 学 习 总 结

本章主要对 Visual Basic 程序设计中的三种主要结构（顺序结构、选择结构和循环结构）进行了描述。

其中，对于选择结构主要通过具体实例讲解了简单的 if 结构：从书写形式上分为行 if 和块 if 结构，其主要结构在于行 if 要求所有语句书写在一行上，而块 if 结构一定要有 End if 结尾；对于多分支选择结构通过实例讲述了 if 嵌套（分为块 if 的嵌套和 if…Elseif 结构），其主要区别为块 if 的嵌套中每个 if 必须配对一个 End if，而整个 if…Elseif 结构则只需带有一个 End if。另外，对于分支情况为简单的数值，如当 n=1、2、…、6 时，执行语句 A 或当 n=8、9 时执行语句 B 的分支结构，推荐考虑应用多分支选择结构 Select Case。

对于循环结构则通过具体实例讲解了已知循环次数的 For…Next 循环，其中循环次数由循环控制变量的初值和终值以及步长联合控制；而未知循环次数的循环结构分述为 While…Wend 循环和 Do While/Until…Loop 循环结构。

无论何种类型的循环结构，其特点均为循环体执行与否及执行次数由循环类型与条件而定，而且必须确保：

（1）循环体能重复执行。

（2）能在适当的时候终止（即非死循环）。

另外，讲解了 While/Until 的区别以及循环结构的多重嵌套。

本章的难点：选择 if 结构的嵌套、多重循环结构以及程序设计中的一些常用的算法（如累加、阶乘等）。内容重点：选择 if 结构、Select Case 多分支选择结构的使用；For/Next、Do/Loop 等循环结构的实现及其应用。

习 题

3-1 编制事件过程 Command1_Click，调用该过程后输入 x，计算并显示下列分段函数的值：

$$Y=\begin{cases} x^2/(x+1) & x<-2 \\ \sin x \cdot \cos x & -2\leqslant x\leqslant 2 \\ \lg x & x>2 \end{cases}$$

3-2 编程对输入的学生成绩分段统计，并求该班同学的平均分。（用 Select Case 结构）

3-3 编制事件过程 Command1_Click，执行该过程时输入 n，并计算下列表达式的值，然后将计算结果在文本框控件 Text1 中显示。

$$1+1/(2*3)+2/(3*4)+3/(4*5)+\cdots+n/(n+1)*(n+2)$$

3-4 求出水仙花的数量，它是 3 位数，其各位数字的立方和等于该数。如 $153=1^3+5^3+3^3$。提示：本题的要点在于对被测试数的个、十、百三位数的分离，$x1=I/100$ 可分离出百位数，$x2=I/10-x1*10$ 可分离出十位数，$x3=I \bmod 10$ 可分离出个位数 I 表示用户输入的要进行个、十百位分离的原始数据。

3-5 编写 Visual Basic 程序，使用户单击“显示图形”按钮时，在窗体上可以显示出类似三菱公司商标的图形，单击“程序结束”按钮时，整个程序结束运行。

3-6 编写 Visual Basic 程序实现如下功能，用户单击“开始”按钮，出现输入对话框 InputBox 提示用户输入年份，用户输入并单击“确定”按钮之后，出现输入对话框 InputBox 提示用户输入月份，用户输入并单击“确定”按钮之后，在程序主窗体上的标签框 Label1、Label2 上显示用户输入的年份是否为闰年，输入的月份有多少天。

第 4 章　数　　组

本章将通过具体实例来介绍数组这种高级编程语言所具有的数据结构。细心的读者可能已经在前几章的编程练习中注意到有时在编程时需要大量输入数据，而这些数据又有一定的相关性，比如若干学生的成绩，由于计算机存储的特性（即对于同一个变量，后一次变量赋值会覆盖掉前一次的赋值），若要对这些成绩全部存储并随时引用它们，就得定义和成绩数量相同的变量，而且这些变量名要不同且应望名知意，在实际编程中这样大量定义和引用存储同类数据的变量会带来不便和混乱。

数组正是为我们解除此类烦恼的有力工具，因为数组的基本功能是存储一系列类型一致的变量（比如，若干学生的成绩），并且可以用相同名字引用这些变量，引用时使用数组索引来标识它们。

在 Visual Basic 中，数组按照长度可以分成两种类型：一种是固定大小的数组，这种数组的大小是在编程之初就已知的固定值；另一种是动态数组，这种数组的大小在运行时可以改变。数组按照下标的多少可以分为一维数组和多维数组。

下面将分别通过具体实例讲解固定大小的一维数组、二维数组、动态数组以及控件数组的定义、引用、标准输入输出等知识。

【学习目标】

理解数组的概念，熟练掌握一维数组、二维数组、动态数组及控件数组的应用，并能编写相关程序。

- 熟练掌握一维数组的定义，掌握二维数组、动态数组的定义
- 熟练掌握一维数组的引用，掌握二维数组、动态数组的引用
- 熟练掌握一维数组的标准输入输出，掌握二维数组的输入输出
- 掌握控件数组的建立和使用

4.1　固定大小的一维数组学习实例

实例 1　创建一个 Visual Basic 程序，实现提示用户输入 10 个大写或小写的英文字母，然后区分出其中的大写字母，统计并输出大写字母的个数。

4.1.1　实例 1 的实现

一、界面实现

如图 4-1 所示，左侧主窗体为实例 1 的设计界面。窗体上包括文本框 Text1，“统计并输出”、“程序结束”两个命令按钮。

二、代码编写

代码编写部分将呈现：控件属性窗口设置及控件事件代码的编写两部分内容。

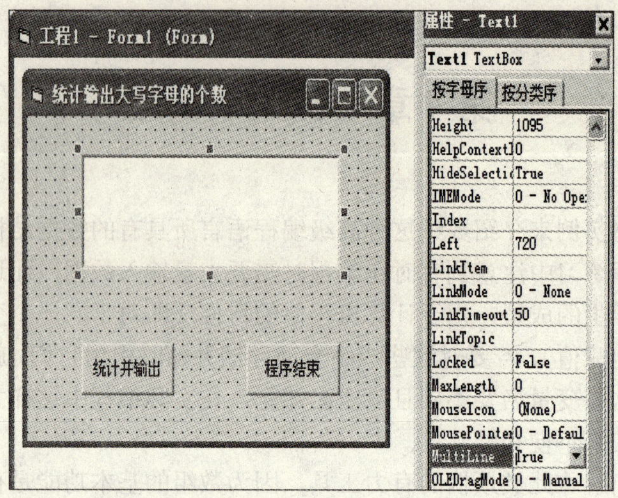

图 4-1 实例 1 的设计界面

1. 控件属性窗口设置

实例 1 的主窗体及其上三个控件的相关属性设置，见表 4-1。

表 4-1 **实例 1 的控件属性值**

控件名称	窗体 Form1	文本框 Text1		命令按钮 Command1	命令按钮 Command2
属性名	Caption	Text	MultiLine	Caption	Caption
属性值	"统计输出大写字母的个数"	""	True	"统计并输出"	"程序结束"

2. 控件事件代码

命令按钮 CommandButton 最常用的事件是鼠标单击（Click）事件，本实例中这个事件的主要功能是定义数组 a，为数组 a 赋初值，对用户的输入进行符合题目要求的判断处理并输出结果。代码如下：

```
Private Sub Command1_Click()        ' 统计输出按钮的单击事件
Dim a(1 To 10) As String
Dim n As Integer
For i = 1 To 10
a(i) = InputBox("请随意输入 10 个字母：,每次输入一个字母！")
Next i
For i = 1 To 10
If Asc(a(i)) < 65 Or Asc(a(i)) > 122 Or (Asc(a(i))>90 And Asc(a(i))<97)Then
  MsgBox ("输入的不是字母！请任意输入 10 个字母！")
ElseIf Asc(a(i)) >= 65 And Asc(a(i)) <= 90 Then
  n = n + 1
End If
Next i
Text1.Text = "输入的 10 个字母中大写字母有：" + Chr(10) + Chr(13) + Str(n)
End Sub
Private Sub Command2_Click()        ' 退出程序按钮的单击事件
End
End Sub
```

4.1.2 实例 1 的分析

这里将遵循 Visual Basic 的编程步骤，主要介绍实例 1 的界面构思和程序构思，并侧重讲解其中一维数组的相关知识。

一、界面构思

同前面章节中培养起来的习惯一样，在界面构思中读者应该主要考虑针对实例 1 的编程要求选用哪些控件。由于本实例使用输入对话框 InputBox 作为用户的数据输入媒介，所以在主窗体上不再提供输入控件。使用文本框 Text1 作为统计数据的输出媒介，同时设计两个命令按钮 Command1 和 Command2 来供用户进行单击操作，分别对应用户的“统计输出大写字母个数”的要求和“程序结束”的要求。

如图 4-2、图 4-3 所示为实例 1 的运行界面，界面布局依据个人的审美观念，尽量符合平面设计的和谐感。

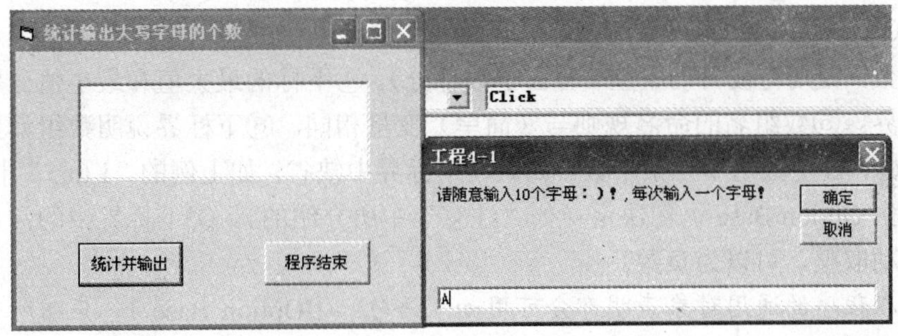

图 4-2 实例 1 的运行时输入界面

二、程序构思

当界面设计完成之后，程序并不能真正运行起来，要想使程序正常运行还要靠程序事件代码的编写。

1. 数学知识点

对于实例 1 由于只是考虑对用户输入的字母区分其大小写并统计大写字母的个数，所以不涉及数学定理的概念，只需设置一个统计变量 *n* 用于累计大写字母的个数。

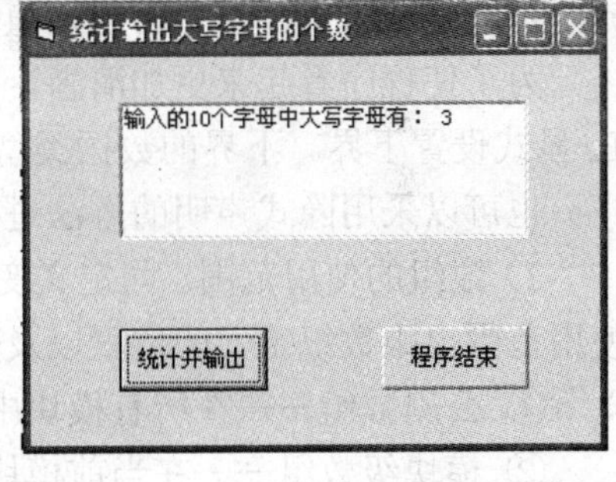

图 4-3 实例 1 的运行输出界面

2. 所用 Visual Basic 编程知识点

对于实例 1 所涉及的 Visual Basic 新知识点主要为固定长度的一维数组的定义和应用。下面就在具体编程之前对数组的相关概念进行讲解。

（1）数组的概念。数组是用一个统一的名称表示的、顺序排列的一组变量。数组中的变量称为数组元素，用数字（下标）来标识它们。例如：*A*(5)表示名为 *A* 的一维数组中下标为 5 的那个数组元素。

在计算机内存中，数组数据会占用一块连续的存储区域，数组名就是这块存储区间的名称。此数据区域中的每个存储单元都有一个用数组下标标识的地址。

数组可以声明为第二章提及的任何基本的数据类型，包括用户自定义类型，但是一个数组中的所有元素一般都应具有相同的数据类型。当数据类型为变体类型时，数组的各个元素允许包含不同种类的数据（字符串、数值等）。

（2）数组的声明。在使用数组之前，一般要先声明数组，目的是通知计算机为其留下所需要的存储空间。

1）数组的显式声明。可以采用常用的显式声明来声明数组：

格式：

```
< 说明符 > < 变量名 > ( < 下标 > ) [ As < 类型 > ]
```

例如：

```
Dim a(6) As Single                  ' 声明 a 是 Single 类型数组
Dim b(1 to 5) As Integer            ' 声明 b 是 Integer 类型数组
```

功能：①能定义数组、为数组分配存储空间。②能对数组进行初始化，使数值数组的元素值初始化为 0。③能对字符型数组的元素值初始化为空或空格字符串。

说明：①下标必须用括号括起来。②下标可以是常数、变量（已赋值）或表达式。③下标必须是整数，否则将被自动取整（舍去小数部分）。④下标的最大值和最小值分别称为数组的上界和下界。⑤数组名的命名规则与（简单）变量相同。⑥下标界说明数组元素的最小下标、最大下标、决定数组中元素个数。如果在下标界中缺省，如上例的“1 to 5”中的“1 to”，则最小下标由 Option Base 语句决定（如“注意”中所介绍的）。⑦下标界中的常量如果为浮点数，则自动取整，可以为负数。

注意：在程序的通用对象声明部分可用如下语句：①Option Base 1，声明所有数组第一个元素下标为 1；②Option Base 0，声明所有数组的第一个元素下标为 0（默认值）。

声明数组的方法与声明各种类型的变量一样，只不过声明数组时需要设置数组的上、下界，也就是数组下标索引的起始值和终止值。

为了使程序看起来更加清晰，建议定义数组时要指定数组的下界，此时可以使用关键字 To 显式设置下界。下界的数据类型也是长整型（Long）。

也可以采用隐式声明的方法进行数组声明（此方式到具体用时再介绍）。

2）数组的使用范围。同定义变量一样，定义数组也有一个数组使用范围的问题，数组的使用范围也跟数组定义的位置以及所用的关键字有关。具体如下：

① 公用数组——在所有模块中使用，可以在模块的声明段中用 Public 声明数组。

② 模块级数组——在当前模块中使用，可以在模块的声明段中用 Dim 声明数组。

③ 局部数组——在当前过程中使用，可以在过程中用 Dim 声明数组。

（3）数组的引用。数组在进行了声明之后，接下来就是要用它，这就涉及数组的引用。数组的引用其实和变量的引用类似，只不过是变量名变成了数组名（下标表达式）。

引用一维数组元素：

格式：

```
数组名 (<下标表达式>)
```

例如：a(2)=5——给数组元素赋值；

y=a(1)——将数组元素的值赋给变量 y。

功能：实现数组元素的赋值或是数组元素值的输出。

说明：①在数组名后的括号中指定下标。例如：$t=A(2)$——注意与数组声明语句中下标的上界相区别。②引用数组元素时，数组名、数组类型和维数必须与数组声明时一致。③引用数组元素时，下标值应在数组声明时所指定的范围内。④在同一过程中，数组与简单变量不能同名。

注意：在访问数组元素时，要注意下标越界的问题。

3. 编程算法思路及 Visual Basic 参考实现

对于实例 1 的编程要求，首先要考虑用输入对话框 InputBox 提示用户输入 10 个字母并且提示用户每次输入一个字母。又由于计算机存储的特性（即对于同一个变量，后一次变量赋值会覆盖前一次的赋值），为了不丢失数据，对于输入的 10 个字母可定义 10 个不同的变量来存储，但是这较麻烦，所以这里考虑使用一维数组。

根据数组的定义声明一个含有 10 个元素的数组 *a*，语句如下：

```
Dim a(1 To 10) As String
```

接下来应用上述数组引用的格式对数组赋初值，格式为

```
a(1) = InputBox("请输入任意 10 个字母：,每次输入一个字母！")
a(2) = InputBox("请输入任意 10 个字母：,每次输入一个字母！")
a(3) = InputBox("请输入任意 10 个字母：,每次输入一个字母！")
…
```

这样的语句写 10 次，所以使用已知循环次数的 For 循环构成如下语句：

```
For i = 1 To 10
a(i) = InputBox("请输入任意 10 个字母：,每次输入一个字母！")
Next i
```

输入数据之后，按照顺序结构的思路进入数据处理部分。对于实例 1 来说，就是判断用户输入的数据是否为字母。如果不是，则用消息框 MsgBox 提示用户输入的不是字母；否则，判断所输入的字母是否为大写字母，如果是，则计入统计变量 *n*。

需对每一个数组元素做重复的判断归类统计操作，所以这里也要用 For 循环。

进而应该考虑如何区分用户输入的字母是大写还是小写，这里应该用 Visual Basic 提供的常用内部函数 Asc( )，该函数的功能是返回参数中提供的字符串的第一个字母的 ASCII 值。例如，y=Asc（"A"），则 *y* 的值为 65。转换为 Visual Basic 语句为

```
For i = 1 To 10
If Asc(a(i)) < 65 Or Asc(a(i))> 122 Or (Asc(a(i)) > 90 And Asc(a(i))<97) Then
  MsgBox ("输入的不是字母！请输入任意 10 个字母！")
ElseIf Asc(a(i)) >= 65 And Asc(a(i)) =< 90 Then
  n = n + 1
End If
Next i
Text1.Text = "输入的 10 个字母中大写字母有" + Chr(10) + Chr(13) + Str(n)
End Sub
```

其中，Text1.Text = "输入的 10 个字母中大写字母有：" + Chr(10) + Chr(13) + Str(n)为大写字母个数以文本框 Text 作为输出媒介的相关语句。Chr(10)和 Chr(13)表示换行和“↙”。

实例 2 创建一个简单数组元素的插入程序。功能如下：定义一个包含 15 个元素的数组，并对数组中前 8 个元素赋初值，做两个命令按钮，要求单击 Command1 时实现数组前 8 个元素的赋初值；单击 Command2 时弹出 InputBox 供用户输入要插入的元素值及要求的插入位置，插入位置只要求插入到已经赋值的前 8 个中间或者插到已有值的数组元素的末尾。

4.1.3 实例 2 的实现

一、界面实现

实例 2 的设计界面如图 4-4 所示。

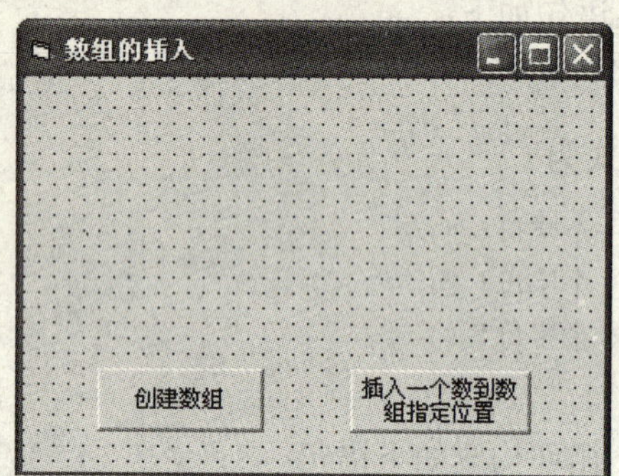

图 4-4 实例 2 的设计界面

对于实例 2 界面的设计，因为是在窗体上输出，所以将两个命令按钮 Command1 和 Command2 放置在窗体下半部偏底处，这样不会影响在窗体上的输出。

二、代码编写

代码编写部分分别呈现控件属性窗口设置及控件事件代码的编写两部分内容。

1. 控件属性窗口设置

对于实例 2 涉及的控件，除了考虑界面布局和控件的选用之外，还要对所选用控件的相关属性进行设置，见表 4-2。

表 4-2　　实例 2 的控件属性值

控件名称	窗体 Form1	命令按钮 Command1	命令按钮 Command1
属性名	Caption	Caption	Caption
属性值	数组的插入	创建数组	插入一个数到数组的指定位置

2. 控件事件代码的编写

下述事件的主要功能为声明数组 a 及为其前 8 个数组元素赋初值并输出数组的原始值。

```
Dim a(1 To 15) As Integer      '在此处定义数组，则该数组的生存周期为整个工程
Dim num As Integer             '用于记录数组元素的个数
Dim i As Integer               '循环控制变量 i
Private Sub Command1_Click()   ——创建数组按钮的单击事件
 num = 8
 For i = 1 To num
   a(i) = InputBox("请输入 a (" & i & ") ", "数组前 8 个元素的初始化", i)
 Next i
 Print "数组中初始的值为："
 For i = 1 To num
   Print a(i);
 Next i
 Print
 Print
End Sub
```

下述事件的主要功能为提示用户输入待插入元素的插入位置以及插入值，进行插入处理

并输出插入元素后的数组。

```
Private Sub Command2_Click()
 Dim posotion As Integer           '插入的位置
 Dim m As Integer                  '存储插入元素的变量
 position = InputBox("输入元素的插入的位置：", "插入的位置", 8)
 m = InputBox("输入要插入的数值：", "插入的数值", 0)
 For i = num To position Step -1
    a(i + 1) = a(i)
 Next i
 a(position) = x
 num = num + 1
 Print "插入了新元素之后的数组："
 For i = 1 To num
    Print a(i);
 Next i
 Print
 Print
End Sub
```

插入按钮的单击事件

4.1.4　实例 2 的编程分析

一、界面构思

对于实例 2 的编程要求，由于考虑用输入对话框 InputBox 做数组输入的媒介，将程序的数据输出显示在窗体上，所以对于实例 2 的主窗体设计只考虑在窗体上添加两个命令按钮，以响应用户的“创建数组”和“插入一个数到数组指定位置”的要求。

图 4-5～图 4-9 分别显示了程序运行各个阶段的效果图。

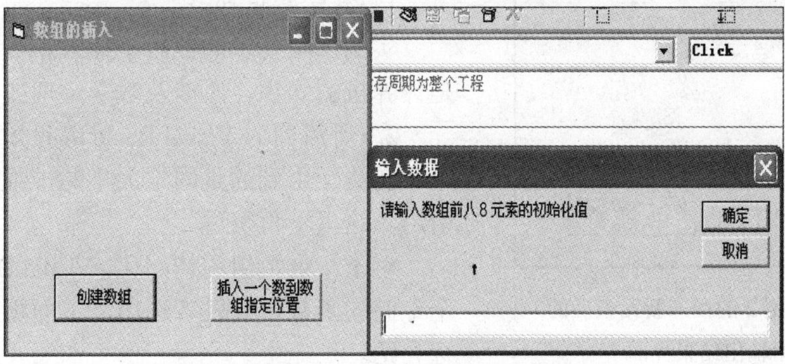

图 4-5　实例 2 运行时数组赋初值的输入界面

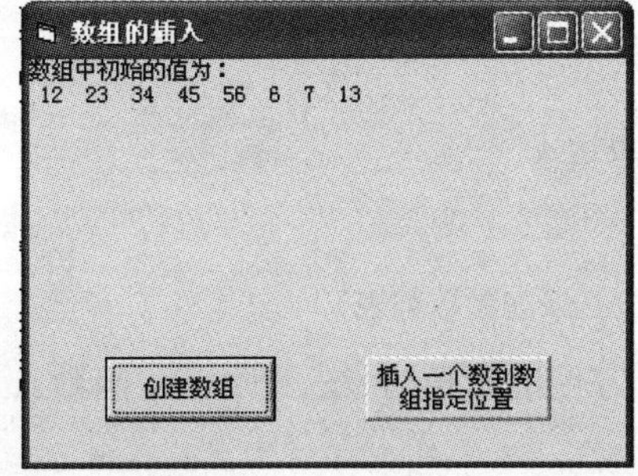

图 4-6　实例 2 创建数组的运行结果界面

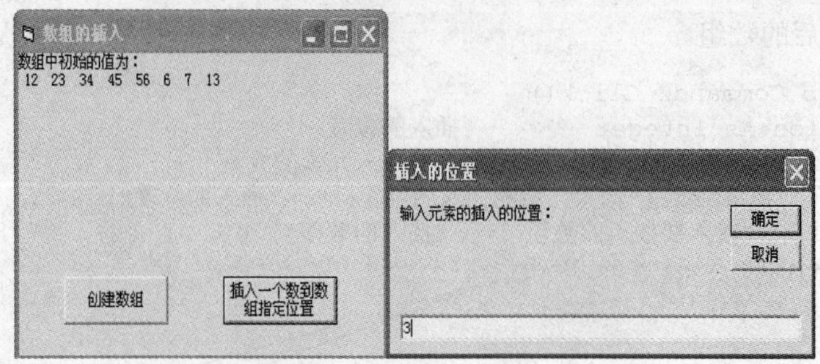

图 4-7 实例 2 运行时插入位置的输入界面

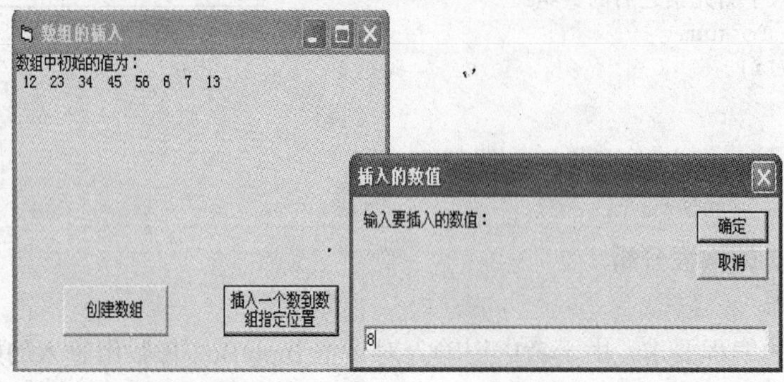

图 4-8 实例 2 运行时插入数值的输入界面

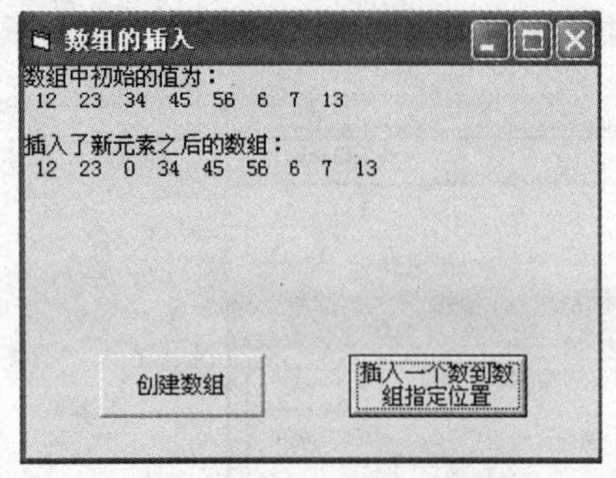

图 4-9 实例 2 的插入新元素后的数组输出结果界面

二、程序构思

1. 数学知识点

实例 2 中要求的数组中插入新数据的知识点都是计算机的知识，不涉及数学定理或公式。

2. 所用到的 Visual Basic 编程知识点

实例 2 用到的是固定大小的一维数组的声明和引用，这里不再赘述。

对于一维数组的初始化，Visual Basic 提供了一个专门的函数供开发者选用，下面将对这一函数进行介绍。

Array 函数：一维数组的初始化函数。数组的初始化就是给数组的各个元素赋初值。一般数组元素的值是通过赋值语句或 InputBox( )函数输入。

常用的方法：

```
数组名（下标表达式）=赋值表达式
```

或是：

```
数组名（下标表达式）=InputBox（参数列表）
```

但是这里介绍的是一种更方便的赋值方法——Array 函数。

格式:

```
数组变量名= Array (数组元素值)
```

这里的“数组变量名”是预先定义好的数组名。

例如：

static A as variant ' 预先定义数组 A

A= Array(1，2，3，4，5，6，7，8)

可以把 1、2、3、4、5、6、7、8 这 8 个数分别赋给数组 A 的各元素。

功能：用来为数组元素赋值，即把一个数据集读入某个数组。

说明：①数组不能是具体的数据类型，只能是变体型。如上面的例子改为

static A as Single

则会出错。②Array 函数只适合于一维数组，不能对二维数组进行初始化。

3. 编程算法思路及 Visual Basic 参考实现

首先按题目要求在程序的通用声明部分定义一个含 15 个元素的数组 *a*，使该数组的生存周期为整个工程，语句如下：

```
Dim a(1 To 15) As Integer
```

接下来对数组的前 8 个元素赋初值，语句如下：

```
For i = 1 To num
a(i) = InputBox("请输入 a (" & i & ") ", "数组前 8 个元素的初始化", i)
Next i
```

用下列数组的标准语句对初始化后的数组进行输出：

```
Print "数组中初始的值为"
For i = 1 To num
Print a(i);
Next i
```

接下来提示用户输入指定的插入位置：

```
position = InputBox("输入元素的插入位置：", "插入的位置", 8)
```

提示用户输入要插入的数值：

```
m = InputBox("输入要插入的数值：", "插入的数值", 0)
```

再进行实例 2 最关键的解题部分即数据的插入，这里利用计算机存储的特性：即后存入的数据覆盖前一次存入数据的特性，用 $a(i+1) = a(i)$实现数组数据的右移，从而在保存数组原有数据的同时空出指定的插入位置。语句具体如下：

```
For i = num To position Step -1
   a(i + 1) = a(i)
Next i
```

下述语句可以实现将指定数据插入到指定位置的操作：

```
a(position) = x
```

下列语句为插入后数组元素的个数加 1，及时调整 For 的循环终值，保证下次插入操作的正确性。

```
num = num + 1
```

下列语句为以数组元素的标准输出对插入新元素后的数组进行输出显示：

```
Print "插入了新元素之后的数组："
For i = 1 To num
   Print a(i);
Next i
```

4.2 固定大小的二维数组学习实例

实例 3 编写一个 Visual Basic 程序，实现如下功能：建立一个 6 行 6 列的上三角矩阵，要求该上三角矩阵的非零元素都是 1，并在窗体上输出显示该上三角矩阵。

4.2.1 实例 3 的实现

一、界面实现

如图 4-10 所示为实例 3 的设计界面。

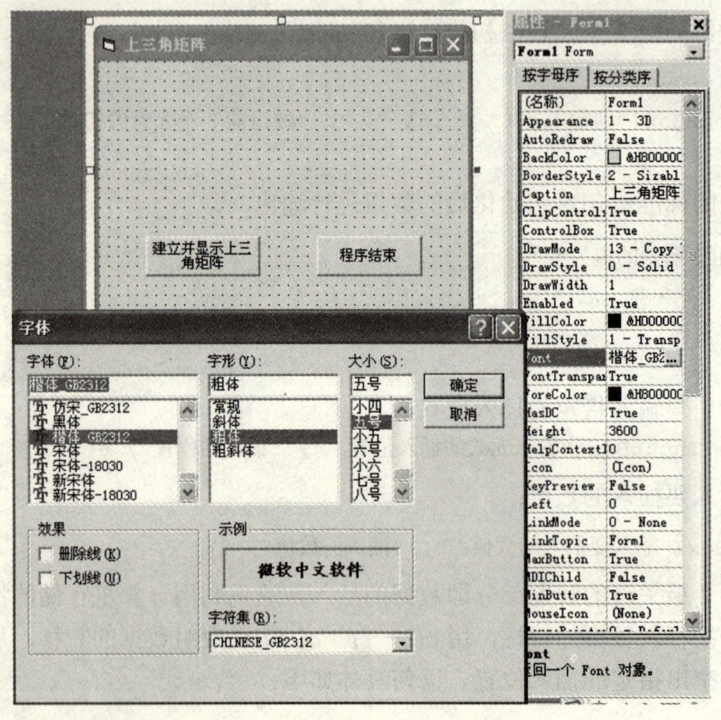

图 4-10 实例 3 的设计界面

由于对于实例 3 生成非零元素全为 1 的上三角矩阵的题目要求，该题目的程序没有用户输入的要求，对于处理好的非零元素全为 1 的上三角矩阵输出采用窗体输出显示，为了显示方便将两个命令按钮安排在窗体下部。

二、代码编写

代码编写部分分别呈现控件属性窗口设置及控件事件代码的编写两部分内容。

1. 控件属性窗口设置

表 4-3 为图 4-10 所显示的控件属性值，属性设置采用程序设计阶段修改选定控件相应属

性窗口的属性值的方法。图 4-10 为修改窗体 Form1 上显示字体为“楷体 GB_2312”，字体为“粗体”，字号为“五号”的示例。

表 4-3 实例 3 的控件属性值

控 件 名 称	窗体 Form1	命令按钮 Command1	命令按钮 Command1
属性名	Caption	Caption	Caption
属性值	上三角矩阵	建立并显示上三角矩阵	程序结束

2. 控件事件代码的编写

下列事件的主要功能为声明数组 a，根据上三角矩阵的元素特征为数组赋值并输出显示。

```
Private Sub Command1_Click()          建立显示上三角矩阵按钮的单击事件
Dim a(1 To 6, 1 To 6) As Integer
Dim i As Integer, j As Integer
For i = 1 To 6
   For j = 1 To 6
      If i = j Or i < j Then          '对角线及对角线以上部分的元素赋值为 1，其余为 0
         a(i, j) = 1
      Else
         a(i, j) = 0
      End If
      Print a(i, j);                  '输出显示所生成的上三角矩阵
   Next j
   Print
Next i
End Sub
Private Sub Command2_Click()          程序结束按钮的单击事件
End
End Sub
```

4.2.2 实例 3 的编程分析

一、界面构思

针对实例 3 的题目要求可知，没有对用户的输入做要求，对程序运行生成的非零元素全为 1 的上三角矩阵，由于存在数组，所以将输出显示在窗体上，对于实例 3 的主窗体设计只在窗体上添加两个命令按钮，以用于响应用户的“建立并显示上三角矩阵”和“程序结束”的要求。实例 3 的结果运行界面如图 4-11 所示。

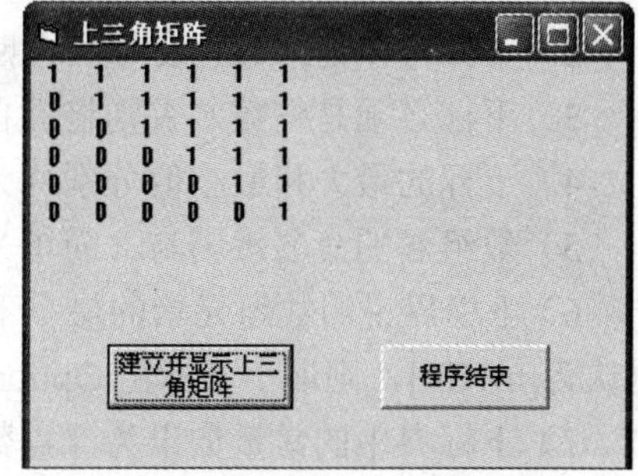

图 4-11 实例 3 的运行结果界面

二、程序构思

1. 数学知识点

本实例用到的数学知识点为上三角矩阵的概念。上三角矩阵，是指矩阵的主对角线及以上的元素不为零的矩阵。

如果设矩阵的元素由 a（i，j）表示，那么矩阵的主对角线元素就是所有 i=j 的矩阵元素 a（i，j）。

以一个 3 阶矩阵为例，3 阶矩阵的形式为 $\boldsymbol{A}=\begin{pmatrix} a_{11} & a_{12} & a_{13} \\ a_{21} & a_{22} & a_{23} \\ a_{31} & a_{32} & a_{33} \end{pmatrix}$，可见矩阵的主对角线以上的元素可以总结为矩阵元素 a（i，j）中满足条件 $i<j$ 的元素。

2. 所用 Visual Basic 编程知识点

由于要存储的是矩阵，所用的数组显然不能用一维数组，因为矩阵中的数据是有层次关系的，可以将这样的数据存储在一个二维数组中。二维数组有两个索引，第一个表示行（矩阵的行），第二个表示列（矩阵的列）。

在编程之前，先理解二维数组的相关概念和应用。

（1）二维数组的概念。具有两个下标的数组称为二维数组。二维数组同样要先声明后使用。

（2）二维数组的显式声明。数组常用的是显式声明：

格式：

```
< 说明符 > < 变量名 >( < 下标 1 > ) [ As < 类型 >], (< 下标 2 > ) [ As < 类型 >]
```

例如:

```
Dim a( 1 to 3, 1 to 5 ) As Integer.
```

定义了一个 3 行 5 列的二维数组 S，数组元素有 a（1，1）、a（1，2）、a（1，3）、a（1，4）、a（1，5）、a（2，1）、a（2，2）、a（2，3）、a（2，4）、a（2，5）、a（3，1）、a（3，2）、a（3，3）、a（3，4）、a（3，5）。

功能：

1）定义二维数组、为数组分配存储空间。

2）对二维数组进行初始化，使数值数组的元素值初始化为 0。

3）将字符型数组的元素值初始化为空或空格字符串。

说明：

1）下标必须用括号括起来。

2）下标可以是常数、变量（已赋值）或表达式。

3）下标必须是整数，否则将被自动取整(舍去小数部分)。

4）下标的最大和最小值分别称为数组的上界和下界。

5）数组名的命名规则与（简单）变量相同。

6）下标界说明数组元素的最小下标、最大下标、决定数组中元素的个数。如果下标界中默认为[m1 To]，则最小下标由 Option Base 语句决定（如下注意中所讲解的）。

7）下标界中的常量如果为浮点数，则自动取整，可以为负数。

注意：在程序的通用对象声明部分可用如下语句：

1）Option Base 1：声明所有数组第一个元素下标为 1。

2）Option Base 0：声明所有数组第一个元素下标为 0（默认值）。

声明数组的方法与声明各种类型的变量一样，只不过声明数组时需要设置数组的上下界，也就是数组下标索引的起始值和终止值。

为了使程序看起来更加清晰，建议定义数组时要指定数组的下界，此时可以使用关键字

To 显式设置下界。下界的数据类型也是长整型（Long）。

（3）数组的使用范围。

同定义一维数组一样，定义二维数组也有一个数组使用范围的问题，数组的使用范围也跟数组定义的位置以及所用的关键字有关。具体如下：

1）公用数组：在所有模块中使用，可以在模块的声明段中用 Public 声明数组。

2）模块级数组：在当前模块中使用，可以在模块的声明段中用 Dim 声明数组。

3）局部数组：在当前过程中使用，可以在过程中用 Dim 声明数组。

（4）数组的引用。

二维数组在进行了声明之后，就可以对其进行引用。二维数组的使用方法和一维数组相同，标出每一维下标的索引值即可引用相应的数组元素。

格式：

数组名(<下标 1 表达式>，<下标 2 表达式>)

例如：*a*(1，2)=*A*：给数组元素赋值为字符串 *A*；

y=*a*(3，3)：将数组元素 *a*(3，3)的值赋给变量 *y*。

功能：实现数组元素的赋值（即输入）或是数组元素值的输出。

说明：

1）在数组名后的括号中指定下标，下标 1 与下标 2 以逗号“,”分开。

例如：*t*=*A*(2，5)

2）引用数组元素时，数组名、数组类型和维数必须与数组声明时一致。

3）引用数组元素时，下标 1、下标 2 的值应在数组声明时所指定的范围之内。

4）在同一过程中，数组与简单变量不能同名。

由于数组有索引下标，因此可以利用 For 循环嵌套有效地处理二维数组。

（5）二维数组以行优先的形式存放。

例如：对于 3 阶矩阵 ***A***，$\boldsymbol{A}=\begin{pmatrix} a_{11} & a_{12} & a_{13} \\ a_{21} & a_{22} & a_{23} \\ a_{31} & a_{32} & a_{33} \end{pmatrix}$，含 9 个元素，分别为 *A*（1，1）、*A*（1，2）、*A*（1，3）、*A*（2，1）、*A*（2，2）、*A*（2，3）、*A*（3，1）、*A*（3，2）、*A*（3，3）。

在计算机中采用二维数组来存储这 9 个元素，二维数组定义如下：

```
Option  Base  1
Dim  A(3 , 3)  As  Integer
```

以行优先的方式进行存储

计算机内存

A(3,3)
A (3,2)
A (3,1)
A (2,3)
A (2,2)
A (2,1)
A (1,3)

A (1,2)
A (1,1)

3. 编程算法思路及 Visual Basic 实现

经过了对二维数组的详细学习之后，就可以开始着手实例 3 的编程工作了。

实例 3 所用到的主要数学结构为矩阵，而矩阵在计算机中一般采用二维数组进行存储。实例 3 要求建立一个 6 行 6 列的上三角矩阵，所以依照数组“先声明后使用”的规则，用如下二维数组的显式声明语句声明了一个含有 36 个元素的二维数组：

```
Dim a(1 To 6, 1 To 6) As Integer
```

这里数组元素 *a*（1，1）即对应矩阵元素 *A*（1，1），依次类推。

然后对该二维数组进行赋值，根据实例 3 的要求，数组元素的值应该满足上三角矩阵的特点，即矩阵的主对角线及以上的元素不为 0。通过数学知识可知，矩阵的主对角线及以上元素不为零的要求，可以转化为矩阵元素 *a*（*i*，*j*）中满足 $i<=j$ 的元素不为零的情况。

通过对实例 1 和实例 2 一维数组的学习可知，数组的输入（即赋初值）和输出最有效的方法是使用 For 循环，同时考虑到二维数组有两个下标，所以对于二维数组的输入应选用 For 循环二重嵌套，对于实例 3 的 6 阶矩阵来说，下标 1 和下标 2 都应该是从 1～6，并且每次变化为前一次的值加 1。相关 Visual Basic 实现语句如下：

```
For i = 1 To 6
    For j = 1 To 6
        If i = j Or i < j Then          '对角线及对角线以上部分的元素/赋值为 1，其余为 0
            a(i, j) = 1
        Else
            a(i, j) = 0
        End if
        Print a(i, j);                  '输出显示所生成的上三角矩阵
    Next j
    Print
Next i
```

上述语句中包含了上三角矩阵的输出，所用的是二维数组的标准输出形式：

```
For i = 1 To 6
    For j = 1 To 6
    …
        Print a(i, j);                  '输出显示所生成的上三角矩阵
    Next j
    Print
Next i
```

实例 4 编写一个 Visual Basic 程序，要求实现如下功能：由用户输入 3 阶矩阵的各个元素值，形成原始的 3 行 3 列矩阵，求取该 3 阶矩阵的转置矩阵并输出该转置矩阵。

4.2.3 实例 4 的实现

一、界面实现

图 4-12 所示为实例 4 的设计界面。由于分析实例 4 的编程要求，考虑对原始矩阵的初始化赋值采用输入函数 InputBox，求出的转置矩阵采用主窗体输出显示，为了显示方便将两个

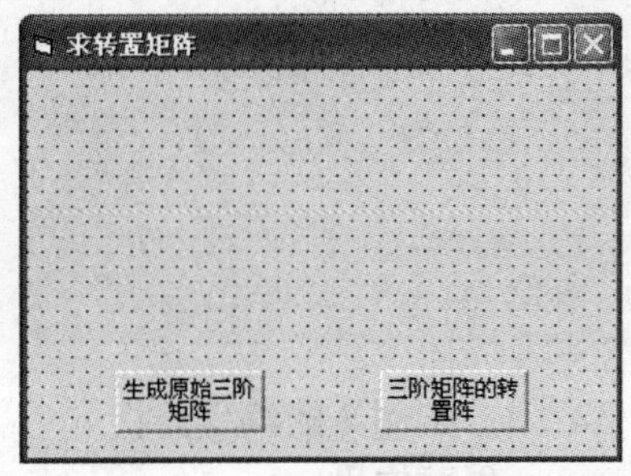

图 4-12 实例 4 的设计界面

命令按钮安排在窗体下部。

二、代码编写

代码编写部分包括两部分内容即控件属性的设置及控件事件代码的编写。

1. 控件属性窗口设置

如图 4-12 所示实例 4 设计界面上控件的相关属性，在程序设计阶段通过属性设计窗口进行设计。具体属性值见表 4-4。

表 4-4 实例 4 的控件属性值

控件名称	窗体 Form1	命令按钮 Command1	命令按钮 Command1
属性名	Caption	Caption	Caption
属性值	求转置矩阵	生成原始 3 阶矩阵	3 阶矩阵的转置矩阵

2. 程序实现参考代码

```
Dim a(1 To 3, 1 To 3) As Integer
```

下述事件的主要功能为提示用户对定义好的数组 *a* 进行初始化，输出显示 3 阶矩阵初始值。

```
Private Sub Command1_Click()        生成原始 3 阶矩阵按钮的单击事件
For i = 1 To 3
  For j = 1 To 3
    a(i, j) = InputBox("输入 A(" & Str(i) & "," & Str(j) & ")")
  Next j
Next i
Print "您建立的 3 阶矩阵："
For i = 1 To 3
  For j = 1 To 3
    Print a(i, j);
  Next j
  Print
Next i
End Sub
```

下述事件的主要功能是对矩阵进行转置运算并输出转置矩阵的值。

```
Private Sub Command2_Click()        '求转置矩阵，注意 j 从 i+1 起
Dim z As Integer                    转置矩阵按钮的单击事件
For i = 1 To n
  For j = i + 1 To n
    z = a(i, j)
    a(i, j) = a(j, i)
    a(j, i) = z
  Next j
Next i
Print
Print
Print "您建立的 3 阶矩阵的转置矩阵是："
```

```
For i = 1 To 3
   For j = 1 To 3
      Print a(i, j);
   Next j
   Print
Next i
End Sub
```

4.2.4 实例 4 的编程分析

一、界面构思

对于实例 4，由于原始矩阵的初始化采用输入函数 InputBox，而求出的转置矩阵的输出采用主窗体输出显示，所以对于实例 4 的主窗体设计只考虑在窗体上添加两个命令按钮，以用于响应用户的“生成原始 3 阶矩阵”和“显示 3 阶矩阵的转置矩阵”的要求。

如图 4-13 和图 4-14 所示为实例 4 的运行效果界面。

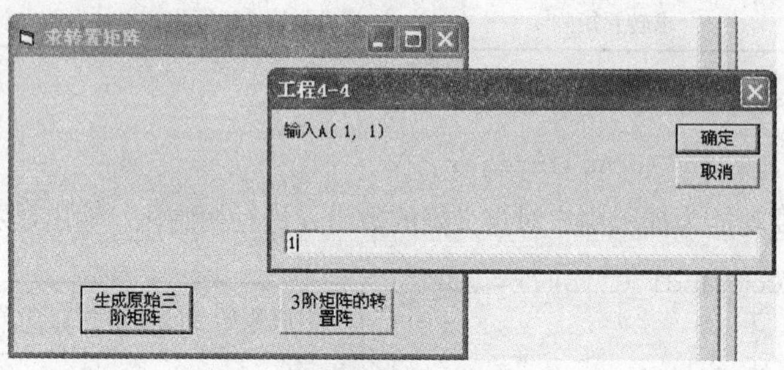

图 4-13 实例 4 的运行输入界面

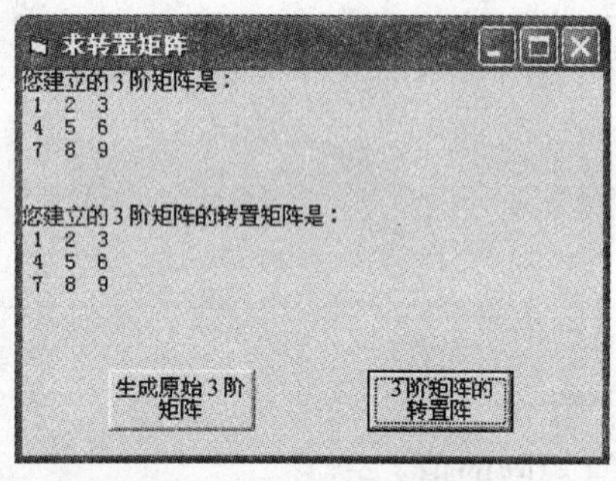

图 4-14 实例 4 的运行结果界面

二、程序构思

1. 数学知识点

对于实例 4 来说，所用的主要数学知识点就是矩阵及矩阵的转置矩阵。

以 3 阶矩阵为例，设原始矩阵为 A，其矩阵元素为 a（1，1），…，a（3，3）；设矩阵的转置矩阵为 B，其矩阵元素为 b（1，1），…，b（3，3），则原始矩阵和其转置矩阵元素间的关系为 b（1，1）= a（1，1）、b（1，2）= a（2，1）、b（1，3）= a（3，1）、b（2，1）= a（1，2）、b（2，2）= a（2，2）、b（2，3）= a（3，2）、b（3，1）= a（1，3）、b（3，2）= a（2，3）、b（3，3）= a（3，3）。以上关系可以归纳为 b（i，j）= a（j，i）。

2. 所用 Visual Basic 编程知识点

实例 4 所用的 Visual Basic 知识点和实例 3 一样，为二维数组的声明及引用。为了加强读者对数组声明与数组作用域关系的理解，下面将从声明数组时的关键字对其进行阐述。

（1）数组声明语句：

1）Dim：可以用于模块、窗体和过程。

2）ReDim：只能用于过程和函数体内，为动态数组分配内存空间。

3）Static：只能用于过程和函数体内，经过过程和函数的调用，仍能保持原有值。

4）Private：可以用于模块和窗体，不能用在过程和函数体内。

5）Public：仅能用于.bas 模块，不能用于窗体、过程和函数体内。

（2）各种声明语句所声明的数组的作用域如下：

1）用 Public 声明的数组作用域为整个程序。

2）用 Private 声明的数组作用域分模块级和窗体级。

3）用 Dim 声明的数组作用域分模块级、窗体级和过程级。

用 ReDim 和 Static 声明的数组作用域为过程级，但用 Static 声明的数组经过过程后不再是初始化的值。

3. 编程算法思路及 Visual Basic 参考实现

因为实例 4 主要是处理矩阵的相关数据，所以为其定义了一个二维数组 *a*，数组 *a* 在程序运行之初用于存放原始 3 阶矩阵的各个元素值。在原始 3 阶矩阵输出显示之后，数组 *a* 用于存放原始 3 阶矩阵的转置矩阵的各个元素值。其 Visual Basic 实现语句如下：

```
Dim a(1 To 3, 1 To 3) As Integer
```

如果读者想分别保存原始 3 阶矩阵的值和其转置矩阵的值，可以考虑声明两个二维数组 *a* 和 *b*，并对本书所提供的程序代码进行相应地修改即可。

接下来要做的是输入数据（即通过输入函数 InputBox，由用户对原始 3 阶矩阵赋初值），其 Visual Basic 实现语句如下：

```
For i = 1 To 3
   For j = 1 To 3
      a(i, j) = InputBox("输入A(" & Str(i) & "," & Str(j) & ")")
   Next j
Next i
```

再对原始 3 阶矩阵进行输出显示，因为本书提供的编程思路对于“原始 3 阶矩阵”和“原始 3 阶矩阵的转置矩阵”采用同一二维数组 *a* 分时存储的策略，根据计算机存储的特性（后一数据覆盖前一数据），对于“原始 3 阶矩阵”的数据如不及时显示，等后面操作在同一二维数组 *a* 中重新存入“原始 3 阶矩阵的转置矩阵”的数据后，原来二维数组 *a* 中的“原始 3 阶矩阵”的数据便不复存在。上述描述的 Visual Basic 实现语句如下：

```
Print "您建立的3阶矩阵是："
For i = 1 To 3
   For j = 1 To 3
      Print a(i, j);
   Next j
   Print
Next i
```

现在就要进入实例 4 的编程关键部分——求取并显示原始 3 阶矩阵的转置矩阵。由本实例数学知识点部分的分析总结可知，对于原始 3 阶矩阵的元素 *a*（*i*，*j*）来说，只要将它变成 *a*（*j*，*i*）即可。Visual Basic 实现语句如下：

```
Dim z As Integer
For i = 1 To n
  For j = i + 1 To n
    z = a(i, j)
```

```
    a(i, j) = a(j, i)
    a(j, i) = z
  Next j
Next i
```

其中，变量 *z* 为数据交换的中间存储媒介，有了它的中转作用可以有效地避免计算机存储特性（后一数据覆盖前一数据）带来的数据丢失。

以下为原始 3 阶矩阵的转置矩阵的输出实现：

```
Print
Print
Print "您建立的 3 阶矩阵的转置矩阵是："
For i = 1 To 3
   For j = 1 To 3
      Print a(i, j);
   Next j
   Print
Next i
```

4.3 动态数组学习实例

某种情况下，用户可能不知道程序运行时所使用的数组究竟有多大，这就需要定义一个能够改变大小的数组——动态数组。动态数组可以在使用时改变大小。在 Visual Basic 编程中，动态数组是一种灵活、方便的结构。动态数组是使用时才开辟内存空间，在不使用这个数组时，会将内存空间释放给系统，这样可以最大限度地节省内存，加快运行速度。

实例 5 创建一个 Visual Basic 程序，程序可以实现记录并显示用户输入的大写或小写的英文字母，并区分用户输入的任意个数的大写或小写英文字母，统计大写字母的个数并输出统计结果。

4.3.1 实例 5 的实现

一、界面实现

图 4-15 所示为实例 5 的设计界面。

考虑用户输入大小写字符串的输入媒介为文本框 Text1，所以采用主窗体输出，并将文本框 Text1 安排在窗体的中部偏下，两个命令按钮 Command1 和 Command2 放置在窗体的底部，而不影响程序运行结果在主窗体上的显示输出。

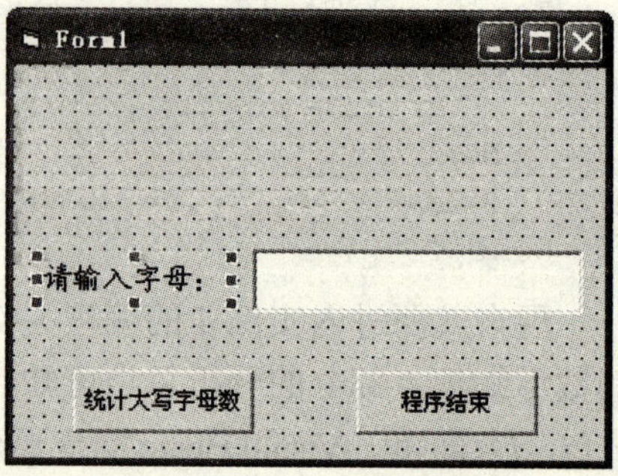

图 4-15 实例 5 的设计界面

二、代码编写

代码编写部分包括控件属性窗口设置及控件事件代码的编写两部分内容。

1. 控件属性窗口设置

图 4-15 的窗体控件都是常用控件，其属性值见表 4-5。通过属性窗口来设置相关控件的

属性值。

表 4-5　　　　　　　　　　　实例 5 的控件属性值

控件名称	标签框 Label1	文本框 Text1	命令按钮 Command1	命令按钮 Command1
属性名	Caption	Text	Caption	Caption
属性值	请输入字母	""	统计大写字母数	程序结束

2. 控件事件代码的编写

下述事件的主要功能为声明动态数组 *a*，将用户输入的字符串显示输出，并对用户输入的字符串进行分离，判断是否为大写字母并统计大写字母的个数，最后输出其显示结果。

```
Private Sub Command1_Click()
Dim a() As String
Dim n, m As Integer, s As String
s = Text1.Text
m = Len(s)
ReDim a(1 To m)
For i = 1 To m
a(i) = Mid(s, i, 1)
Next i
Print "您输入的字母是："
For i = 1 To m
Print a(i);
Next i
For i = 1 To m
If Asc(a(i)) < 65 Or Asc(a(i)) > 122 Or (Asc(a(i))>90 And Asc(a(i)) < 97) Then
   MsgBox ("输入的不是字母！请任意输入几个字母！")
ElseIf Asc(a(i)) >= 65 And Asc(a(i)) <= 90 Then
  n = n + 1
End If
Next i
Print
Print
Print "输入的字母中大写字母有："
Print n
End Sub
Private Sub Command2_Click()
End
End Sub
```

统计大写字母按钮的单击事件

程序结束按钮的单击事件

4.3.2 实例 5 的编程分析

一、界面构思

实例 5 是本章实例 1 的改进版本，编写程序的要求基本相同，只是对于用户输入的字符不再做长度要求，用户的字符输入媒介选用文本框 Text1 而不是输入框 InputBox，主要是因为如果按照实例 1 的输入思路，则循环结束条件不易确定。

除了输入媒介文本框 Text1 外，还设置了标签框（Label1 位于文本框的左侧）作为对文本框的输入提示。

在窗体上添加了两个命令按钮用于响应用户的“统计大写字母数”和“程序结束”的运行要求。

图 4-16、图 4-17 分别为实例 5 的运行输入效果界面和运行结果输出界面。

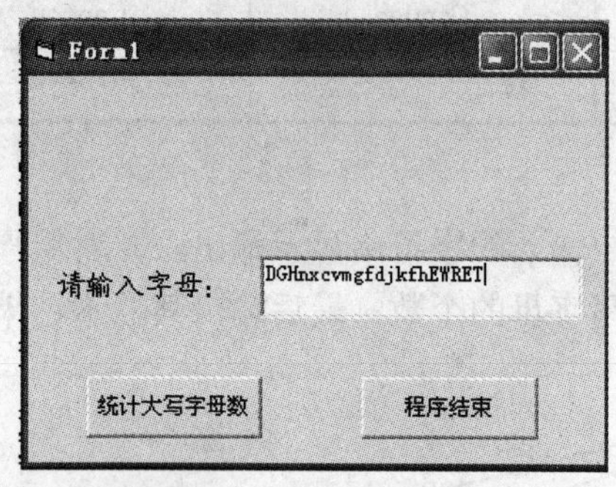

图 4-16 实例 5 的运行输入效果界面

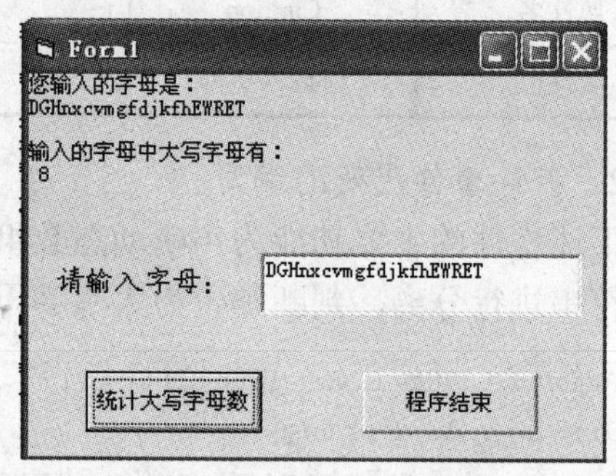

图 4-17 实例 5 的运行结果输出界面

二、程序构思

1. 数学知识点

实例 5 和实例 1 一样，不涉及定理等数学知识，只需设置一个统计变量 *n*（用于存储大写字母的个数）即可。

2. 所用 Visual Basic 编程知识点

实例 5 和实例 1 的编程思路一样，只是由于实例 5 不再像实例 1 那样限定用户每次只能输入一个字母且总共输入 10 个字母，用户输入字符的个数是不定的。所以在编程时就不能像实例 1 一样用固定大小的一维数组，而应该使用 Visual Basic 提供的另一种数组格式——动态数组。

（1）动态数组。数组又分为静态数组和动态数组。

本章前面所提到的都是静态数组，它们是用常数或符号常量作为下标的数组，其对应说明符有 Public、Private、Dim、Static。静态数组是在程序编译时就为其开辟了内存的数组；而动态数组是在运行时才开辟内存的，在未运行时并不占用计算机的内存。

（2）动态数组的声明。

格式：

```
Public|private|dim|static  动态数组名() [as 类型名]
```

功能：声明一个数组元素未定的动态数组。

说明：动态数组在声明时要指定数组的名称和数据类型，但括号内是空的。

注意：声明之后，动态数组还没有任何元素，要使用它，必须根据具体要求使用 ReDim 语句来重新定义动态数组的维数和下标的上下界。

ReDim 语法格式：

```
ReDim 动态数组名([下界 To ] 上界 [, [下界 To] 上界, …])
```

ReDim 的说明：

用 ReDim 语句与用 Dim 语句声明数组时相似，只是不能再改变数据类型。

ReDim 的注意：

1）每次执行 ReDim 语句时，存储在动态数组中的值会全部丢失。数组会根据数据类型设定其零值。

2）有时为了保留数组原有的数据，可使用关键字 Preserve 来保留动态数组存放的内容。

3）使用 Preserve 时,只允许 ReDim 语句改变动态数组的最后一维的上界，否则将会出错。

例如：

```
Dim   shuzu()  as  Integer
…
Redim  shuzu(8)
…
Redim  Preserve  shuzu(12)
```

3. 编程算法思路及 Visual Basic 参考实现

我们只重点分析实例 5 与实例 1 编程的不同之处，即不定长输入字符的问题。因为用户输入的字符个数不定，所以应采用动态数组存储。第一次的声明语句如下：

```
Dim a() As String
```

根据动态数组的定义规则，在具体使用时还应根据用户的具体输入使用 ReDim 语句来重新定义动态数组的维数和下标的上下界。首先使用 Visual Basic 提供的内部函数 Len 求出用户输入的具体字符串的长度，即用户输入的字符个数 *m*。

```
s = Text1.Text
m = Len(s)
```

根据用户输入的字符个数 *m* 来重新定义实例 5 所要用的动态数组 *a*，Visual Basic 实现语句如下：

```
ReDim a(1 To m)
```

因为文本框 Text1 输入的是一个字符串，所以要想统计出该字符串中大写字母的个数，需将该字符串中每个字符分离出来并存入数组，应用 Visual Basic 提供的内部函数 Mid 来进行字符的分离。关于内部函数 Mid 的相关知识请参见第 2 章中的常用内部函数部分，具体语句如下：

```
For i = 1 To m
a(i) = Mid(s, i, 1)
Next i
```

其余编程思路及实现语句与实例 1 相同，这里不再赘述，请读者参考本章实例 1 的分析。

4.4 控件数组学习实例

实例 6 编程实现模拟拨号盘的基本功能：首先是模拟键盘输入，其次是模拟重拨功能。

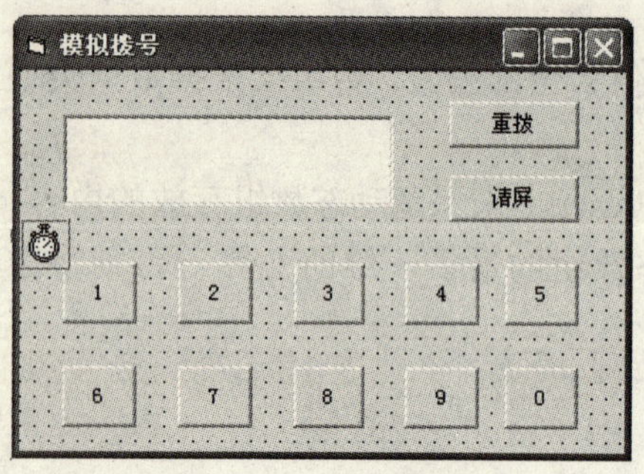

图 4-18 实例 6 的设计界面

4.4.1 实例 6 的实现

一、界面实现

图 4-18 为实例 6 的界面，包含控件数组 Command1，文本框 Text1，命令按钮 Command2、命令按钮 Command3 和时钟控件 Timer1。

二、代码编写

代码编写包括控件属性窗口设置及控件事件代码的编写。

1. 控件属性窗口设置

表 4-6 为实例 6 的控件属性值。

表 4-6 实例 6 的控件属性值

控件名称	窗体 Form1	命令按钮数组 Command1	命令按钮 Command2	命令按钮 Command3	文本框 Text1	时钟控件 Timer1
属性名	Caption	Caption	Caption	Caption	Text	Interval
属性值	模拟拨号	1，2，3，…，9，0	重拨	清屏	""	100

2. 程序实现参考代码

```
Option Explicit
Dim a As String, i As Integer          '变量 a 存放拨号的号码

Private Sub Command1_Click(Index As Integer)
If Index <= 8 And Index >= 0 Then
Text1.Text = Text1.Text + Trim(Str(Index + 1))
Else
Text1.Text = Text1.Text + "0"
End If
a = Text1.Text
End Sub

Private Sub Command2_Click()
Timer1.Enabled = True
Text1.Text = ""
End Sub

Private Sub Command3_Click()
Text1.Text = ""
End Sub

Private Sub Form_Load()
Timer1.Enabled = False
i = 1
End Sub

Private Sub Timer1_Timer()
If i <= Len(a) Then
  Text1.Text = Text1.Text & Mid(a, i, 1)
```

定义全局变量 *a*、*i*

控件数组：模拟实现拨号键功能

时钟启动，实现模拟重拨功能

文本框清空

重拨功能模拟实现

```
    i = i + 1
  Else
    Timer1.Enabled = False
    i = 1
  End If
  End Sub
```

4.4.2 实例 6 的编程分析

一、界面构思

要想实现如图 4-19 所示的实例 6 的运行界面，首先引入控件数组 Command1 模拟实现拨盘的功能；文本框 Text1 用于实现所拨号码的显示以及重拨显示；命令按钮 Command2 用于启动重拨；命令按钮 Command3 用于文本框 Text1 内容的清空；时钟控件 Timer1 用来实现模拟重拨。

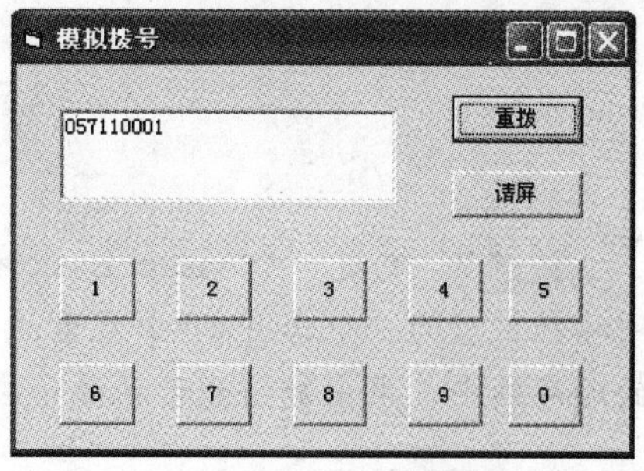

图 4-19 实例 6 的运行界面

二、程序构思

1. 数学知识点

实例 6 不涉及数学公式及数学定理。

2. 所用 Visual Basic 编程知识点

实例 6 的 Visual Basic 编程知识点主要为控件数组。

（1）控件数组概念。控件数组是一组具有共同名称与类型的控件的集合，控件数组中成员的事件过程也相同。常见的控件数组用于实现菜单控件和选项按钮分组，控件数组的数组元素可用到的最大索引值为 32 767。

（2）控件数组的建立与使用。首先在工具箱中选中一个控件类（例如命令按钮 Command1），拖画在主窗体上；选中该按钮，单击右键选中弹出式菜单上的“复制”选项，如图 4-20 所示。再次单击鼠标右键，选中弹出式菜单的“粘贴”选项，如图 4-21 所示。

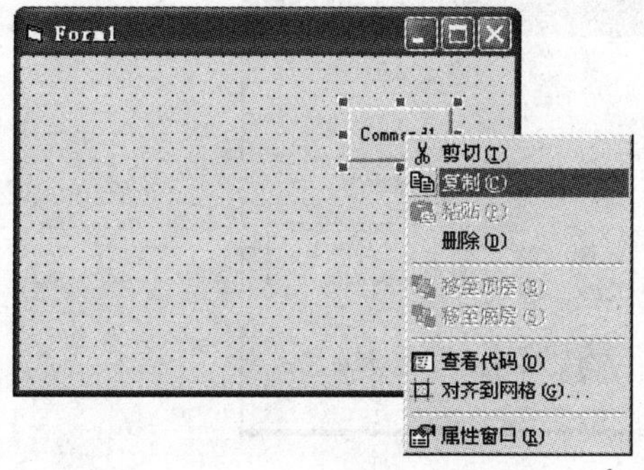

图 4-20 控件的复制操作界面

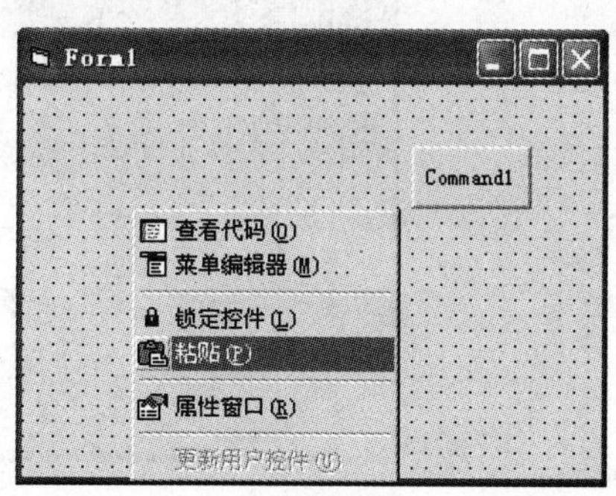

图 4-21 控件的粘贴操作界面

系统弹出提示用户是否建立控件数组的对话框，选择“是”，建立控件数组，多次复制命令按钮 Command1，建立命令按钮 Command1 的控件数组，如图 4-19 所示。

控件数组建立之后其引用方法和一般的数组类似。

引用格式：

控件数组名(<控件索引值>)

注意：控件数组的每个元素也是控件，所以也有控件属性设置和控件事件过程代码的编写。

3. 编程算法思路及 Visual Basic 参考实现

实例 6 首先是利用控件数组实现模拟键盘的功能，用户的输入显示在文本框 Text1 中。利用时钟控件 Timer 进行重拨功能的模拟，设置其 Interval 属性为 100 来实现文本框中数据每 0.1s 增加显现一位的重拨效果；以命令按钮 Command2 来启动时钟控件 Timer 的运行。具体代码如前所述。

4.5 综合实例

实例 7 创建一个 Visual Basic 程序，程序应完成如下功能：创建模拟键盘，提示用户使用模拟键盘为一个含有 10 个元素的数组赋初值；然后用冒泡法排序后将数组元素按从小到大的顺序输出，求出数组元素的最小公倍数并将其在窗体上输出显示。

一、界面构思

本实例首先要考虑待排序数值的输入，通过建立控件数组来模拟输入键盘的方法；设置命令按钮 Command2“排序”来供用户单击从而对用户输入的每一位整数进行排序输出；设置命令按钮 Command3“求数组元素的最小公倍数”；设置命令按钮 Command4“退出”来结束整个程序的运行。

同时考虑排好序的数据以及最小公倍数由主窗体显示输出，所以上述几个控件全部安排在窗体的底部，从而给结果的显示留充足的显示位置。

图 4-22 为实例 7 的运行界面，该设计界面上的所有控件的属性采用程序设计阶段修改属性窗口的方法进行设置，其具体属性值参见表 4-7。

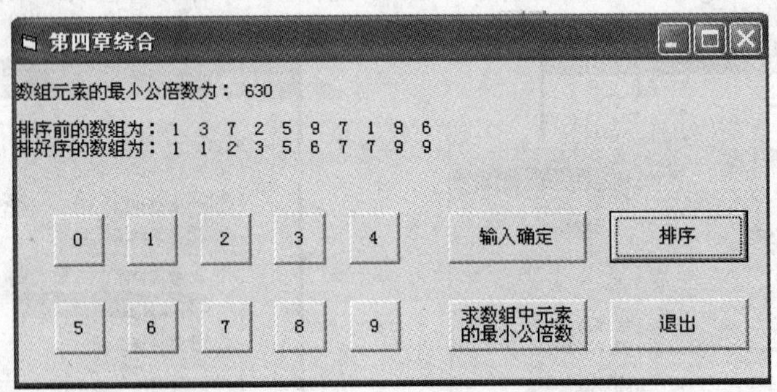

图 4-22 实例 7 的运行界面

表 4-7 **实例 7 的控件属性值**

控件名称	窗体 Form1	命令按钮 Command1	命令按钮 Command2	命令按钮 Command3	命令按钮 Command4
属性名	Caption	Caption	Caption	Caption	Caption
属性值	第 4 章综合	0～9	排序	求数组元素的最小公倍数	退出

二、程序构思

1. 数学知识点

本实例中最小公倍数的求取主要基于以下知识点：

（1）*n* 个数的公倍数一定是第 1 个元素的倍数。

（2）*n* 个数的公倍数必定能被其他 *n*–1 个数整除，只要有一个数不能被该公倍数整除，则必须在公倍数上再加 *a*(1)值，并进行整除判断。

2. 编程算法思路及 Visual Basic 参考实现

图 4-23～图 4-25 所示为实例 7 的参考程序运行结果界面及提示界面。下面来进一步总结实例 7 的实现算法。首先要考虑的是待排序数组数据的产生，用户由模拟键盘输入，原始未排序数据存储在一个含有 10 个元素的一维数组中。下面用冒泡排序法对数据进行排序。

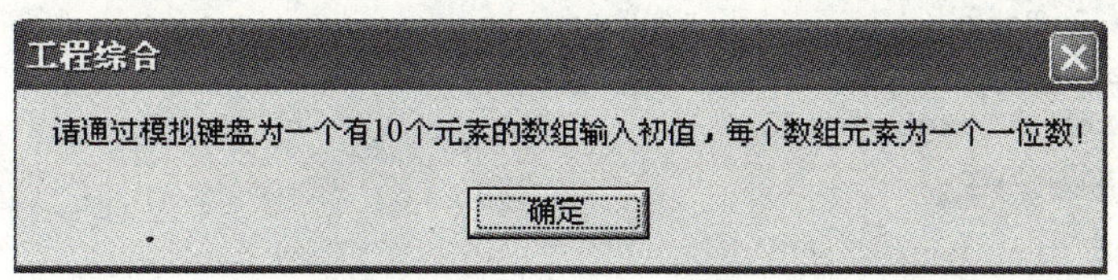

图 4-23　输入提示界面

图 4-24　输入数据错误提示

图 4-25　数组初始化完成提示

冒泡排序法的思路归结如下：

首先将未排序数据存储于所声明的数组 *a* 中，然后对于数组 *a* 中的元素进行如下操作：

（1）将 *a*(1)和 *a*(2)进行比较，如果 *a*(1)＞*a*(2)，则 *a*(1)与 *a*(2)交换，然后比较 *a*(2)和 *a*(3)；依次类推，直到 *a*(*n*–1)和 *a*(*n*)进行过比较为止。

（2）其结果使得最大值放在最后一个位置 *a*(*n*)上，而相对较小的值则上升了一个位置。

（3）重复上述操作，直到数组排序完毕。

可见上述操作是一个循环过程，对于一趟冒泡排序可采用如下结构：

```
…
For j = 1 To i - 1
   If  a(j) > a(j + 1)  Then
       x = a(j)
       a(j) = a(j + 1)
       a(j + 1) = x
    End If
 Next j
…
```

再求最小公倍数，将 *n* 个数的最小公倍数的求取算法归结如下。

（1）因为用户输入的要求取公倍数的数值个数不定，所以要定义一个动态数组 *a* 来存储用户输入的数据，根据数学分析求取最小公倍数。

（2）因为 n 个数的公倍数 zxgb 一定是第 1 个元素的倍数，也就是公倍数 zxgb = n *a(1)，所以可以假设 $a(1)$作为最小公倍数 zxgb 的初值。

（3）因为公倍数 zxgb 必定能被其他 $n-1$ 个数整除，只要有一个数不能将 zxgb 整除，zxgb 必须再加 $a(1)$，所以可以通过给最小公倍数 zxgb 的初值不断加上 $a(1)$，并且不断用 n 个数除以它来尝试找出公倍数 zxgb。

（4）重复这些计算，直到 zxgb 能被所有其他 $n-1$ 个数整除为止。

（5）对用户输入的 n 个数及求出的最小公倍数进行输出。

以上叙述中最小公倍数的求取部分转化为 Visual Basic 算法即为

设公倍数 zxgb=$a(1)$

```
While j <= n
   For j = 2 To n
      If zxgb Mod a(j) <> 0 Then
         zxgb = zxgb + a(1)
         Exit For
      End If
   Next j
Wend
…
```

完整的参考程序代码如下：

```
Dim a(1 To 10) As Single
Dim s As String, j As Integer
Private Sub Command1_Click(Index As Integer)
Dim i As Byte
If Len(s) < 1 Then
s = s + Trim(Str(Index))
Else
MsgBox ("输入的数据超过一位数了!!!")
s = ""
End If
End Sub

Private Sub Command2_Click()
Dim temp As Single, j As Byte
Print
Print "排序前的数组为";
For i = 1 To 10
   Print a(i);
Next i
For i = 10 To 2 Step -1
    For j = 1 To i - 1       '进行一趟扫描(一趟冒泡)
        If a(j) > a(j + 1) Then
             temp = a(j)
             a(j) = a(j + 1)
             a(j + 1) = temp
        End If
    Next j
Next i
Print
Print "排好序的数组为";     '显示输出
```

实现模拟键盘的控件数组

排序事件过程

```
For i = 1 To 10
     Print a(i);
Next i

End Sub
```

求最小公倍数的事件过程

```
Private Sub Command3_Click()
zxgb = a(1)
While k <= 10
    For k = 2 To 10
        If zxgb Mod a(k) <> 0 Then
           zxgb = zxgb + a(1)
           Exit For
        End If
    Next k
Wend
Print
Print "数组元素的最小公倍数为"; Str(zxgb)
End Sub

Private Sub Command4_Click()
End
End Sub
```

数组初始化结束提示

```
Private Sub Command5_Click()
a(j + 1) = s
s = ""
j = j + 1
If j = 10 Then MsgBox ("数组初始化完毕!"): j = 0
End Sub
```

输入提示的形成代码

```
Private Sub Form_Load()
MsgBox ("请通过模拟键盘为一个有 10 个元素的数组输入初值，每个数组元素为一个一位数!")
End Sub
```

到此为止实例 7 的编程就结束了，这里还要补充的是排序方法有很多种，比如：选择分类法、冒泡分类法、比较分类法等。对于这些排序方法的算法思路，读者可以查找数据结构的相关章节，并尝试用 Visual Basic 实现不同的排序算法。

4.6 学 习 总 结

通过本章的学习，我们明白了当使用多个类型和功能一致的数据时，使用数组可以缩短和简化程序的编写，增强程序的可读性。

读者在这一章一定要熟悉数组的概念，其中包括固定长度的一维数组、二维数组以及动态数组的声明及其引用。最好能够熟记常用的一般的固定长度的一维数组、二维数组以及动态数组的标准输入、输出语句。

那么在通常的编程问题中都有哪些问题要用数组来解决呢？一般地，当题目要求进行数据排序、统计或是进行和矩阵相关的运算时，一般考虑使用数组。其中，当数组元素的个数在编程时是不可知的，应该考虑选用动态数组。

当进行和数组相关的编程时以下几个问题是编程者应该按顺序考虑实现的：

（1）数组的声明。

（2）数组元素的引用。

（3）数组的输入方法。

（4）数组的赋值、表达式运算。

（5）数组的输出方法。

另外，在界面设计时可以考虑适当应用控件数组，尤其是在第 8 章建立子菜单时，对于子菜单控件可考虑将其建成控件数组。

习　　题

4-1　设计 Visual Basic 程序，实现用户由输入对话框输入的 10 个数值数据放入数组 *a*，将其中的奇数挑出放入数组 *b*，对分出的奇数求和并在窗体上显示挑出的奇数及所求出的奇数和。

4-2　设计 Visual Basic 程序，实现主窗体上含有“字母重排”和“程序结束”两个按钮，程序刚运行时，“程序结束”按钮不可用，单击“字母重排”按钮后，将用户在文本框中输入的字符按其 ASCII 码值从小到大重新排序，并在窗体上输出重组后的字符串，同时使“程序结束”按钮能响应。

4-3　设计 Visual Basic 程序，实现用户由输入文本框输入 5 个学生高数成绩到数组，求出他们的平均分，并根据平均分给出排名。

4-4　设计 Visual Basic 程序，实现用随机函数产生 10 个三位整数，然后用选择法排序后将它们按从大到小的顺序排序并输出。

提示：

选择排序分析：

（1）若一组整数放在 $a(1)$，$a(2)$，…，$a(n)$中。

（2）第一趟在 $a(1)$～$a(n)$找最大值 $a(k)$，把它与 $a(1)$交换。

（3）第二趟在 $a(2)$～$a(n)$找最大值 $a(k)$，把它与 $a(2)$交换；依次类推，直到从 $a(n-1)$和 $a(n)$中找到最大值（或最小值，用于数据从小到大排序时）。

算法可描述为

```
For i = 1 To n - 1
  从 a(i) 到 a(n) 中找最大元素 a(k)
  把 a(k) 与 a(i) 交换
Next i
```

说明：每一次寻找中，变量 k 记录最大元素的下标，则在这一次比较中对应最大的元素是 $a(k)$。

对数组进行一次搜索后，找到当前最大元素 $a(k)$，然后执行 $a(i)$与 $a(k)$的交换。

4-5　设计 Visual Basic 程序，实现对本章实例 2 的功能增加，即增加数组指定元素的删除功能。

4-6　设计 Visual Basic 程序，实现根据用户的要求建立乘法口诀表并在窗体上输出。

第5章 过 程 与 函 数

Visual Basic 应用程序是由模块组成的。根据结构化设计的原则，可按功能将模块中的程序代码分解为若干过程（也称子过程）。使用过程不但可以精简程序代码，还可以使程序分工明确，易于阅读。

在 Visual Basic 中有两类过程：一类是系统提供的内部函数过程和事件过程，事件过程是构成 Visual Basic 应用程序的主体；另一类是用户根据自己的需要定义的，供事件过程及其他过程调用的过程，称为通用过程。

Visual Basic 的通用过程包括 Sub 过程（即子程序）和 Function 过程（即函数）两大类。Sub 过程无返回值，Function 过程有返回值。

【学习目标】

Function 函数过程的定义与调用，Sub 过程的定义与调用，参数传递规则，多模块程序设计，变量和常量的作用域及生存期，包括相关的声明语句或关键字。

5.1 函 数 与 过 程

5.1.1 实例 1

实例 1 计算数组元素的平均值和最大值。

程序运行效果如图 5-1 所示。单击窗体上的按钮 Command1，利用随机函数建立一个有 5 个元素的数组，将每个数组元素打印在窗体上，计算出数组元素的最大值和平均值，并分别将其打印在窗体上。

实例 1 的实现方案是不采用过程直接将所有代码都写在事件过程中的典型实例，通过该实例的学习，复习数组的相关知识点。

一、界面设计

窗体上添加一个按钮，修改窗体和按钮的 Caption 属性，效果如图 5-2 所示。

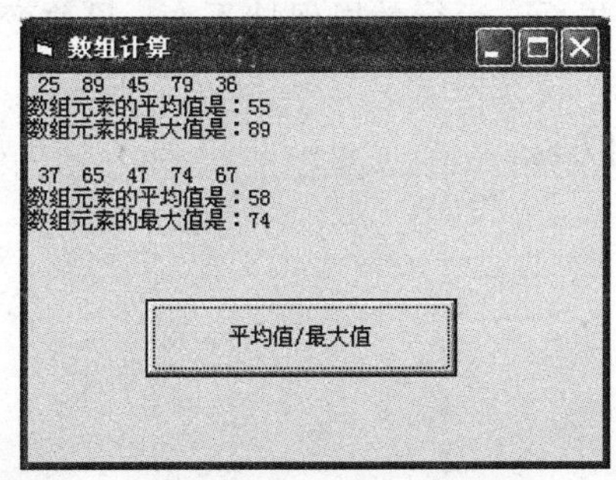

图 5-1 实例 1 的运行界面

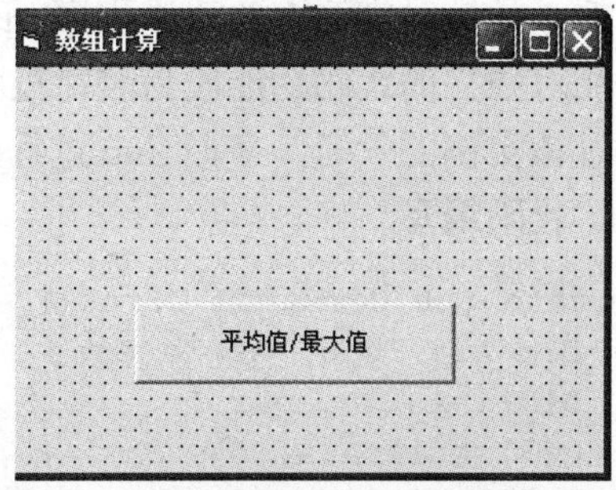

图 5-2 实例 1 界面设计

二、代码编写

```
Private Sub Command1_Click()
    Dim a(1 To 5) As Integer
    Dim i As Integer
    Dim sum As Integer
    Dim average As Integer
    Dim max As Integer

    Randomize
    For i = 1 To 5
        a(i) = Int(Rnd * 100)          '利用随机函数建立数组
    Next i

    For i = 1 To 5
        Print a(i);                    '数组打印
    Next i
    Print

    For i = 1 To 5
        sum = sum + a(i)
    Next i
    average = sum / 5                  '求平均值
    Print "数组元素的平均值是：" & average

    For i = 1 To 5
        If max < a(i) Then max = a(i)  '求最大值
    Next i
    Print "数组元素的最大值是：" & max
    Print
End Sub
```

三、代码构思

一个事件过程集成了四个功能段，事件过程复杂，降低了程序的可维护性和可扩展性。根据结构化设计的原则，可按功能将模块中的程序代码分解为若干过程（也称子过程）。使用过程不但可以精简程序代码，而且可以使程序分工明确，易于阅读。

5.1.2 实例 2

实例 2 编写 Sub 过程计算数组元素的平均值和最大值

实例 2 是针对实例 1 的改进程序，改进后的程序界面、运行效果保持不变，只改变代码，把每个相对独立的代码功能段封装在过程中。

通过该实例的学习，掌握 Sub 过程的编写和调用方法。

一、代码编写

```
Private Sub Command1_Click()
    Dim a(1 To 5) As Integer
    Dim i As Integer
    Call buildA(a, 5)
    Call printA(a, 5)
    Print "数组元素的平均值是:" & averageA(a, 5)
    Print "数组元素的最大值是:" & maxA(a, 5)
```

```
    Print
End Sub

Private Sub buildA(b() As Integer, n As Integer) '建立数组的过程
    Randomize
    For i = 1 To n
        b(i) = Int(Rnd * 100)
    Next i
End Sub

Private Sub printA(b() As Integer, n As Integer) '打印数组的过程
    For i = 1 To n
        Print b(i);
    Next i
    Print
End Sub

Private Function averageA(b() As Integer, n As Integer) As Single'求平均值的函数
    Dim sum As Integer
    For i = 1 To n
        sum = sum + b(i)
    Next i
    averageA = sum / n
End Function

Private Function maxA(b() As Integer, n As Integer) As Integer '求最大值的函数
    Dim temp As Integer
    For i = 1 To n
        If temp < b(i) Then temp = b(i)
    Next i
    maxA = temp
End Function
```

二、代码构思

1. 过程定义的两种方法

（1）激活代码窗口，利用“工具”菜单下的“添加过程”命令，弹出添加过程对话框，如图 5-3 所示。

在“名称”文本输入框中，输入过程名（命名规则与变量命名规则相同）。在“类型”选项区域中，如果选择“子程序”，则定义 Sub 过程；如果选择“函数”，则定义 Function 函数过程。在“范围”选项区域中，如果选择“公有的”，则定义一个公共级的全局过程；如果选择“私有的”，则定义一个模块级的局部过程。按“确定”按钮，退出“添加过程”对话框，系统自动写出了过程的头和尾，只需要填写过程的参数列表和过程中的代码，如图 5-4 所示。

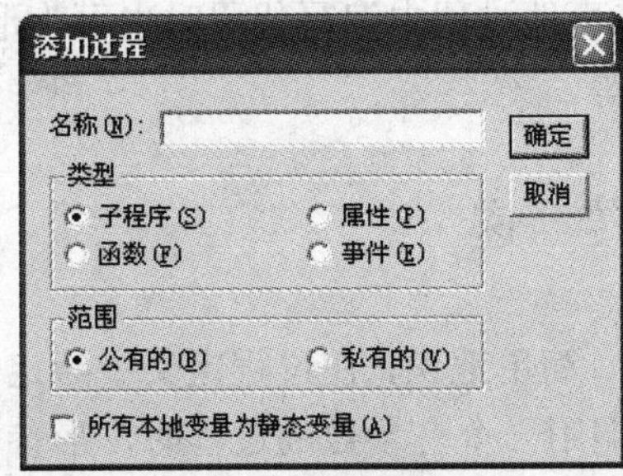

图 5-3 “添加过程”对话框

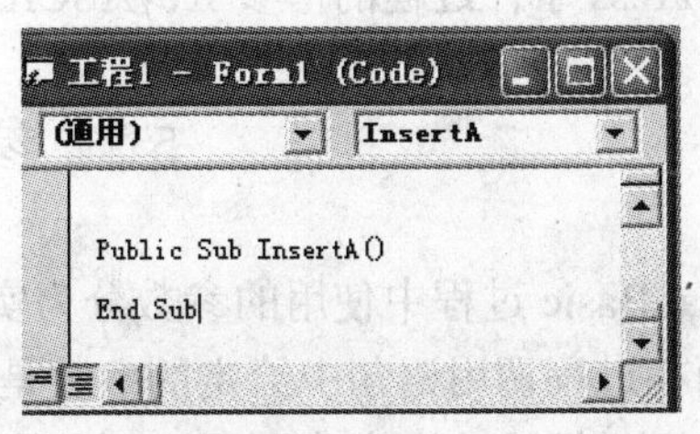

图 5-4 系统自动写出的过程

（2）在代码窗口中，把插入点放在所有现有过程之外，直接输入过程来定义。

2. 函数过程定义的格式

```
[Private|Public] [Static] Function <函数名>([参数列表])[As <数据类型>]
    [ 语句块 ]
    [ 函数名=表达式 ]
End Function
```

（1）函数头部加上关键字 Static，则函数名以及函数中声明的局部变量都是静态变量。

（2）在函数体内一般至少应有一个赋值语句为函数名赋值。函数被调用后的返回值，为返回时函数名的当前值。如果函数体内没有给函数名赋值，则返回对应类型的默认值，数值型返回 0，字符型返回空字符串。

3. 函数过程的调用

调用 Function 过程与调用 Visual Basic 内部函数的方法一样，即在表达式中写出它的名称和相应的实参。

格式：过程名([实参列表])

注意:

（1）必须给参数加上括号，即使没有参数也不可省略括号。

（2）Visual Basic 中也允许用 Call 语句调用 Function 函数，但这样就没有返回值。

4. Sub 过程定义的格式

```
[ Private / Public ] [ Static ] Sub < Sub过程名>[(形参列表)]
Sub过程体
End  Sub
```

程序中多次重复出现的操作，Visual Basic 允许用户将这些操作自定义为 SUB 过程。与函数过程相区别，这些重复操作不是计算返回一个值，只是完成某些特定的操作。有时，将返回多个值的运算也写为 SUB 过程。

在 SUB 过程体中，不得为 SUB 过程名赋值，而执行 Exit Sub 语句可以将控制返回到调用程序。

5. Sub 过程的调用

格式：Call Sub过程名(实参列表)或Sub过程名 实参列表

事件过程也是 Sub 过程，也可以用 Call 语句调用。如 Command1_Click 事件会显示“hello!”，而执行 Form_Click 过程中的语句“Call Command1”也会激发 Command1_Click 事件，显示“hello!”。

此外，自定义 Sub 过程可以为形参命名，同样在事件过程中编写代码时也可为形参改名，如将 KeyPress 事件过程的形参 KeyASCII 改名为 k 等。

5.2 参 数 传 递

Visual Basic 过程中使用的参数分为实参和形参，简单地说，在过程定义中给定的参数是形参，而在过程调用语句中给定的参数是实参。当调用一个有参数的过程时，形参和实参逐一匹配传递，根据传递方式不同，可分为按值和按地址两种方式。

5.2.1 实例 3

实例 3 编写 Sub 过程实现变量中数值的交换。

单击窗体上的“交换”按钮，变量 *a*、*b* 赋初始值，将 *a*、*b* 的初始值打印在窗体上，调用自定义过程 swap，实现变量 *a*、*b* 中数值的交换，再将交换后的结果打印在窗体上。

通过该实例的学习，理解什么情况下适合采用按地址传递的方式，体会按值传递和按地址传递的差异，理解形参和实参的概念。

一、界面设计

编写过程 swap 实现两个变量交换数值。窗体设计时，添加命令按钮如图 5-5 所示。程序运行效果如图 5-6 所示。

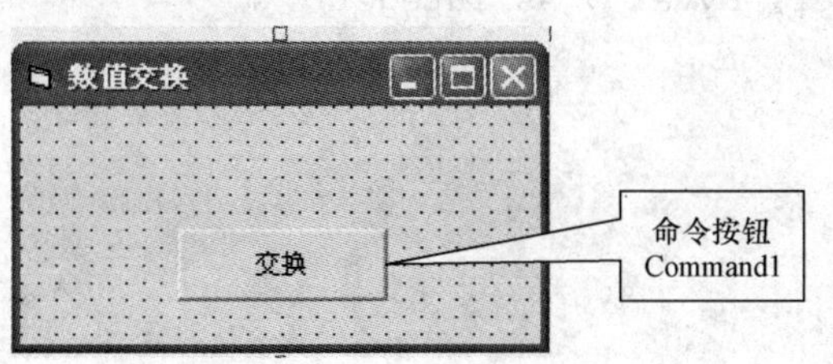

图 5-5 实例 3 界面设计

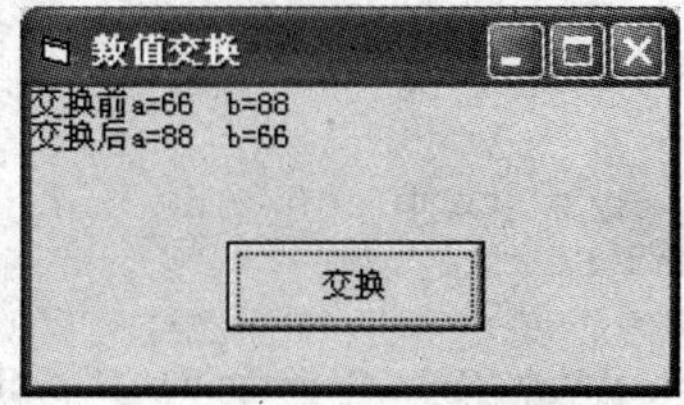

图 5-6 实例 3 运行结果

二、代码编写

程序实现参看如下代码：

```
Private Sub Command1_Click()
    Dim a As Integer
    Dim b As Integer
    a = 66
    b = 88
    Print "交换前 a=" & a & "  b=" & b
    Call swap(a, b)
    Print "交换后 a=" & a & "  b=" & b
End Sub

Private Sub swap(x As Integer, y As Integer)
    Dim temp As Integer
    temp = x
    x = y
    y = temp
End Sub
```

三、代码构思

1. 按地址传递

按地址传递的形参变量名前的修饰符是 Byref。对形参变量传递方式不做任何说明（默认）为按地址传递。

（1）如果实参不是变量（如常量、函数），尽管形参声明为按地址传递，实际还是按值传递。

（2）形参为数组则对应实参为同类型数组，数组参数只有按地址传递一种方式。

（3）按地址传递时，过程中对形参变量值的改变即是对实参变量的改变。

2. 按值传递

按值传递的形参变量名前的修饰符是 Byval，形参的传递方式是由过程编写时形参声明决定的，按值传递的步骤如下：

（1）创建形参变量（由此可知，如果实参也是变量，则形参变量与实参变量不是同一个变量）。

（2）将实参表达式的值复制给形参变量。

（3）过程调用结束后，形参变量被取消（存储空间被系统回收）。

按值传递是一种单向传递，即对形参的改变不会导致对实参变量的任何变化，因此试图用下列过程 swap 实现交换两个数值变量的值是错误的。

```
Private Sub swap(Byval x As Integer, Byval y As Integer)
    Dim temp As Integer
    temp = x
    x = y
    y = temp
End Sub

Private Sub Command1_Click()
    Dim a As Integer
    Dim b As Integer
    a = 66
    b = 88
    Print "交换前 a=" & a & "  b=" & b
    Call swap(a, b)
    Print "交换后 a=" & a & "  b=" & b
End Sub
```

a、*b* 是实参，*x*、*y* 是形参，由于实参和形参之间是按值传递的，所以形参 *x*、*y* 的交换不会对实参 *a*、*b* 产生影响。若要通过形参的交换实现实参的交换，必须采用按地址传递的方式，即形参声明用 Byref 替换 Byval，或去掉 Byval 即可。

3. 按值与按地址方式的对比

如果说按值传递的方式为单向传递（由调用处向被调用函数传递数据），则参数的按地址传递就是一种双向传递的方式，在调用结束、控制返回时，实参的值就是对应形参的值。

按值传递参数，实质上是将实参的值复制一份给形参，因此形参获得的是实参的副本，当过程执行中对形参进行改变，并不会影响实参本身；按地址传递参数，实质上是将实参变量的地址传递给形参，因此形参与实参将指向同一内存单元，当过程执行中形参发生变化时，对应实参也将跟着改变。

4. 不同传递方式对参数类型的要求

若参数按地址传递，则 Visual Basic 要求实参的数据类型与形参的数据类型完全一致；若参数按值传递，则实参数据类型不要求与形参完全一致，但是必须能够由 Visual Basic 默认转化。

5.2.2 实例 4

实例 4 编写过程计算两个整数的最大公约数。

编写函数过程 GCF，计算两个整数的最大公约数。在窗体上打印两数的最大公约数和两数之和。

通过该实例的学习，理解在什么情况下适合采用按值传递的方式。

1. 界面设计

窗体设计时，添加命令按钮如图 5-7 所示。程序运行效果如图 5-8 所示。

图 5-7 实例 4 界面设计

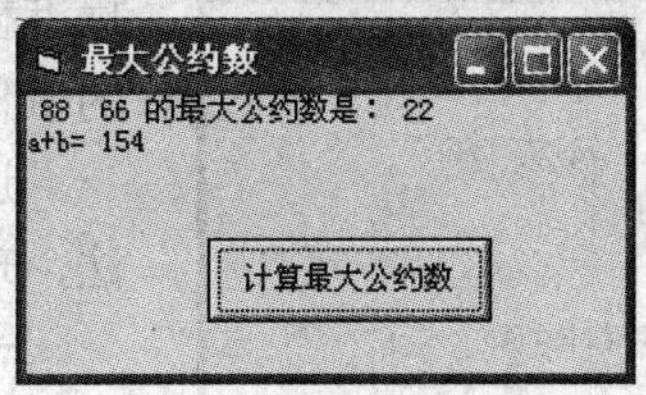

图 5-8 实例 4 运行结果

2. 代码编写

程序实现参看如下所示的代码：

```
Private Sub Command1_Click()
   Dim a As Integer
   Dim b As Integer
   a = InputBox("请输入第一个数：", "最大公约数", 88)
   b = InputBox("请输入第二个数：", "最大公约数", 66)
   Print a; b; "的最大公约数是："; GCF(a, b)
   Print "a+b="; a + b
End Sub

'GCF: Greatest Common Factor  最大公约数
Private Function GCF(Byval x As Integer, Byval y As Integer) As Integer
   Dim temp As Integer
   temp = x Mod y
   Do Until temp = 0
      x = y
      y = temp
      temp = x Mod y
   Loop
   GCF = y
End Function
```

3. 代码构思

在过程 GCF 中，形参 *x*、*y* 在循环语句中被赋予了新的数值。按钮 Command1 的 Click 事件中，调用 GCF 过程之后，实参 *a*、*b* 应该保持最初的数值不变，不能受形参 *x*、*y* 变化的影响。否则 *a*、*b* 两数求和的结果就是错误的。因此过程 GCF 的两个形参 *x*、*y* 应定义为按值传递方式，即用 Byval 修饰。

5.3 多模块程序设计

5.3.1 实例 5

实例 5 计算数组元素的平均值和最大值。

实例 5 和实例 2 一样，都是针对实例 1 的改进程序，改进后的程序界面、运行效果保持不变，只改变代码，从而提高代码的可读性和可扩展性。在实例 2 中把每个相对独立的代码功能段封装到过程中，但这些过程还是写在 Form1 的代码窗口中，与事件过程混在一起。

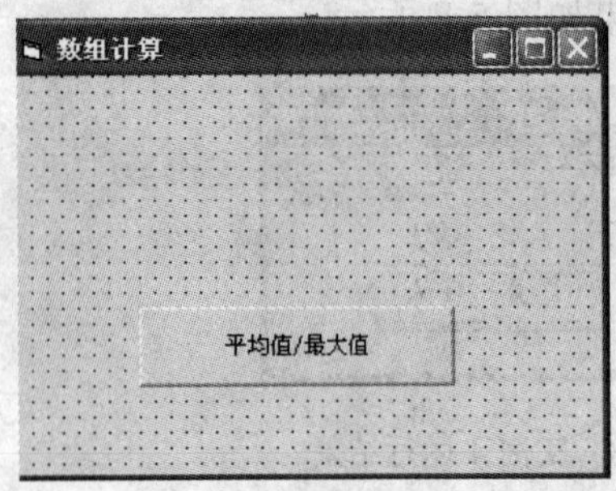

图 5-9　实例 5 界面设计

在实例 5 中，把用户自定义的这些通用过程都集中到标准模块里，实现用户定义的函数、过程与开发环境提供的事件过程分离。

通过该实例的学习，掌握在工程中添加标准模块的方法，理解标准模块的作用。

一、界面设计

窗体界面保持不变，如图 5-9 所示。

单击“工程”菜单中的“添加模块”子菜单，操作过程如图 5-10 所示。

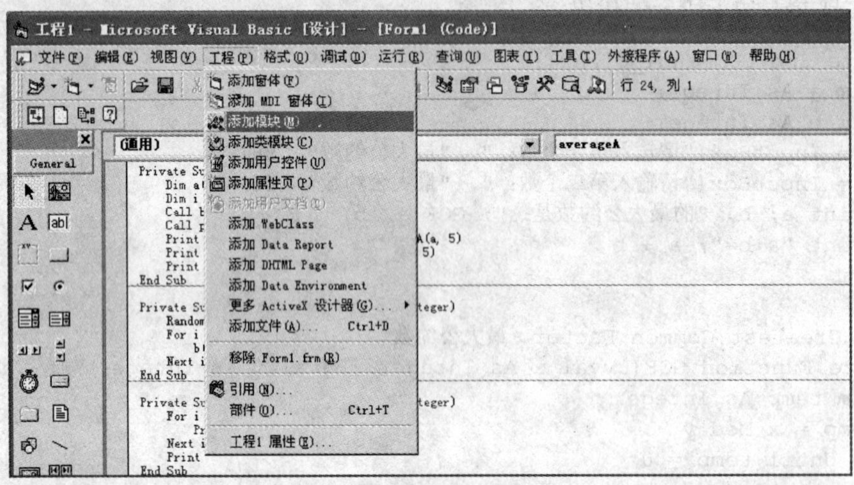

图 5-10　添加模块的操作过程

弹出“添加模块”对话框，如图 5-11 所示。

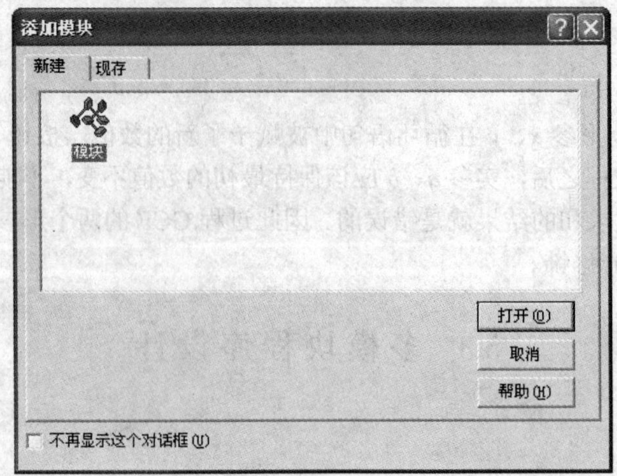

图 5-11　“添加模块”对话框

在“添加模块”对话框中，选择“新建”标签，单击“打开”按钮，在工程中添加了一个标准模块，默认名称为 Module1，可在工程资源管理器中看到，如图 5-12 所示。

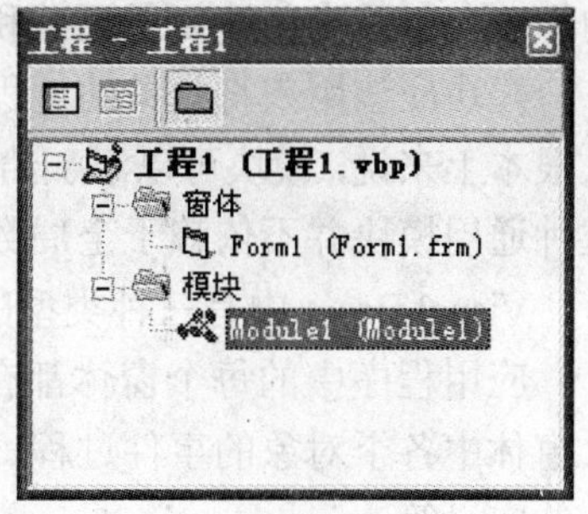

图 5-12 实例 5 的工程资源管理器

二、代码编写

在工程资源管理器中双击 Module1，打开 Module1 的代码编辑窗口。把实例 2 中写在窗体代码过程中的四个通用过程剪切、粘贴到 Module1 的代码编辑窗口，并把四个通用过程的前缀修饰 Private 全部修改为 Public，把过程 printA 中出现的 print 语句都修改为 Form1.Print。Module1 中的代码如图 5-13 所示。

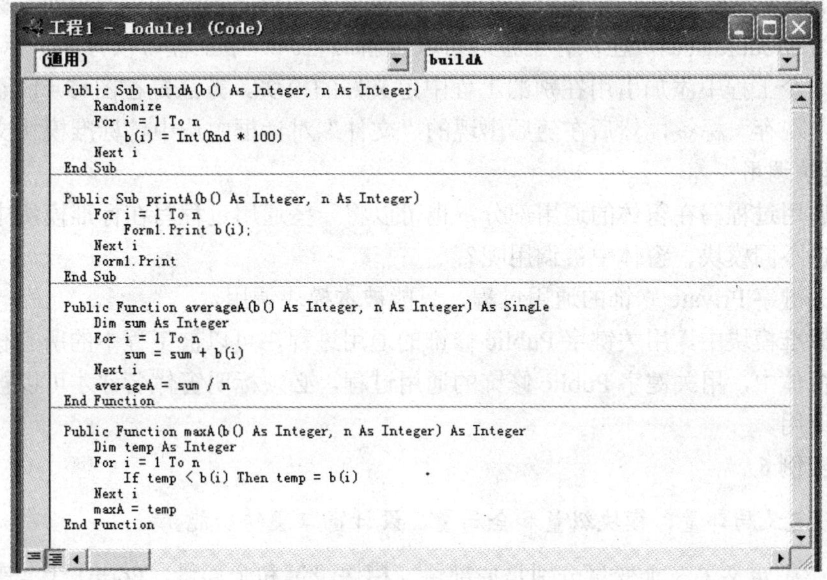

图 5-13 Module1 的代码窗口

而窗体的代码窗口中，仅留如下代码。

```
Private Sub Command1_Click()
    Dim a(1 To 5) As Integer
    Dim i As Integer
    Call buildA(a, 5)
    Call printA(a, 5)
    Print "数组元素的平均值是：" & averageA(a, 5)
    Print "数组元素的最大值是：" & maxA(a, 5)
    Print
End Sub
```

三、代码构思

1. 模块

模块是 Visual Basic 用于将不同类型过程代码组织到一起而提供的一种结构。模块常常被错误地视为是一个仅用于存放过程的容器。人们之所以不能正确地认识模块的功能，原因之一是模块的实现实际上并不影响程序的执行。当一个工程被编译时，如果所有过程都放在单个模块或者放在几十个模块中，这没有任何差别。虽然模块的数量对代码的执行并无太大的影响，但是当创建便于调试和维护的代码时，模块的数量有时会带来很大的影响。

模块应该用来将相关的过程组织在一起。模块的基本目的是创建相当独立的程序单元。从根本上来说，模块可以添加给另一个工程，并且可以通过直接调用它的公用过程来使用它。这种通用模块并不依赖于全局数据或其他模块中的过程。

Visual Basic 中有三种类型的模块：窗体模块、标准模块和类模块。

应用程序中的每个窗体都有一个相对应的窗体模块，窗体模块文件的扩展名为.frm，包含窗体中各个对象的事件过程、控件属性信息；类模块包含用于创建新的对象类的属性、方法的定义等。

2. 标准模块

通过“工程”菜单中的子菜单“添加模块”，可以为当前工程添加标准模块。标准模块的默认文件名为 Module1.bas，在保存工程时可以重新命名。一个工程可以有多个标准模块。

可以在一个工程中添加引用在别的工程中定义好的模块。方法是在图 5-11 添加模块对话框中选择“现存”标签，然后在随后出现的“文件”对话框中选中该标准模块文件即可。

3. 跨模块调用

可以将通用过程写在窗体的通用部分，也可以将一些通用过程写在标准模块中，哪些通用过程可以在不同模块、窗体中被调用呢？

（1）用关键字 Private 修饰的通用过程，只能被本模块调用。

（2）在标准模块中，用关键字 Public 修饰的通用过程，可以被工程中的所有模块调用。

（3）某窗体中，用关键字 Public 修饰的通用过程，必须标明窗体名称才可以被工程中所有其他模块调用。

5.3.2 实例 6

实例 6 *定义局部量、模块级量和全局量，设计窗口跳转功能。*

在 Form1 中定义了三个变量分别是局部量、模块级量和全局量，Form1 上“变量赋值”按钮的事件过程中给三个变量赋值并立即打印初始值，“变量打印”按钮的事件过程中打印这三个变量，“窗口跳转”按钮实现跳转到 Form2，Form2 上“变量打印”按钮也是实现打印三个变量的功能。

通过对比三个变量的三次打印结果，深入理解局部量、模块级量和全局量的作用范围，并掌握窗口跳转的方法。

一、界面设计

Form1 上添加 3 个按钮，并修改其 Caption 属性，效果如图 5-14 所示。

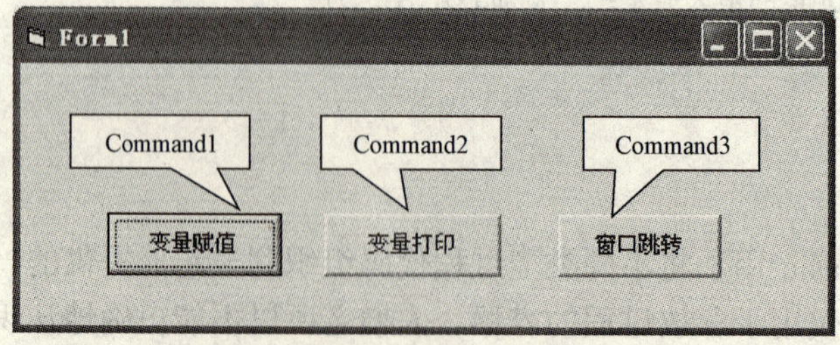

图 5-14 实例 6 的窗体 1

单击选中“工程”菜单中的“添加窗体”选项，如图 5-15 所示。在弹出的“添加窗体”对话框中选择“新建”标签，单击选中“窗体”图标，如图 5-16 所示。窗体添加成功后，程序的工程资源管理器如图 5-17 所示。

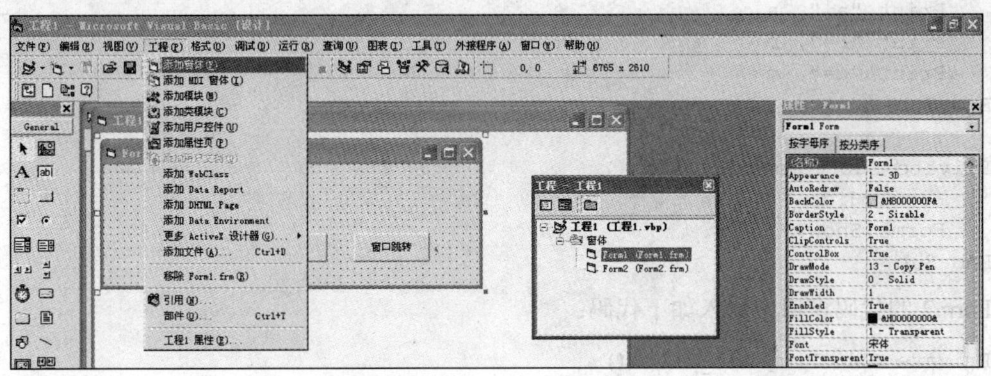

图 5-15 实例 6 添加窗体操作流程

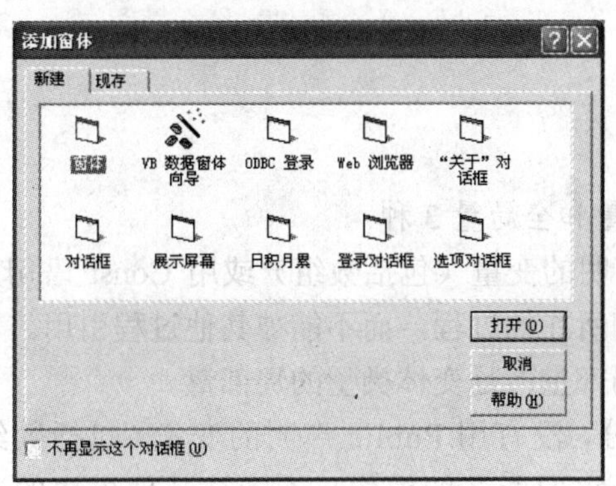

图 5-16 添加窗体对话框

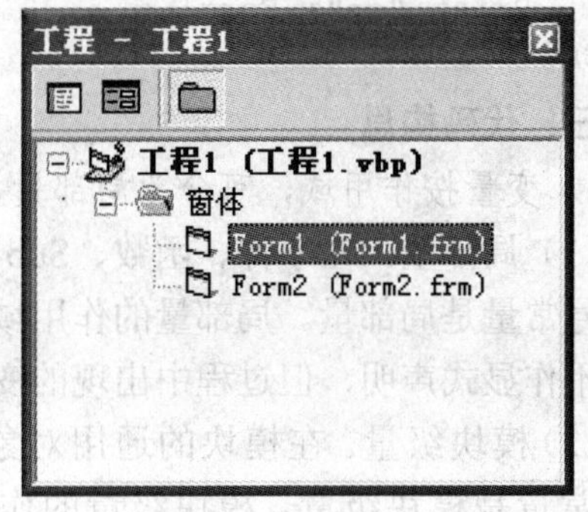

图 5-17 实例 6 工程资源管理器

在工程资源管理器中双击选中 Form2，弹出 Form2 的对象窗口，在 Form2 上添加一个命令按钮，并修改其 Caption 属性，效果如图 5-18 所示。

图 5-18 实例 6 的 Form2

二、代码编写

在 Form1 的代码窗口中输入如下代码：

```
Dim b As Integer
Public c As Integer

Private Sub Command1_Click()
    Dim a As Integer
    a = 8
    b = 8
    c = 8

    Print "单击第一个按钮后的结果："
    Print "a=", a
    Print "b=", b
```

```
    Print "c=", c
End Sub
Private Sub Command2_Click()
    Print "单击第二个按钮后的结果："
    Print "a=", a
    Print "b=", b
    Print "c=", c
End Sub

Private Sub Command3_Click()
    Form1.Hide
    Form2.Show
End Sub
```

Form2 的代码窗口中输入如下代码：

```
Private Sub Command1_Click()
    Print "单击 Form2 中按钮后的结果："
    Print "a=", a
    Print "b=", b
    Print "c=", Form1.c
End Sub
```

三、代码构思

1. 变量按作用域，可分为局部量、模块级量和全局量 3 种

（1）局部量。在事件、函数、Sub 过程中声明的变量（包括数组）或用 Const 语句声明的符号常量是局部量。局部量的作用域限于它们所在的过程，而不能被其他过程引用。

不作显式声明，但过程中出现的变量也是局部量，是变体类型的局部量。

（2）模块级量。在模块的通用对象声明部分，没有用 Public 声明的变量（包括数组）、符号常量是模块级量。模块级量的作用域限于它们所在的模块，不能被其他模块的过程引用。

（3）全局量。在模块的通用对象声明部分，用 Public 语句声明的变量、符号常量是全局量。全局量可以在整个工程中被引用，其他窗体引用时，在变量名或符号常量名前，必须指出窗体名称。

全局变量跨模块引用，需表明变量所在模块的名称。例如，在 Form2 中引用 Form1 中定义的全局变量 c，语法是“Form1.c”。

数组、定长字符串不可以用 Public 声明。

2. 设置断点

当程序运行结果与预期不同时，需要分析程序在哪一步出错，也就要深入了解程序在每一步的运行情况。“调试”菜单中的“逐语句”和“逐过程”执行方式，可以帮助我们逐步执行程序。在执行过程中当前正执行到的语句用黄色背景呈高亮显示。

更常用的方式是，在程序容易出错的关键点处设置断点，程序运行到断点处就进入中断状态，停止运行。断点设置方法：代码窗口中，在需要设置为断点语句最左边的灰色边框位置处单击，灰色边框上出现一个红色的圆点，同时断点语句也出现呈红色背景的高亮显示。

取消断点的方法：在代码窗口的灰色边框上，单击红色圆点即可取消断点。

当程序处于中断状态，在立即窗口中输入“？”后加变量名，再按 Enter 键即可得到程

序执行到中断处的变量的值。在代码窗口中，将鼠标停留在变量名称上，也会弹出提示框显示变量的值。

3．运行分析

在程序运行过程中，单击 Form1 上的“变量赋值”按钮后，界面效果如图 5-19 所示。随后单击“变量打印”按钮，界面效果如图 5-20 所示。单击“窗口跳转”按钮，弹出 Form2，单击 Form2 上的“变量打印”按钮，界面效果如图 5-21 所示。

在 Form1 的代码窗口，定义了三个变量 *a*、*b*、*c*。变量 *a* 是定义在 Command1 的 Click 事件中的局部变量，它的作用域仅局限于 Command1 的 Click 事件过程内部。所以运行程序时，单击 Form1 的 Command1，窗体打印出 *a* 的值，如图 5-19 所示。但是，单击 Command2 后，由于 Command2 的 Click 事件过程已经超出了变量 *a* 的作用域，所以没有打印出 *a* 的值，如图 5-20 所示。跳转到 Form2，单击“变量打印”按钮，也没有打印出变量 *a* 的值，如图 5-21 所示。

图 5-19 单击 Fom1 上的“变量赋值”按钮后

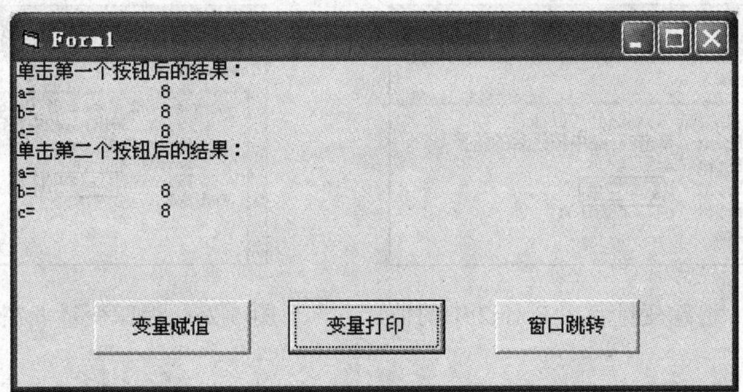

图 5-20 单击 Form1 上的前两个按钮后

变量 *b* 定义在 Form1 的通用对象声明部分，是模块级变量，作用域是 Form1，所以单击 Form1 上的两个按钮，都可以打印出变量 *b* 的值，但是跳转到 Form2 后，就超出了变量 *b* 的作用域，无法进行打印了。

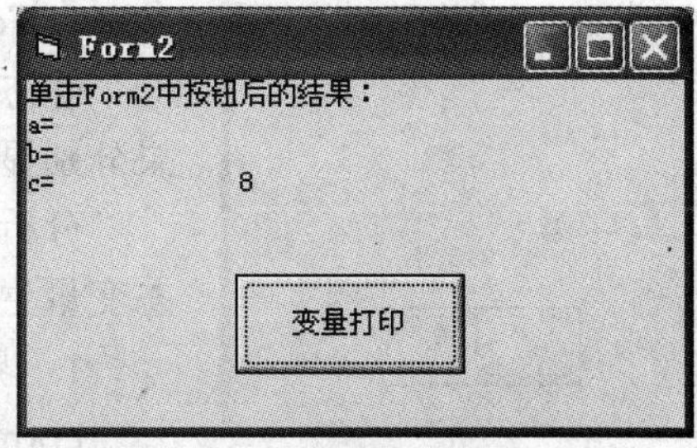

图 5-21 单击 Form2 上的按钮后

变量 *c* 是在 Form1 的通用对象声明部分，用 Public 语句声明的全局变量，其作用域是整个工程，因此无论在 Form1 还是 Form2 的任何事件过程中，都可以正确打印出变量 *c* 的值。但由于变量 *c* 定义在 Form1 的通用对象声明部分，因此在 Form2 中引用时，引用名称为 Form1.c。

在 Form1 的代码窗口中，为 Command2 的 Click 事件过程最后一个语句处建立断点，如图 5-22 所示。运行程序，单击 Form1 上前两个按钮后，跳转到 Form1 的代码窗口处，将鼠标移到 Command2 的 Click 事件过程中第二条语句的变量 *a* 上，弹出提示语句“*a*=空值”，如图 5-23 所示。

用同样的方法，在 Form2 的代码窗口中，为 Command1 的 Click 事件过程最后一条语句处建立断点。运行程序，当程序运行到“End Sub”语句时暂停，将鼠标移到变量 *a* 上，弹出提示语句“*a*=空值”，如图 5-24 所示。将鼠标移到变量 *b* 上，弹出提示语句“*b*=空值”，如图 5-25 所示。

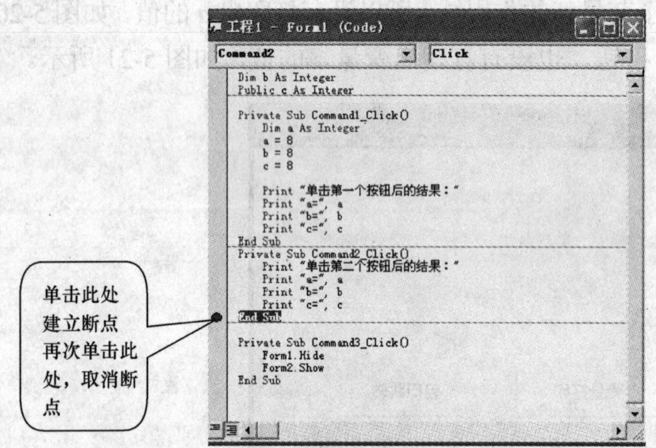

图 5-22 在 Form1 的代码窗口建立断点

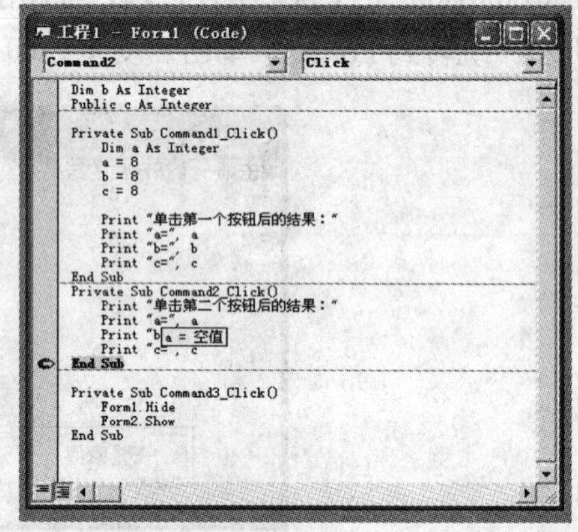

图 5-23 追踪变量 *a* 在 Form1 中的值

图 5-24 追踪变量 *a* 在 Form2 中的值

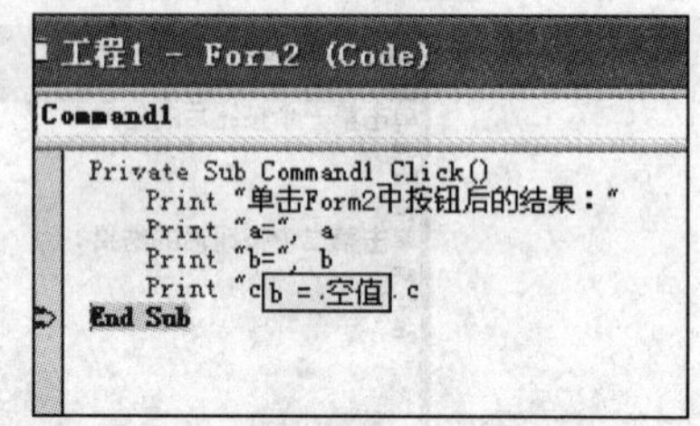

图 5-25 追踪变量 *b* 在 Form2 中的值

5.3.3 实例 7

实例 7 主要介绍静态变量和动态变量的实现。

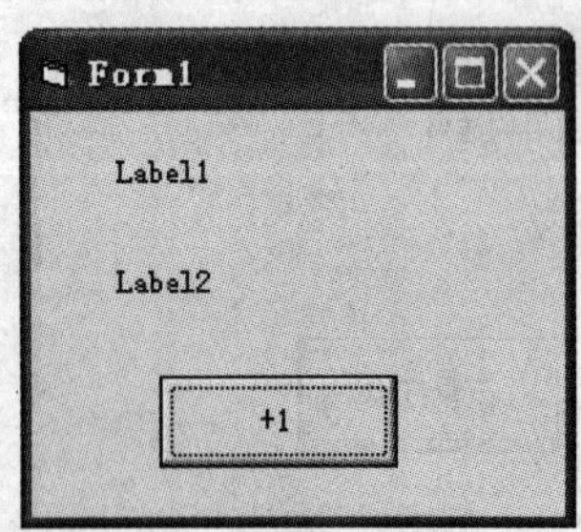

图 5-26 实例 7 界面设计

在 Form1 上 Command1 的 Click 事件中定义一个动态变量 *m*，一个静态变量 *n*，每次单击按钮 *m*、*n* 时都加 1，并将加 1 后的结果分别显示在 Label1 和 Label2 中。

分析 Label1 和 Label2 的显示结果，深入理解静态变量和动态变量生存期的不同。

1. 界面设计

Form1 上添加 1 个按钮，并修改其 Caption 属性为“+1”。添加两个标签，分别为 Label1 和 Label2，效果如图 5-26 所示。

2. 代码编写

在Form1的代码窗口输入如下代码：

```
Private Sub Command1_Click()
    Dim m As Integer
    Static n As Integer

    n = n + 1
    Label1.Caption = "n= " & n
    m = m + 1
    Label2.Caption = "m=" & m
End Sub
```

3. 代码构思

从变量的作用空间来说，变量有作用域之分。变量按作用域，可分为局部量、模块级量和全局量3种。

从变量的作用时间来说，变量有生存期之分。根据变量在程序运行期间的生命周期，可以把变量分为静态变量（Static）和动态变量（Dynamic）。

（1）动态变量。动态变量是指程序运行进入变量所在的过程时，才分配给该变量内存空间，退出该过程时，变量所占的内存空间自动释放，其值消失。

使用Dim语句在过程中声明的局部变量就属于动态变量，在过程执行结束后，变量的值不被保留，在每一次重新执行过程时，变量重新声明并分配存储空间。

（2）静态变量。静态变量是指程序运行期间虽然退出变量所在的过程，其值仍被保留的变量，即变量所占的内存空间没有被释放。当以后再次进入该过程时，继续使用变量的值。

使用Static语句在过程中声明的局部变量就属于静态变量。静态变量只能在过程中声明，而不能在通用对象部分声明。

为使过程中所有的局部变量都为静态变量，可在过程头部加上关键字Static。如

```
Private Static Sub aa()
```

这样，在Sub过程aa中，无论用Static、Dim或Private声明的变量，还是隐式声明的变量，都称为静态变量。

实例7的运行结果如图5-27所示。每次单击按钮时，静态变量*n*的值都会增加，而动态变量*m*在每一次重新执行Click事件过程时，都被重新声明，从0开始加1。

5.3.4 实例8

实例8 静态变量和模块级变量的具体应用

实例8是在实例7的基础上进行改动，目的是对比静态变量和模块级变量。

1. 界面设计

Form1上添加2个按钮，并将其Caption属性分别修改为“+1”和“–1”。添加两个标签，分别为Label1和Label2，效果如图5-28所示。

2. 代码编写

在Form1的代码窗口输入如下代码：

```
Dim m As Integer
Private Sub Command1_Click()
```

```
    Static n As Integer

    n = n + 1
    Label1.Caption = "n= " & n
    m = m + 1
    Label2.Caption = "m= " & m
End Sub

Private Sub Command2_Click()
    n = n - 1
    Label1.Caption = "n= " & n
    m = m - 1
    Label2.Caption = "m=" & m
End Sub
```

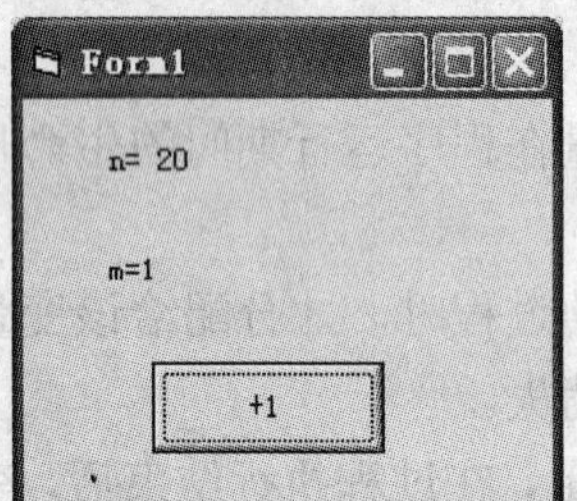

图 5-27 实例 7 的运行结果

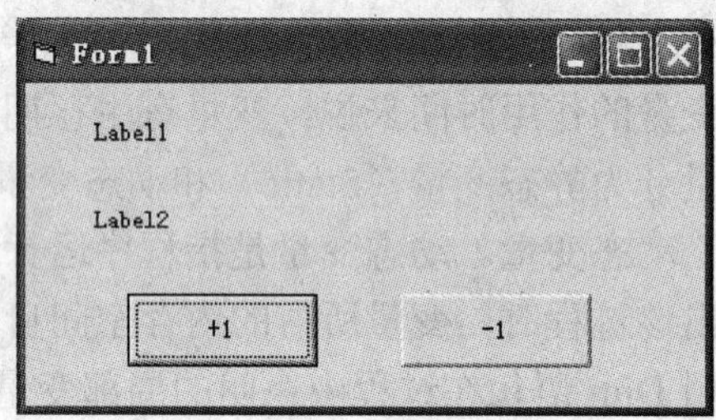

图 5-28 实例 8 的界面设计

3. 代码构思

运行程序，单击“+1”按钮，静态变量 *n* 和模块级变量 *m* 一同增加，如图 5-29 所示。但是单击“–1”按钮时，只有 *m* 递减，*n* 值始终为–1 不变，如图 5-30 所示。

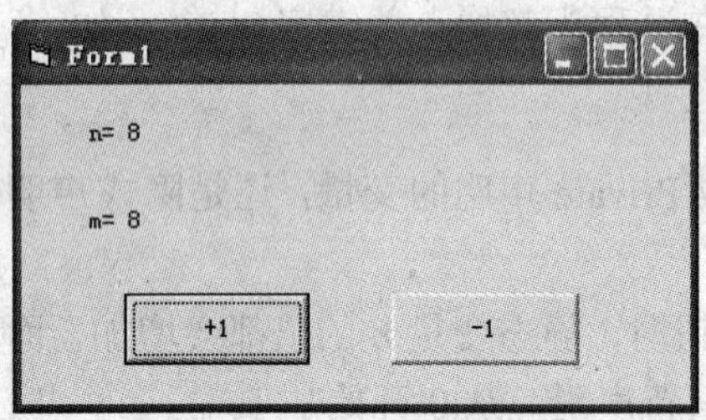

图 5-29 单击 Command1 的运行结果

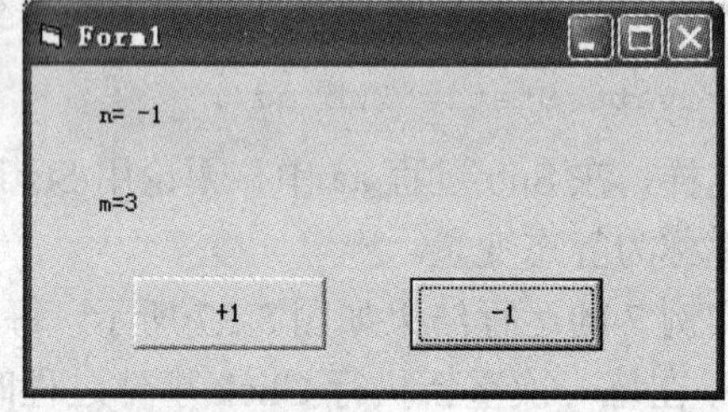

图 5-30 单击 Command2 的运行结果

因为 *m* 是模块级变量，它的作用域是整个 Form1，所以在 Form1 的两个按钮事件过程中，它都是有效的。

变量 *n* 是定义在 Comman1 的 Click 事件过程中的静态变量，每次调用 Command1 的 Click 事件过程时它都有效，但是 Command2 的 Click 事件过程已经超出了它的作用域。所以在每次单击 Command2 时，都重新声明了一个局部变量 *n*，初始值为 0，减 1 后显示为– 1 。

5.4 综 合 实 例

数组是程序设计中一种非常重要的数据结构。下面的综合实例包含了数组的建立，数组元素的插入，数组元素的删除，数组排序，求数组最大值、最小值、平均值等功能。

通过本节的学习，巩固了数组的知识，掌握了计算数组平均值、最值、数组排序的算法，理解变量的作用域，培养模块化程序设计的思维模式。

1. 界面设计

窗体上添加 6 个命令按钮，修改命令按钮及窗体的 Caption 属性，并修改命令按钮的 Enable 属性，如图 5-31 所示。

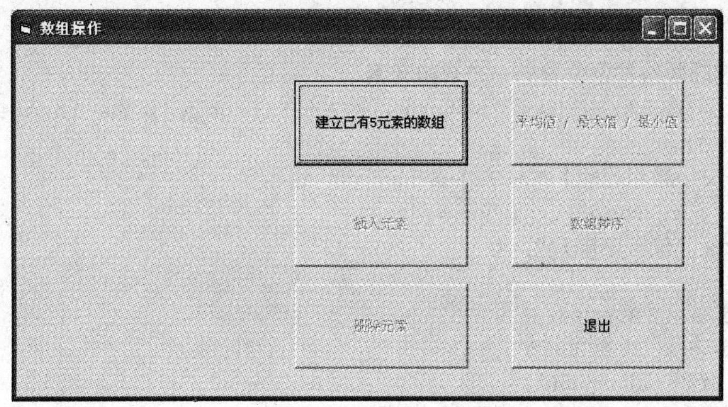

图 5-31 综合实例的界面设计

2. 代码编写

新建工程，添加一个标准模块 Module1，其中编写代码如下：

```
'子程序,实现打印所有数组元素的操作
Public Sub PrintA(a() As Integer, n As Integer)
    Dim i As Integer
    For i = 1 To n
        Form1.Print a(i);
    Next i
    Form1.Print
End Sub

'子程序,实现给定义好的数组赋值的操作
Public Sub BuildA(a() As Integer, n As Integer)
    Dim i As Integer
    Randomize
    For i = 1 To n
        a(i) = Int(Rnd * 100)
    Next i
    Form1.Print "数组中初始值为："
    Call PrintA(a, n)
End Sub

'子过程,实现在数组的指定位置插入一个数值
Public Sub InsertA(a() As Integer, n As Integer, p As Integer, x As Integer)
    If n = 8 Or p > n Then
        MsgBox "超出数组范围！", 0
    Else
        Dim i As Integer
```

```
        For i = n To p Step -1
            a(i + 1) = a(i)
        Next i
        a(p) = x
        n = n + 1
        Form1.Print "执行插入之后的数组："
        Call PrintA(a, n)
    End If
End Sub

'子过程,实现删除数组指定位置的一个数组元素
Public Sub DeleteA(a() As Integer, n As Integer, p As Integer)
    If n = 0 Then
        MsgBox "数组已空！", 0
    ElseIf p > n Then
        MsgBox "位置越限！", 0
    Else
        Dim i As Integer
        For i = p + 1 To n
            a(i - 1) = a(i)
        Next i
        n = n - 1
        Form1.Print "执行删除操作后的数组："
        Call PrintA(a, n)
    End If
End Sub

'函数,返回数组中所有元素的平均值
Public Function Average(a() As Integer, n As Integer) As Single
    Dim i As Integer
    Dim sum As Integer
    For i = 1 To n
        sum = sum + a(i)
    Next i
    Average = sum / n
End Function

'函数,返回数组中所有元素的最大值
Public Function Max(a() As Integer, n As Integer) As Integer
    Dim temp As Integer
    For i = 1 To n
        If temp < a(i) Then temp = a(i)
    Next i
    Max = temp
End Function

'函数,返回数组中所有元素的最小值
Public Function Min(a() As Integer, n As Integer) As Integer
    Dim temp As Integer
    temp = a(1)
    For i = 2 To n
```

```
        If temp > a(i) Then temp = a(i)
    Next i
    Min = temp
End Function

'子过程,实现将数组中的元素按照从小到大的顺序排列
Public Sub OrderA(a() As Integer, n As Integer)
    Dim i As Integer
    Dim temp As Integer
    Dim posMin As Integer
    For i = 1 To n - 1
        posMin = i
        For j = i + 1 To n
            If a(posMin) > a(j) Then posMin = j
        Next j
        temp = a(i): a(i) = a(posMin): a(posMin) = temp
    Next i
    Form1.Print
    Form1.Print "执行排序操作后的数组:"
    Call PrintA(a, n)
End Sub
```

在Form1的代码窗口输入如下代码:

```
'以下2个变量由于在几个事件过程中都需要用到,因此应定义成模块级变量
Dim a(1 To 8) As Integer      '多定义三个空间，供用户执行插入操作
Dim num As Integer '实时记录数组中存放的实际数值个数

Private Sub Form_Load()       '建立数组之前,禁止用户执行对数组的操作
    Command2.Enabled = False
    Command3.Enabled = False
    Command4.Enabled = False
    Command5.Enabled = False
End Sub

Private Sub Command1_Click()
    Command2.Enabled = True
    Command3.Enabled = True
    Command4.Enabled = True
    Command5.Enabled = True
    num = 5
    Call BuildA(a, num)       '数组中存放5个数值
    Command1.Enabled = False
End Sub

Private Sub Command2_Click()
    Dim pos As Integer        '插入的位置
    Dim x As Integer          '插入的元素
    pos = InputBox("请输入需要插入的位置：", "插入的位置", 3)
    x = InputBox("请输入需要插入的数值：", "插入的数值", 9)
    Call InsertA(a, num, pos, x) '子过程调用，在数组中指定位置插入一个数值
End Sub
```

```
Private Sub Command3_Click()
    Dim pos As Integer '删除的位置
    pos = InputBox("请输入需要删除的位置：", "插入的位置", 3)
    Call DeleteA(a, num, pos) '子过程调用,删除数组中指定位置的数值
End Sub

Private Sub Command4_Click()
    Print "数组的平均值是："; Average(a, num) '函数调用,计算数组平均值
    Print "数组的最大值是："; Max(a, num) '函数调用,计算数组最大值
    Print "数组的最小值是："; Min(a, num) '函数调用,计算数组最小值
End Sub

Private Sub Command5_Click()
    Call OrderA(a, num) '子过程调用,数组中的数值排序
End Sub

Private Sub Command6_Click()
    End
End Sub
```

3. 代码构思

（1）模块化程序设计。实例中关于数组的操作共有 8 项，特别是关于打印数组的代码段，在整个程序中反复用到。如果都写在一个窗体模块中，代码长并且凌乱，不利于调试和维护。根据模块化程序设计的思想，按功能定义出子过程和函数，并将这些通用过程写在标准模块中，与窗体中的事件过程区分。

（2）参数传递。标准模块中的 8 个通用过程都有数组参数，数组参数只有按地址传递一种方式。形参 *n* 用来表示数组元素的个数，对应的实参是模块级变量 num。由于在子程序 DeleteA 和 InsertA 中都有修改形参 *n*，也就是数组元素的个数发生了变化，而实参 num 也必须随之发生变化，否则，就不能准确体现当前数组元素的个数。因此实参 num 和形参 *n* 必须采用按地址传递。

（3）变量的作用域。插入、删除、平均值等众多功能都是针对一个数组进行操作的，而这些操作又分布在不同的事件过程中，因此数组需定义为模块级变量。同理，实时体现数组中数值个数的变量 num 也需定义为模块级变量。

习　题

5-1　程序填空

功能： Summary 过程用于计算 1！+2！+…+10！，并打印出计算结果，*n*factor 函数过程用于计算 *n*!。

```
Public Function nFactor(ByVal n As Integer) As Double
'该过程用于计算n!。
    Dim i As Integer
    Dim temp As Double
    temp = 1
```

```
    For i = 1 To n
        temp = ____1____
    Next i
    ____2____
End Function
Public Sub summary()
'该过程用于计算1!+2!+...+10!,并打印出计算结果
    Dim sum As Double
    Dim i As Integer
    Dim n As Integer
    n = 20
    For i = 1 To n
        sum = ____3____
    Next i
    Form1.Print "sum=" & sum
End Sub
```

5-2 程序填空

功能：过程P用于整理数组 *a*，使其中小于零的元素移到数组的前端，大于零的元素移到数组的后端，等于零的元素留在数组的中间。

```
Public Sub p(a%())
    Dim i%, low%, high%, t%
    low = 0
    i = 0
    high = UBound(a)  'UBound函数,确定数组的上界,即下标最大值
    Form1.Print "high", high
    'Do While ----1----
        If a(i) < 0 Then
            t = a(i)
            a(i) = a(low)
            a(low) = t
            '----2----
            i = i + 1
        ElseIf a(i) > 0 Then
            t = a(i)
            a(i) = a(high)
            a(high) = t
            '-----3-----
        Else
            '----4----
        End If
    Loop
End Sub
```

5-3 程序改错

功能：数组排序。Bubblesort过程是冒泡排序法，GenerateData过程产生10个[1，20]之间互不相同的随机整数，Swap过程交换两个变量的数值。

要求：修改标出出错位置的下面那一条语句即可，其余代码不要改动。

```
Private Const n = 10
```

```
Private a(1 To n) As Integer

Public Sub BubbleSort()
    Dim i As Integer, j As Integer
    i = 1
    Do
        For j = i + 1 To n
            If a(j) > a(i) Then
            '******* 1 *********
              Swap (a(j), a(i))
            End If
        Next j
        i = i + 1
    '******* 2 *******
    Loop While i = n
    Form1.Print "排序结果"
    For i = 1 To n
        Form1.Print a(i);
    Next i
End Sub

Public Sub GenerateData()
    Dim i As Integer
    Dim j As Integer
    Dim b As Boolean
    For i = 1 To n
        b = False
        Do While Not b
            a(i) = Int(20 * Rnd + 1)
            b = True
            '******* 3 *******
            For j = 1 To i
                If a(i) = a(j) Then
                    b = False
                    Exit For
                End If
            Next j
        Loop
        Form1.Print a(i)
    Next i
End Sub

'******** 4 ********
Public Sub Swap(ByVal a As Integer, ByVal b As Integer)
    Dim temp As Integer
    temp = a
    a = b
    b = temp
End Sub
```

5-4 程序设计

编写程序，实现单击窗体上的按钮，第一次单击，窗体上的 Label1 变成红色，并显示“红色 1”字样；第二次单击，窗体上的 Label1 变成绿色，并显示“绿色 2”字样；第三次单击，窗体上的 Label1 变成蓝色，并显示“蓝色 3”字样。继续单击，依次在“红色 1”、“绿色 2”、“蓝色 3”三种显示状态之间进行切换。

5-5 程序设计

编写用户自定义过程 OrderA，实现将整数数组的元素按照从小到大的顺序排序。

第6章 常 用 控 件

Visual Basic 中的控件是具有图形界面的对象，它同窗体一样具有属性、方法、事件，是用来设计用户界面的重要元素，是可视化设计的一个重要特征。虽然控件给编写程序带来了很大的方便，但是，控件仅仅是躯壳而已，不能实现任何功能，要想使得整个程序具有灵魂，实现所设计的功能，还需向其中添加程序代码。而窗体就是用来放置各个控件的面板，同时可以控制启动和终止程序时的事件。

Visual Basic 的控件有三种广义的分类：

（1）内部控件，总是出现在工具箱中。

（2）ActiveX 控件，是扩展名为.ocx 的独立文件，其中包括 Visual Basic 各种版本提供的控件（DataCombo, DataList 控件等）和仅在专业版和企业版中提供的控件（例如 Listview、Toolbar、Animation 和 TabbedDialog），另外还有许多第三方提供的 ActiveX 控件。

（3）可插入的对象，例如一个包含公司所有雇员的列表的 Microsoft Excel 工作表对象。因为这些对象能添加到工具箱中，所以可把它们当作控件使用。使用这种控件就可在 Visual Basic 应用程序中编程控制另一个应用程序的对象。

本章所介绍的常用控件都属于内部控件。我们将通过几个综合的实际应用项目来逐个熟悉这些常用控件。

【学习目标】

掌握下列控件的常用属性与方法，并在程序设计中灵活选用：命令按钮控件、标签控件、文本框控件、单选按钮控件、复选框控件、框架控件、列表框控件、组合框控件、滚动条控件、定时器控件。

6.1 命令按钮、标签、文本框和滚动条

实例1 密码设置

设置密码程序初始界面如图 6-1 所示，用户首先通过水平滚动条选择密码的位数，密码最少 1 位，最多 18 位。密码文本框的最大文本长度限定为与密码位数相同，限定用户输入的密码长度不能超过安全级别。在文本框中输入新设置的密码后按 Enter 键，如果用户输入的密码长度小于安全级别，则弹出提示对话框，如图 6-2 所示。

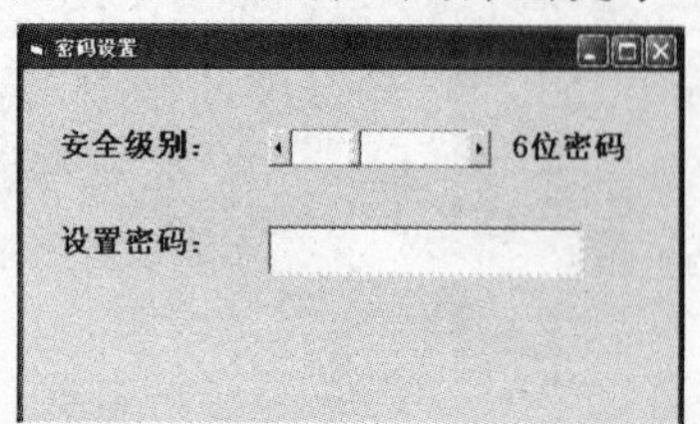

图 6-1 程序初始运行界面

图 6-2 密码长度小于安全级别提示对话框

如果用户输入的密码长度符合安全级别，回车后界面效果如图 6-3 所示，窗体焦点位于第二个文本框。

用户再次输入密码，按 Enter 键或者单击“确定”按钮后程序对两次输入的密码进行判定，弹出设置结果对话框如图 6-4 和图 6-5 所示。如果密码设置失败，系统界面回到如图 6-1 所示的状态。

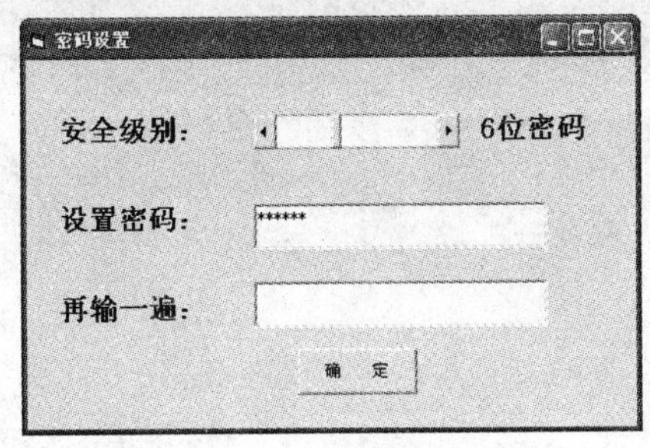

图 6-3 输入密码后按 Enter 键后程序运行界面

图 6-4 密码设置成功对话框

图 6-5 密码设置失败对话框

6.1.1 实例 1 的实现

1. 界面设计

在 Form1 上利用标签控件添加“安全级别”、“设置密码”、“再输一遍”等提示文字，并添加其他控件如图 6-6 所示。

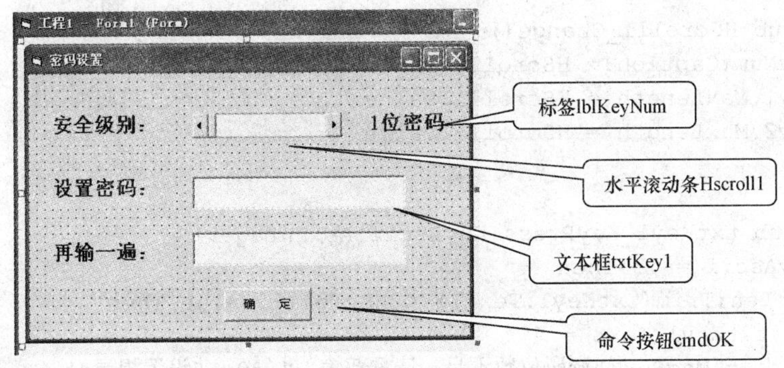

图 6-6 实例 1 的界面设计

标签、文本框、命令按钮和水平滚动条在工具箱中的位置如图 6-7 所示。

如果编写的 Visual Basic 程序比较简短，用到的控件也很少，我们常采用默认的控件名称如 Command1、text1 即可。如果界面控件较多，程序复杂，在编写及维护程序过程，面对代码窗口，就很容易混淆 Command1 和 Text1 究竟对应界面上的哪个控件。因此按照常见的编程规范，我们会修改控件的名称，即控件的 Name 属性。新名称的前三个字母都为小写字母，是控件类型的缩写，称为名称前缀，对于每个控件在起名时微软都有相应的名

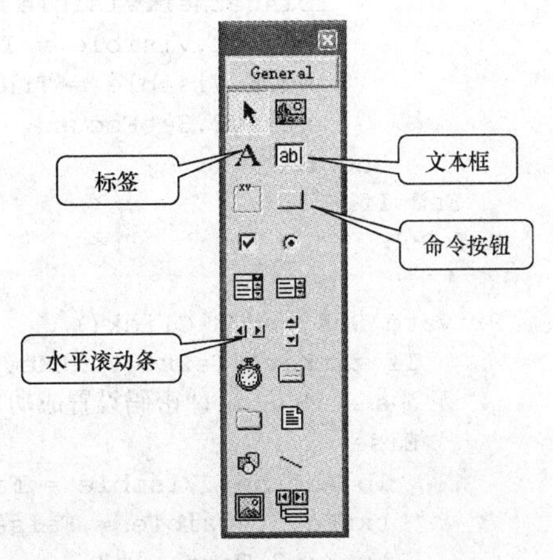

图 6-7 工具箱

称前缀建议。前缀后跟一个与控件功能相关联的英文单词或拼音，首字母大写。这样就可以达到顾名思义的效果，不需要在编写代码的过程中经常切换到“查看对象”的界面了解控件名称，从而提高工作效率。例如用于“确定”的按钮，我们将默认名称 Command1 修改为 cmdOK。

2. 代码编写

程序实现参看如下代码：

```
Private Sub Form_Load()
    lblAnother.Visible = False
    txtKey2.Visible = False
    cmdOK.Visible = False
    txtKey1.PasswordChar = "*"
    txtKey2.PasswordChar = "*"

    HScroll1.Min = 1
    HScroll1.Max = 18
    HScroll1.Value = 6

    txtKey1.MaxLength = HScroll1.Value
    txtKey2.MaxLength = HScroll1.Value
End Sub

Private Sub HScroll1_Change()
   lblKeyNum.Caption = HScroll1.Value & "位密码"
   txtKey1.MaxLength = HScroll1.Value
   txtKey2.MaxLength = HScroll1.Value
End Sub

Private Sub txtKey1_KeyPress(KeyAscii As Integer)
   If KeyAscii = 13 Then
      If Len(Trim(txtKey1.Text)) < HScroll1.Value Then
         txtKey1.Text = ""
         s = MsgBox("密码位数不足，请重新输入", 0, "设置提示")
      Else
         lblAnother.Visible = True
         txtKey2.Visible = True
         cmdOK.Visible = True
         txtKey2.SetFocus
      End If
   End If
End Sub

Private Sub cmdOK_Click()
     If txtKey1.Text = txtKey2.Text Then
       s = MsgBox("密码设置成功！ ", 0, "设置结果")
     Else
       lblAnother.Visible = False
       txtKey2.Visible = False
       txtKey2.Text = ""
       cmdOK.Visible = False
```

```
        txtKey1.Text = ""
        s = MsgBox("两次输入不匹配，密码设置不成功！ ", 0, "设置结果")
    End If
End Sub

Private Sub txtKey2_KeyPress(KeyAscii As Integer)
    If KeyAscii = 13 Then cmdOK.Value = True
End Sub
```

6.1.2 实例1的编程分析

1. 界面构思

命令按钮通常是为了让用户通过单击它实现一定的操作。所以利用命令按钮实现对用户录入密码的判定。

标签控件用来为没有标题的控件（如文本框、列表框、组合框等）进行说明，还可以用来显示一些程序运行中的提示信息。界面上的相关提示文字都是用标签控件来实现的。

文本框通常用于在程序运行时输入文本，也可以输出文本。所以利用文本框采集用户输入的密码。

软件界面设计的宗旨是"尽可能地方便用户"。关于密码位数的设置，如果要求用户通过文本框输入数据，数据的任意性很大，用户需要阅读更多的文字提示，如"只能输入 1～18 之间的数字"等，而对于采集到的数据要进行更多的判定，以避免非法数据引起程序运行错误。所以本实例中，利于滚动条实现范围在 1～18 之间的纯数字采集，既方便用户，又简化程序。

2. 代码构思

控件的部分属性是通过窗体的 Load 事件在运行时设置的。首先利用 Visible 属性，隐藏第二个密码输入文本框和"确定"按钮。修改文本框的 PasswordChar 属性，使得用户在录入密码时显示出来的都是"*"，保证用户密码录入过程的安全性。

滚动条的 Min 和 Max 属性分别设置为 1 和 18，则拖动滚动条所对应值限定在 1～18 范围内。滚动条的 Value 值设为 6，如果运行时用户不修改，则对应用户的密码为 6 位。

为限定用户在文本框中最多只能输入和安全级别相等的字符个数，多输入的字符无效，通过在窗体的 Load 事件中设置文本框的 MaxLength 属性值等于滚动条的 Value 属性值。并且，用户每次拖动滚动条滑块，滚动条的 Value 值随之发生变化，相应的文本框 MaxLength 也应立即随之变化。如何能够随时检测到滚动条的变化呢？滚动条的 Change 事件可以实现。运行时，当改变了滚动条控件的 Value 属性值时，会触发滚动条的 Change 事件。也就是说，每当滚动条发生变化，Change 事件中的代码就会执行一次。所以在 Change 事件中再次将滚动条的 Value 属性值赋给文本框的 MaxLength 属性值。

在文本框获得焦点并且用户按下了按键后触发 KeyPress 事件，它的参数 KeyASCII 的值自动获得触发 KeyPress 事件时击键所对应的 ASCII 码值。按 Enter 键的 ASCII 码是 13。用户在第一个密码文本框中输入密码，每输入一个字符，都会触发 KeyPress 事件，但因为输入字符的 ASCII 码值都不是 13，所以不执行任何代码，直至 KeyPress 事件的 KeyASCII 参数检测到 Enter 键才开始对文本框中已输入的密码进行判断，判断密码长度是否与安全级别相符合。如果符合，则隐藏的第二个密码文本框、确认按钮等控件显示出来，并通过文本框的 SetFocus

方法，将窗体的焦点设置到第二个密码文本框上，以方便用户直接输入密码。

在确认按钮的 Click 事件中，对两次输入的密码进行比较，如果相等，则提示“密码设置成功”；如果不相等，则提示“密码设置不成功”，并隐藏部分控件，窗体界面回到最初的状态。

用户第二次输完密码后，单击“确认”按钮和按 Enter 键，若要达到相同的运行结果，则在第二个密码文本框的 KeyPress 事件中，当判定输入 Enter 键后，应该把确认按钮的 Click 事件中的代码再写一遍。但是，因为将命令按钮的 Value 属性值设置为 True 时，会调用该按钮的 Click 事件。利用此特点，可实现程序的简化。

命令按钮、标签、文本框和滚动条的更多属性和事件介绍，参看表 6-1～表 6-8。

表 6-1　命令按钮的常用属性简介

属 性 名 称	说 明
Name	默认名称为 Command1，Command2、…，微软建议的名称前缀为 cmd
Caption	返回或设置显示在控件上的标题文字。通过该属性可为按钮设置访问键。在想要指定为访问键的字符前加一个“&”符号，在按钮上就显示出带下划线的字符。程序运行时，同时按下 Alt 键和带下划线的字符，就相当于单击命令按钮
Enable	返回或设置控件是否响应用户生成的事件，也就是该控件是否可用。Enabled 属性值是一个逻辑常量，为 False 或 True。当 Enabled 属性值为 False 时，命令按钮呈灰色、表示不可用；当 Enabled 属性值为 True 时，控件可用。Enabled 属性的默认值为 True
BackColor	返回或设置控件中文字或图形的背景色
Picture	返回或设置控件中显示的图形
Style	要注意对于命令按钮设置的 BackColor 和 Picture 两个属性还必须配合 Style 属性才有作用。Style 属性用来设置命令按钮是标准的还是图形的。当 Style 属性设置为 0 时（默认值），命令按钮是标准 Windows 按钮，如果将 Style 属性设置为 1，命令按钮是图形按钮，可以显示设置的背景色或图形效果
Cancel	返回或设置一个值，用来指示窗体中命令按钮是否为取消命令按钮。当 Cancel 属性设置为 True 时，那么该按钮就成为取消命令按钮；当用户按 Esc 键时，相当于单击该按钮。窗体中只能有一个命令按钮为“取消”命令按钮，当某个命令按钮的 Cancel 属性设置为 True 时，窗体中其他命令按钮的 Cancel 属性自动设置为 False
Default	返回或设置一个值，用来指示窗体中命令按钮是否为默认命令按钮。当 Default 属性设置为 True 时，那么该按钮就成为默认命令按钮。如果窗体上其他焦点控件不响应键盘事件，而且焦点不在其他命令按钮上，那么当用户按 Enter 键时，相当于单击该按钮。窗体中只能有一个命令按钮为默认命令按钮，当某个命令按钮的 Default 属性设置为 True 时，窗体中的其他命令按钮的 Default 属性自动设置为 False
Font	属性是一个对象，在属性窗口中设置 Font 属性将打开“字体”对话框，可以对字体、字形、大小和效果进行设置。如果通过程序代码设置，那么要设置 Font 对象的 Name、Bold、Italic、Size、Underline、Strikethrough 等属性
Left、Top、Width、Height	确定了控件的位置和大小，默认的度量单位为缇（Twip），1440 缇=1in
Visible	返回或设置一个值，决定控件运行时是否为可见。当命令按钮的 Visible 值设置为 True 时（默认值），命令按钮可见；当 Visible 值设置为 False 时，命令按钮不可见
Value	在程序代码中设置命令按钮的 Value 属性为 True，相当于调用执行该命令按钮的 Click 事件。Value 属性只能在程序代码中访问，不能在属性窗口中设置
ToolTipText	返回或设置鼠标在命令按钮上停留时的提示文本。这个属性对于图形按钮特别有用，可以提示按钮的功能

表 6-2 **命令按钮的常用事件**

事 件 名 称	说 明
Click	命令按钮的功能是通过编写命令按钮的 Click 事件程序代码实现的。 用户触发命令按钮事件的方式有以下几种: (1)鼠标单击命令按钮 (2)在命令按钮获得焦点时,按 Enter 键 (3)对于设计了访问键的命令按钮,按 Alt+访问键 (4)在程序代码中设置 Value 属性为 True

表 6-3 **标 签 的 常 用 属 性**

属 性 名 称	说 明
Name	默认为 Label1、Label2、…,微软建议的名称前缀为 lbl
Caption	返回或设置标签的显示文本 运行时,标签的文本不能直接进行编辑,但是可以由程序代码控制,通过赋值语句改变 Caption 属性 标签控件也可以通过字符前加一个“&”符号设置访问键。由于标签控件本身不能获得焦点,按下 Alt+访问键会将焦点移到焦点顺序在标签后面的下一个可以获得焦点的控件上
AutoSize	返回或设置控件是否自动改变大小以显示所有的内容
WordWrap	返回或设置控件是否扩大以显示所有的内容 当 Caption 的文本超过标签的宽度时,若标签的 Autosize 属性值为 False(默认值),则保持标签的大小不变,超出部分不予显示;若标签的 Autosize 属性值为 True,而且 WordWrap 属性为 False(默认值),则自动增加标签的宽度以显示全部内容;若标签的 Autosize 属性值为 True,而且 WordWrap 属性也为 True,则保持标签的宽度不变增加标签的高度以显示全部内容
Alignment	返回或设置标签中文本的对齐方式。当 Alignment 属性值为 0 时(默认值),文本在标签中左对齐;当 Alignment 属性值为 1 时,文本在标签中右对齐;当 Alignment 属性值为 2 时,文本在标签中居中对齐
BackStyle	返回或设置控件的背景样式是否透明。当标签的 BackStyle 属性值为 0 时,标签的背景是透明的;当标签的 BackStyle 属性值为 1(默认值)时,标签的背景不透明,背景色即是 BackColor 属性所设置的颜色
BorderStyle	返回或设置控件的边框样式。标签的 BorderStyle 属性值为 0(默认值)时,无边框;标签的 BorderStyle 属性值为 1 时,有边框

表 6-4 **标 签 的 常 用 事 件**

事 件 名 称	说 明
Click Change DblClick	在程序设计中,习惯上还是将标签作为文本显示使用,较少设计标签的事件过程

表 6-5 **文 本 框 的 常 用 属 性**

属 性 名 称	说 明
Name	默认为 Text1、Text2、…,微软建议的名称前缀为 txt
Text	返回或设置文本框中的文本。Text 属性是文本框控件最重要的属性之一,可以在设计时设置 Text 属性,也可以在运行时直接在文本框内输入,或通过程序代码对 Text 属性重新赋值来改变 Text 属性的值
MaxLength	返回或设置在文本框控件中能够输入字符的最大数。MaxLength 属性的取值范围 0~65 535。默认值为 0,与 65 535 等价

续表

属性名称	说　明
MultiLine	返回或设置文本框是否接受多行文本 当 MultiLine 属性值为 False（默认值）时，文本框中的字符只能在一行中显示 当 MultiLine 属性值为 True 时，可以在文本框的 Text 属性中加入换行符使文本多行显示。换行符加入的方法有： （1）设计时，在属性窗口中设置 Text 属性，在需要换行时直接按 Ctrl+Enter 键进行换行 （2）在程序代码中用赋值语句修改 Text 属性，在需要换行时加入回车符［Chr(13)或 vbCr］和换行符［chr(10)或 vbLf］才可换行，也可以将回车换行符连起来用 vbCrLf 表示
ScrollBars	返回或设置文本框是否有垂直或水平的滚动条。当文本过长，可能超过文本框的边界时，应该为该控件添加滚动条。具体说明如下： （1）ScrollBars 属性值为 0（默认值）时，无滚动条 （2）ScrollBars 属性值为 1 时，加水平滚动条 （3）ScrollBars 属性值为 2 时，加垂直滚动条 （4）ScrollBars 属性值为 3 时，同时加水平、垂直滚动条 注意，必须将文本框的 MultiLine 属性设置为 True，ScrollBars 属性设置为 1、2、3 才会出现滚动条
PasswordChar	返回或设置一个值，该值指示所输入的字符或占位符在文本框中以何种形式显示。如果将 PasswordChar 设置为空字符串（""）（默认值），文本框将显示实际输入的文本。如果将 PasswordChar 设置为某个字符，文本框将所有的输入都显示为该字符 文本框要输入密码，应使用此属性。虽然能够使用任何字符，但是大多数基于 Windows 的应用程序都使用星号（*）
SelStart	用来指定选定文本块的起始位置。如果没有选定的文本，则该属性指定光标的位置。若 SelStart 值为 0，所指示的位置是在文本框第一个字符之前；若 SelStart 值等于文本框中文本的长度，所指示的位置是在文本框最后一个字符之后
SelLength	指定所选的字符个数
SelText	指定选定的字符。如果没有字符被选定，则它就是空字符串 注意：以上 3 个与文本选定操作有关的属性只能在程序代码中进行读写操作，设计时不可用

表 6-6　　文本框的常用事件

事件名称	说　明
Change	一旦文本框中的 Text 属性发生改变时，将触发文本框的 Change 事件 如果要对文本框中内容的变化随时作出反应，可以编写文本框的 Change 事件程序代码
KeyPress	在文本框获得焦点并且用户按下了键盘上的按键后触发。KeyPress 事件过程在截取文本框中所输入的击键时是非常有用的，它可立即测试击键的有效性或在字符输入时对其进行格式处理。文本框的 KeyPress 事件语法格式为： Private Sub 文本框名称_KeyPress(KeyAscii As Integer) KeyPress 事件中的参数 KeyAscii 的值自动获得触发 KeyPress 事件时击键所对应的 ASCII 码值，如果在程序中改变 KeyAscii 的值将会改变文本框的显示字符

表 6-7　　滚动条的常用属性

属性名称	说　明
Name	水平滚动条默认为 HScroll1、HScroll2、…，微软建议的名称前缀为 hsb 垂直滚动条默认为 VScroll1、VScroll2、…，微软建议的名称前缀为 vsb
Value	返回或设置滚动条上的滚动滑块所处的位置
Max 和 Min	返回或设置 Value 属性的最大值和最小值
LargeChange	返回或设置当用户单击滚动条上的滑动箭头和滚动滑块之间的区域时，Value 属性值的改变量
SmallChange	返回或设置当用户单击滚动箭头时 Value 属性值的改变量

表 6-8 **滚动条的常用事件**

事件名称	说 明
Change	运行时，当改变了滚动条控件的 Value 属性值，会触发滚动条的 Change 事件。用户单击滚动条两端的滚动箭头或单击滚动箭头和滚动滑块之间的区域时，或者通过程序代码对滚动条的 Value 属性重新进行赋值，都会触发滚动条的 Change 事件。要利用滚动条进行位置调整、音量调节、速度控制等模拟输入，都要编写滚动条的 Change 事件程序代码
Scroll	该事件过程只有在拖动滚动滑块时被调用 注意：拖动滚动条的滚动滑块仅触发滚动条的 Scroll 事件，并没有触发 Change 事件，只有当停止拖动并松开鼠标的那一刻才触发 Change 事件。为了使滚动条能在拖动滚动滑块时实现实时控制，通常是在滚动条的 Scroll 事件中调用执行滚动条 Change 事件

6.2 单选按钮、复选框、框架和控件数组

实例 2 MsgBox 函数三个参数的设置效果

Msgbox 函数是一个常用函数，该函数的三个参数设置困扰了不少同学。我们通过单选按钮和复选框的实例，再次了解 Msgbox 函数的参数设置。

用户通过复选框来选择是否要设置 MsgBox 函数的第一个参数和第三个参数。MsgBox 的第二个参数，是由三个数相加取得的。这三个数分别对应按钮样式、图标样式和默认按钮的样式，其中按钮样式对应 6 个取值，图标样式有 4 个取值，默认按钮有 3 个取值，如图 6-8 所示。

单击窗体上的任一单选按钮，则根据已选择的参数信息，弹出相应样式的消息对话框，如图 6-9 所示。

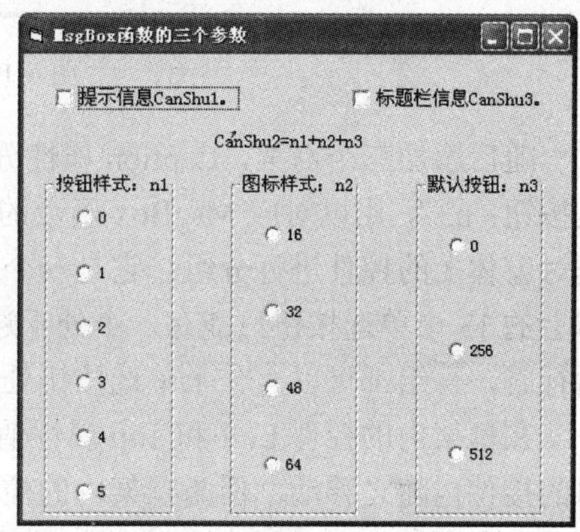

图 6-8 实例 2 的初始界面

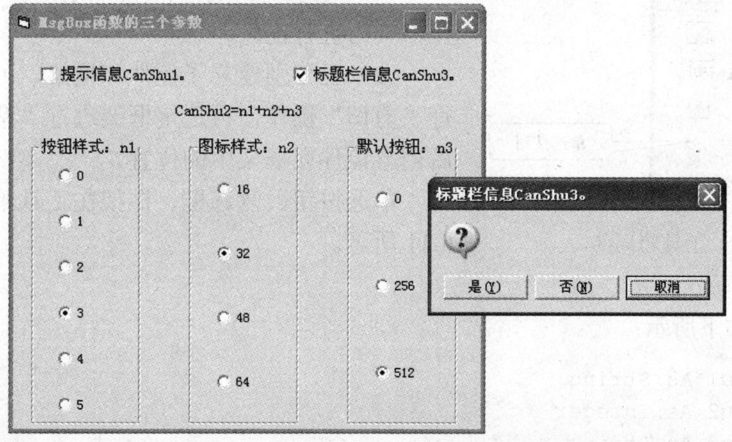

图 6-9 根据选择的参数弹出消息对话框

6.2.1　实例 2 的实现

1. 界面设计

窗体上添加两个复选框，Caption 属性分别修改为“提示信息 CanShu1”和“标题栏信息 CanShu3”，用以对应 MsgBox 函数的第一个参数和第三个参数，界面设计如图 6-10 所示。

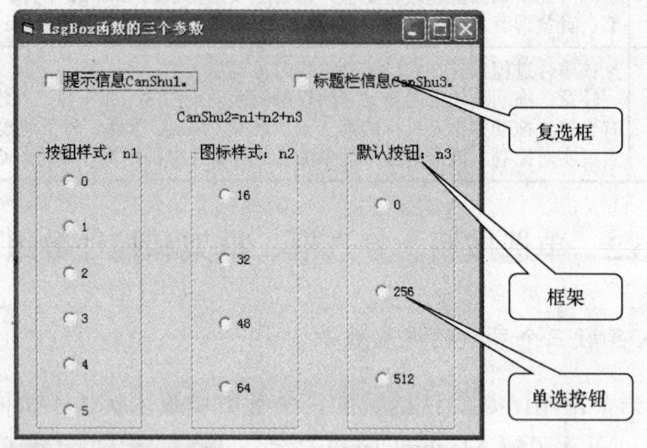

图 6-10　实例 2 的界面设计

随后添加三个框架，Caption 属性分别修改为“按钮样式：n1”、“图标样式：n2”和“默认按钮：n3”，用以对应 MsgBox 函数的第二个参数设置时的三个数值。框架控件的主要作用是对窗体上的控件进行分组，它是一个容器控件。如果没有框架，在程序运行时，实例 2 窗体上的 13 个单选按钮只能有一个处于选中状态。通过框架将这 13 个单选按钮分为三组，在运行时，每组都可以有一个单选按钮处于选中状态。

在框架内的控件 Left 和 Top 属性值都是相对于框架的边界衡量的，当移动框架时，框架内的控件也随之移动，但是框架内的控件 Left 和 Top 属性值并没有改变。

参照图 6-10 在三个框架中添加单选按钮，并修改每个单选按钮的 Caption 属性。注意：向框架内添加控件的方法有两种：

（1）先建立框架控件，然后选定工具箱中的控件，在框架内进行拖划。

（2）已分别建立了控件和框架，可以选定控件进行“剪切”操作，再选定框架进行“粘贴”操作，最后调整控件在框架中的位置。

单选按钮、复选框、框架在工具箱中的位置如图 6-11 所示。

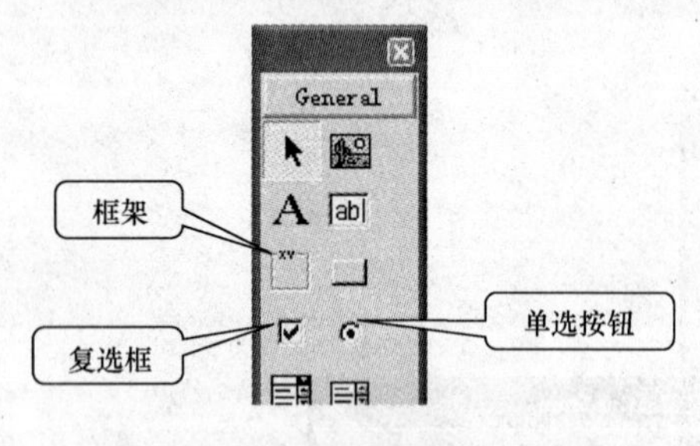

图 6-11　工具箱局部

2. 代码编写

程序实现如下所示：

```
Dim CanShu1 As String
Dim CanShu2 As Integer
Dim CanShu3 As String
Dim n1 As Integer, n2 As Integer, n3 As Integer
Dim FanHuiZhi As Integer
```

```
Private Sub Check1_Click()
    If Check1.Value = 1 Then CanShu1 = Check1.Caption Else CanShu1 = ""
End Sub

Private Sub Check2_Click()
    If Check2.Value = 1 Then CanShu3 = Check2.Caption Else CanShu3 = ""
End Sub

Private Sub Option1_Click()
    n1 = Val(Option1.Caption)
    CanShu2 = n1 + n2 + n3
    FanHuiZhi = MsgBox(CanShu1, CanShu2, CanShu3)
End Sub

Private Sub Option2_Click()
    n1 = Val(Option2.Caption)
    CanShu2 = n1 + n2 + n3
    FanHuiZhi = MsgBox(CanShu1, CanShu2, CanShu3)
End Sub

Private Sub Option3_Click()
    n1 = Val(Option3.Caption)
    CanShu2 = n1 + n2 + n3
    FanHuiZhi = MsgBox(CanShu1, CanShu2, CanShu3)
End Sub

Private Sub Option4_Click()
    n1 = Val(Option4.Caption)
    CanShu2 = n1 + n2 + n3
    FanHuiZhi = MsgBox(CanShu1, CanShu2, CanShu3)
End Sub

Private Sub Option5_Click()
    n1 = Val(Option5.Caption)
    CanShu2 = n1 + n2 + n3
    FanHuiZhi = MsgBox(CanShu1, CanShu2, CanShu3)
End Sub

Private Sub Option6_Click()
    n1 = Val(Option6.Caption)
    CanShu2 = n1 + n2 + n3
    FanHuiZhi = MsgBox(CanShu1, CanShu2, CanShu3)
End Sub

Private Sub Option7_Click()
    n2 = Val(Option7.Caption)
    CanShu2 = n1 + n2 + n3
    FanHuiZhi = MsgBox(CanShu1, CanShu2, CanShu3)
End Sub
```

```
Private Sub Option8_Click()
    n2 = Val(Option8.Caption)
    CanShu2 = n1 + n2 + n3
    FanHuiZhi = MsgBox(CanShu1, CanShu2, CanShu3)
End Sub

Private Sub Option9_Click()
    n2 = Val(Option9.Caption)
    CanShu2 = n1 + n2 + n3
    FanHuiZhi = MsgBox(CanShu1, CanShu2, CanShu3)
End Sub

Private Sub Option10_Click()
    n2 = Val(Option10.Caption)
    CanShu2 = n1 + n2 + n3
    FanHuiZhi = MsgBox(CanShu1, CanShu2, CanShu3)
End Sub

Private Sub Option11_Click()
    n3 = Val(Option11.Caption)
    CanShu2 = n1 + n2 + n3
    FanHuiZhi = MsgBox(CanShu1, CanShu2, CanShu3)
End Sub

Private Sub Option12_Click()
    n3 = Val(Option12.Caption)
    CanShu2 = n1 + n2 + n3
    FanHuiZhi = MsgBox(CanShu1, CanShu2, CanShu3)
End Sub

Private Sub Option13_Click()
    n3 = Val(Option13.Caption)
    CanShu2 = n1 + n2 + n3
    FanHuiZhi = MsgBox(CanShu1, CanShu2, CanShu3)
End Sub
```

6.2.2 实例 2 的编程分析

一、界面构思

界面上一组供用户选择的选项，如果是可以多选的，一般用几个复选框实现，如果只能单选，则用一组单选按钮实现。单选按钮经常会结合框架一起使用。

二、代码构思

首先定义三个变量 CanShu1、CanShu2、CanShu3，分别代表 MsgBox 函数的三个参数。由于第二个参数是由三个数值的和构成，所以再定义三个整型变量 *n*1、*n*2、*n*3。MsgBox 是个函数，在调用时有返回值，所以定义变量 FanHuiZhi。在程序中声明了变量以后，Visual Basic 自动将数值类型的变量赋初值 0，变长字符串被初始化为零长度的字符串。

变量 *n*1、*n*2、*n*3 必须定义为模块级变量。因为在 Option1～Option6 的 Click 事件中为 *n*1 赋值，但是在这些事件中也用到了 *n*2 和 *n*3，而 n2 的值是在 Option7～Option10 的 Click 事件中设置的，*n*3 的值是在 Option11～Option13 的 Click 事件中设置的。如果定义为局部变量，在别的事件中设置过的值就会丢失。

变量 CanShu1 和 CanShu3 也必须定义为模块级变量。因为在两个复选框的单击事件中 CanShu1 和 CanShu3 被赋值，而在每个单选按钮的 Click 事件中都用到 CanShu1 和 CanShu3 这两个变量的值。局部变量只能生存在一个过程中，不能跨过程使用。

当复选框的 Click 事件触发时，可能是用户勾选了该复选框，也可能是用户取消了对该复选框的选择。所以在复选框的 Click 事件中，还要对复选框的 Value 属性进行判断，以确定该复选框是否处于选中状态。

单选按钮的 Click 事件只要触发，就说明用户选中了该单选按钮，不需要判断 Value 属性。

在程序界面上看起来每个单选按钮的 Caption 属性值都是个数字，但其实单选按钮的 Caption 属性值是字符串类型，因此在赋值给整型变量 *n*1、*n*2、*n*3 之前，用 Val 函数转换为整型数。

单击每个单选按钮都要弹出消息对话框，所以要为 13 个单选按钮的 Click 事件逐个编写代码。实例 2 的程序代码看上去很长，其实 13 个单选按钮的 Click 事件中的代码，基本都是雷同的。理解一个，其余都明白了。

以 Option1_Click( )事件为例，用户选中的 Option1，说明用户希望 MsgBox 第二个参数的 *n*1 值为 0。Click 事件触发，首先给 *n*1 赋值为 0。随后 CanShu2 等于三个数的和，其中 *n*2 和 *n*3 是在后面两组单选按钮中的 Click 事件中设置好的。如果 *n*2、*n*3 还没有设置，则默认初始值为 0，不影响程序运行。最后调用 MsgBox 函数。

单选按钮、复选框、框架和控件数组的更多属性和事件，参看表 6-9～表 6-13。

表 6-9　　复选框的常用属性

属性名称	说　明
Name	默认名称为 Check1、Check2、…，微软建议的名称前缀为 chk
Caption	返回或设置复选框控件的标题，用于给出选项提示
Alignment	返回或设置复选框的对齐方式 Alignment 属性值为 0 时（默认值），复选框的方框在标题文字的左边；Alignment 属性值为 1 时，复选框的方框在标题文字的右边
Value	返回或设置复选框的选中状态。 （1）Value 属性值为 0 时（默认值），复选框控件的方框内为空白；Value 属性值为 1 时，复选框控件的方框内显示选中标记（√）；Value 属性值为 2 时，复选框控件的方框内显示灰色的选中标记（√） （2）运行时单击复选框： ◆如果原先 Value 属性值为 0（复选框控件的方框内为空白），单击后 Value 属性值变为 1（同时复选框控件的方框内显示“√”标志） ◆如果原先 Value 属性值为 1 或 2［复选框控件的方框内为黑色或灰色的选中标记（√）］，单击后 Value 属性值变为 0（同时复选框控件的方框内显示为空白） 运行时反复单击同一复选框控件时，其 Value 属性值只能在 0、1 之间交替变换

表 6-10　　复选框的常用事件

事件名称	说　明
Click	复选框不支持鼠标双击事件，系统把一次双击解释为两次单击事件 复选框控件在程序中是为用户提供选择项目的，为了判断用户是选中还是清除了复选框，需要读取单击后复选框的 Value 属性值，从而为程序的进一步运行提供依据。所以典型的复选框单击事件中，通常都有选择结构

表 6-11　单选按钮的常用属性简介

属性名称	说明
Name	默认名称为 Option1、Option2、…，微软建议的名称前缀为 opt
Caption	设置单选按钮的标题，给出选项的内容
Alignment	决定单选按钮的圆形框的位置是靠左（默认）还是靠右
Enable	决定单选按钮是否可用
Value	返回或设置单选按钮的选中状态。Value 属性值为 False 时（默认值），单选按钮控件的圆形框内为空白；Value 属性值为 True 时，单选按钮控件的圆形框内显示选中标记（·） 运行时单击单选按钮后单选按钮的 Value 值变为 True，同时单选按钮控件的圆形框内显示选中标记（·）。与复选框不同的是，在运行时反复单击同一单选按钮控件时，其 Value 属性值只能取 True。只有单击了其他的单选按钮才会使这个单选按钮的 Value 属性值变为 False

表 6-12　单选按钮的常用事件

事件名称	说明
Click	由于单选按钮不具有像复选框一样的开关性能，单击操作就是选定操作，所以单选按钮的 Click 事件中要执行的代码段不需要选择结构控制

表 6-13　框架的常用属性

属性名称	说明
Name	默认名称为 Frame1、Frame2、…，微软建议的名称前缀为 fra
Caption	设置框架的标题，对框架的内容进行说明

6.2.3　利用控件数组简化实例 2

一、界面设计

在实例 2 的基础上进行修改：Option2～Option6 的 Name 属性按顺序都修改为 Option1，Option7～Option10 的 Name 属性按顺序都修改为 Option2，Option11～Option13 的 Name 属性按顺序都修改为 Option3。当弹出“创建一个控件数组吗？”的对话框时，单击“是”按钮，共建立三个单选按钮控件数组。

二、代码编写

```
Dim CanShu1 As String
Dim CanShu2 As Integer
Dim CanShu3 As String
Dim n1 As Integer, n2 As Integer, n3 As Integer
Dim FanHuiZhi As Integer
Dim i As Integer

Private Sub Check1_Click()
    If Check1.Value = 1 Then CanShu1 = Check1.Caption Else CanShu1 = ""
End Sub

Private Sub Check2_Click()
    If Check2.Value = 1 Then CanShu3 = Check2.Caption Else CanShu3 = ""
End Sub
```

```
Private Sub Option1_Click(Index As Integer)
    n1 = Val(Option1(Index).Caption)
    CanShu2 = n1 + n2 + n3
    FanHuiZhi = MsgBox(CanShu1, CanShu2, CanShu3)
End Sub

Private Sub Option2_Click(Index As Integer)
    n2 = Val(Option2(Index).Caption)
    CanShu2 = n1 + n2 + n3
    FanHuiZhi = MsgBox(CanShu1, CanShu2, CanShu3)
End Sub

Private Sub Option3_Click(Index As Integer)
    n3 = Val(Option3(Index).Caption)
    CanShu2 = n1 + n2 + n3
    FanHuiZhi = MsgBox(CanShu1, CanShu2, CanShu3)
End Sub
```

三、代码构思

控件数组是具有相同名称和类型并具有相同事件的一个或多个控件。每个控件数组至少含有一个控件，控件的个数最多为 32 767 个，并受系统资源和内存的限制。同一控件数组中，每个控件可以有各自不同的属性设置。在开发应用程序的过程中，如果需要多个类型相同、功能相近的控件，最好建立控件数组，因为控件数组占用的系统资源要低于同样个数的相同类型控件所占用的系统资源。

（1）在设计时创建控件数组。

1）将相同类型的控件的名称设置为相同：先在窗体上建立若干个相同类型的控件，确定哪个要作为控件数组的第一个控件，接着将其他控件的名称（Name）属性都改为与第一个控件的名称相同。在修改时，Visual Basic 会弹出一个对话框询问是否创建控件数组，单击“是”按钮即可。对于控件数组中的控件系统会自动分配它们的 Index 属性，控件数组的第一个控件的 Index 属性为 0，第二个为 1，依此类推。

2）通过复制粘贴的方法：先建立控件数组中的第一个控件，选择该控件进行“复制”操作，接着进行“粘贴”操作，同样 Visual Basic 会弹出一个对话框询问是否创建控件数组，单击“是”按钮即可。对于不只由两个控件构成的控件数组，就继续进行“粘贴”操作。这种方法建立的控件数组除了 Index 属性依次按建立的顺序自动获得相应的数值外，其他的外观属性都是相同的，用户要根据需要重新设置它们各自相应的属性。

（2）在运行时创建控件数组。在运行时要在程序中动态地增减控件，可以通过控件数组的 Load 和 UnLoad 语句实现。必须先在设计时建立一个控件，再将该控件的 Index 属性设置为 0，这样这个控件就构成只有一个控件元素的控件数组了。在运行时需要创建新的控件时，可以执行 Load 语句。Load 语句格式为：Load 控件名称（索引值）。

Load 语句创建的控件的 Visible 属性为 False，必须将 Visible 属性设置为 True，新创建的控件才是可见的。

控件数组建立后必须通过 Index 属性来区分它们。控件数组拥有共同的事件，同样也要通过参数 Index 来区分是哪个控件触发的事件。

6.3 列表框、组合框和定时器

实例 3 餐厅当日菜单制定系统

运行程序弹出如图 6-12 所示的界面，新添加的菜肴名称输入左边文本框，单击“添加”按钮，新菜肴添加到左边组合框列表，并添加到上面红色的提示标签中，运行效果如图 6-13 所示。如果文本框中内容为空，单击“添加”按钮，则弹出对话框给予提示。

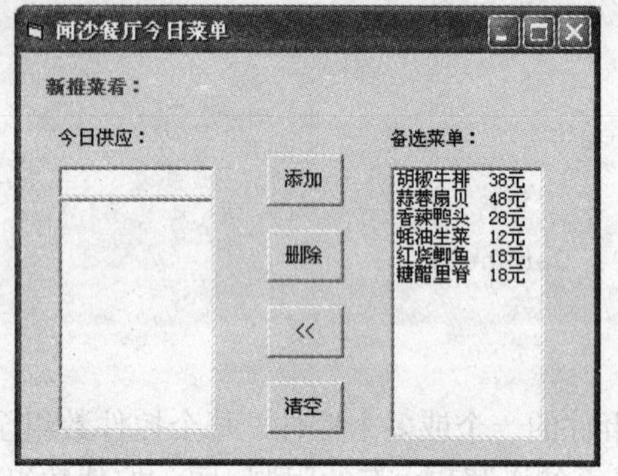

图 6-12 实例 3 的初始界面

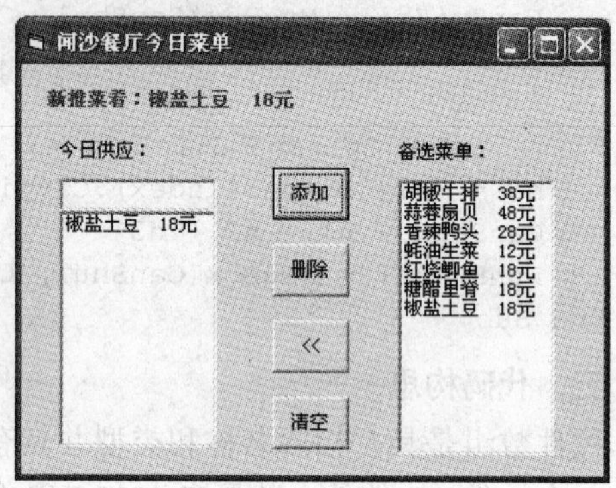

图 6-13 实例 3 单击“添加”按钮

选择左边组合框列表中的一项，单击“删除”按钮，则该项被删除。若组合框列表中没有项被选中，单击“删除”按钮，则弹出的对话框给予提示。

选择右边列表框中的一项，单击“<<”按钮，则该项移动到左边组合框的列表中。如果右边列表框中没有项被选中，单击“<<”按钮，则弹出对话框给予提示。

单击“清空”按钮，先弹出提示对话框，以免用户误操作。提示对话框有确定取消两个按钮，如果用户选择“确定”按钮，则清空左边组合框中的列表项。如果用户选择“取消”按钮，则不删除任何项。

窗体顶端显示新推菜肴的红色标签自动向右移动，每 0.1s 向右移动 50 缇。当标签移出窗体时，又从窗体左端进入，标签的右端先进入窗体。

6.3.1 实例 3 的实现

一、界面设计

窗体上添加标签控件 Label1，在属性窗口设置 Label1 的属性，前景色 ForeColor 设置为红色，Caption 属性修改为“新推菜肴”。再添加两个标签作为提示文字，Caption 属性分别修改为“今日供应”和“备选菜单”。窗体的 Caption 属性也可修改为“闸沙餐厅今日菜单”。

在左边添加组合框控件 Combo1。默认的组合框下拉列表部分是收缩在文本框下的，在运行时单击向下箭头可展开。将 Combo1 的 Style 属性由默认值 0 改为 1，则组合框的下拉列表直接展开显示。将 Combo1 的 Text 属性值清空。

在右边添加列表框控件 List1。

在中间依次添加 4 个按钮控件，其 Caption 属性依次修改为“添加”、“删除”、“<<”、“清空”。为了编写代码过程方便地区分每个按钮，将这 4 个按钮的 Name 属性依次修改为 cmdAdd、cmdDelet、cmdMove、cmdClear。

在窗体上添加一个定时器控件。

实例 3 界面设计如图 6-14 所示。添加的控件在工具箱中的位置如图 6-15 所示。

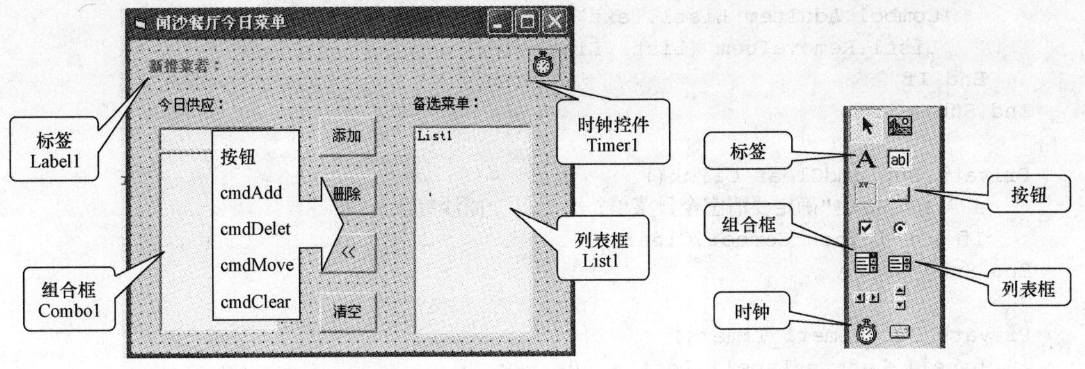

图 6-14　实例 3 的界面设计　　　　图 6-15　工具箱

二、代码编写

程序实现如下：

```
Dim s As Integer

Private Sub Form_Load()
    Timer1.Interval = 100
    List1.AddItem "胡椒牛排  38 元"
    List1.AddItem "蒜蓉扇贝  48 元"
    List1.AddItem "香辣鸭头  28 元"
    List1.AddItem "蚝油生菜  12 元"
    List1.AddItem "红烧鲫鱼  18 元"
    List1.AddItem "糖醋里脊  18 元"
End Sub

Private Sub cmdAdd_Click()
    If Combo1.Text = "" Then
        s = MsgBox("请先在左边空格内输入新菜名称和价格。", 0, "闽沙餐厅")
    Else
        Combo1.AddItem Combo1.Text
        Label1.Caption = Label1.Caption + Combo1.Text
        Combo1.Text = ""
    End If
End Sub

Private Sub cmdDelet_Click()
    If Combo1.ListIndex < 0 Then
        s = MsgBox("请先在左边列表中选择要删除的菜名。", 0, "闽沙餐厅")
    Else
        Combo1.RemoveItem (Combo1.ListIndex)
    End If
End Sub

Private Sub cmdMove_Click()
```

```
    If List1.ListIndex = -1 Then
        s = MsgBox("请先在右边列表中选择要添加的菜名。", 0, "闻沙餐厅")
    Else
        Combo1.AddItem List1.Text
        List1.RemoveItem (List1.ListIndex)
    End If
End Sub

Private Sub cmdClear_Click()
    s = MsgBox("确定要清空今日菜单？", 1, "闻沙餐厅")
    If s = 1 Then Combo1.Clear
End Sub

Private Sub Timer1_Timer()
    Label1.Left = Label1.Left + 50
    If Label1.Left > Form1.Width Then Label1.Left = -Label1.Width
End Sub
```

6.3.2　实例 3 的编程分析

一、界面构思

用户界面上如果需要罗列出若干项目，通常利用组合框或列表框来实现。

用户界面上控件的自动移动、自动变化等效果，通常利用定时器控件来实现。定时器控件用于背景进程中，它是不可见的。所以界面设计时可以放置在窗体的任意位置。

在设计窗体界面时，通常利用开发环境中的“格式”菜单来规范各控件的大小和位置。实例 3 的窗体上有 4 个按钮，用鼠标在窗体上拖划出 4 个按钮后，按下 Shift 键，同时鼠标逐个单击 4 个按钮，使得 4 个按钮同时处于选中状态。打开“格式”菜单，选择“统一尺寸”下的“两者都相同”子菜单，使得 4 个按钮大小完全统一。随后选择“对齐”下的“左对齐”子菜单，使得 4 个按钮的左边界对齐。最后选择“垂直间距”下的“相同间距”子菜单，使得 4 个按钮间的距离相等。

二、代码构思

定义变量 *s* 用于取得消息对话框的返回值，该变量不需要在各事件之间传递数值，因此可以定义为模块级变量，也可以定义为局部变量。为了不多次定义局部变量，在代码实现中将 *s* 定义为模块级变量。

定时器控件利用计算机内部的时钟，实现了由计算机控制、每隔一个时间间隔自动触发一个名为 Timer 的事件。通常程序中自动地有规律地动态显示功能可以利用定时器控件实现。定时器控件的 Interval 属性可用来设置 Timer 事件响应所需间隔的毫秒数。当 Interval 属性为 100 时，时间间隔是 0.1s。Interval 属性可以在编辑状态通过属性窗口设置，也可以在程序运行时通过窗体的 Load 事件设置。

列表框控件的 AddItem 方法用于添加列表项。格式：

```
列表框控件名.AddItem 列表项文本[,索引值]
```

功能：将列表项文本添加到列表框中。索引值可以指定列表项文本的插入位置，省略索引值则将列表项文本追加到列表框末尾。索引值必须是一个有效值，即索引值必须小于或等于列表框的 ListCount 属性值。在窗体的 Load 事件中调用列表框的 AddItem 方法，则程序运行的初始界面上列表框就可以显示出已添加的列表项。

组合框的 Text 属性可以返回组合框的文本框中的内容，若判定其值为空，则说明用户还没有填写任何字符。组合框也是通过 AddItem 方法添加列表项。

标签 Label1 的 Caption 属性已设置为“新推菜肴”，如果将 Combo1.Text 直接赋值给 Label1.Caption 就会把原有的值覆盖。利用字符串连接运算符“+”，将 Label1.Caption 中原有的字符串与 Combo1.Text 中用户刚输入的字符串连接后再赋给 Label1.Caption。

组合框和列表框的 ListIndex 属性返回或设置列表框中当前选中列表项的索引，如果没有选中任何一项，则该属性值为“–1”。

RemoveItem 是组合框和列表框删除列表项的方法。格式：

```
列表框控件名.RemoveItem 索引值
```

功能：删除列表框中指定索引值的列表项。要删除选定的列表项，可以删除列表框 ListIndex 属性返回的索引值对应的列表项。

组合框和列表框的 Clear 方法功能：清除列表框控件中所有列表项。格式：

```
列表框控件名.Clear
```

定时器控件 Timer 事件中的代码每隔 Interval 长度的时间，就执行一次。改变控件的左右位置通过修改控件的 Left 属性来实现，Left 属性值增加，控件向右移动。标签移动到窗体两端时的坐标图如图 6-16 所示。

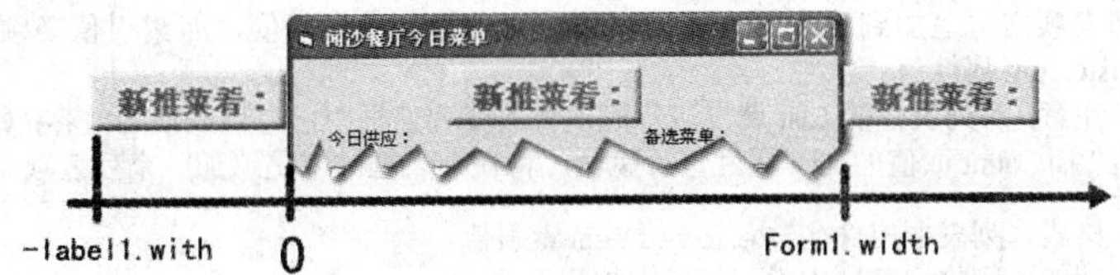

图 6-16　标签移动到窗体两端时的横坐标位置

列表框、组合框和定时器的更多属性、方法和事件，参见表 6-14～表 6-21。

表 6-14　列表框的常用属性

属性名称	说　明
Name	默认名称为 List1、List2、…，微软建议的名称前缀为 lst
List	返回或设置列表框控件的列表项。列表框控件的各个列表项是以数组的方式保存的，数组的每一个元素存储列表框控件的一个列表项。因此，利用索引可以访问列表项，列表框中第一个列表项的索引为 0，第二个列表项的索引为 1，…，依此类推 访问的格式为：列表框控件名.List(Index) 在属性窗口中设置列表框的 List 属性时，两个列表项之间用 Ctrl+Enter 键换行，如果按 Enter 键将退出 List 属性的设置
ListCount	返回列表框中列表项的个数，ListCount 属性是只读属性，不能对该属性进行赋值操作。由于列表项的索引值是从 0 开始计数，因此列表框中最后一个列表项的索引值是列表框名称.ListCount–1
ListIndex	返回或设置列表框中当前选中列表项的索引，如果没有选中任何一项，则该属性值为–1
MultiSelect	返回或设置一个值，该值指示是否能够在列表框控件中进行复选以及如何进行复选。MultiSelect 属性在运行时是只读的 ◆　MultiSelect 属性值为 0（默认值）：只能单选，若选中一个列表项，则其他列表项取消高亮显示

续表

属性名称	说　明
MultiSelect	◆　MultiSelect 属性值为 1：简单复选，鼠标单击或按下 Space（空格）键在列表中选中或取消选中项。被选中的列表项都被高亮显示 ◆　MultiSelect 属性值为 2：扩展复选，连续相邻的列表项选定可以按住 Shift 键并单击鼠标将在以前选中项的基础上扩展选择到当前选中项；或者直接用鼠标在列表框内拖动选中相邻的若干个列表项。不连续的多个列表项的选定操作可以按住 Ctrl 键并单击鼠标
Text	返回列表框中当前选中的列表项的内容，对于复选的列表框，Text 属性返回的是最后一个选中列表项的内容。列表框的 Text 属性是只读属性 注意：列表框的 Text 属性的返回值总是与列表框名称.List（列表框名称.ListIndex）的返回值相等
Selected	返回或设置在列表框中的每个列表项的选择状态。该属性是一个与 List 属性一样、有相同项数的逻辑值数组，数组的索引值也是 0～列表框名称.ListCount-1。当列表项被选中时，该列表项索引所对应的 Selected 属性值为 True，否则为 False。Selected 属性在设计时是不可用的
SelCount	返回列表框控件中被选中列表项的个数
Sorted	返回或设置一个值，指定列表框控件中的列表项是否自动排序。Sorted 属性为 False 时（默认值）不排序；Sorted 属性为 True 时，列表框控件中的列表项自动按字典顺序排序

表 6-15　　列表框的常用方法

方法名称	说　明
AddItem	格式：列表框控件名.AddItem 列表项文本[,索引值] 功能：将列表项文本添加到列表框中。索引值可以指定列表项文本的插入位置，省略索引值则将列表项文本追加到列表框末尾。索引值必须是一个有效值，即索引值必须小于或等于列表框的 ListCount 属性值 注意：对列表框的 List 属性进行赋值将改变列表框中已有列表项的内容；如果是对索引值为列表框 ListCount 取值的 List 属性进行赋值，将在列表框的末尾追加一个列表项
RemoveItem	格式：列表框控件名.RemoveItem 索引值 功能：删除列表框中索引值指定的列表项 要删除选定的列表项，可以删除列表框 ListIndex 属性返回的索引值对应的列表项
Clear	格式：列表框控件名.Clear 功能：清除列表框控件中的所有列表项

表 6-16　　列表框的常用事件

方法名称	说　明
Click	单击事件：运行时单击列表框控件的某一列表项，可以使该表项从未选状态转到选中状态，或从选中状态转到未选状态，同时触发该列表框控件的 Click 事件
DblClick	是在运行时双击列表框控件的某一列表项时触发的 根据 Windows 应用程序的操作惯例，对于列表项的操作通常是采用双击进行的，如打开一个文件列表中的文件；单击时通常是进行选定操作，然后按“确定”按钮进行确认后操作。因此，我们在设计程序时，要对选中的列表项进行相应的操作时，更多的是设计列表框的 DblClick 事件，或者是设计命令按钮的 Click 事件，较少直接设计列表框的 Click 事件

KeyPress	在列表框获得焦点时，键盘的击键将触发列表框的 KeyPress 事件。与文本框的 KeyPress 事件一样，列表框的 KeyPress 事件带有参数 KeyAscii，可以通过 KeyAscii 来判断击键的 ASCII 码。例如，要在 List1 中选定列表项并按下 Enter 键后进行操作，可以用以下的程序结构来设计程序代码：
	`Private Sub List1_KeyPress(KeyAscii As Integer)`
	`If KeyAscii = 13 Then`
	`…　　'相应的操作语句`
	`End If`
	`End Sub`

表 6-17　　　　组 合 框 的 常 用 属 性

属 性 名 称	说　　明
Name	默认名称为 Combo1、Combo2、…，微软建议的名称前缀为 cbo
List	与列表框同名属性相同
ListCount	
ListIndex	
MultiSelect	
Selected	
SelCount	
Sorted	
Style	Style 属性返回或设置组合框的样式，Style 属性是只读属性，只能在设计时设置 ◆ Style 属性值为 0（默认值），为下拉式组合框。下拉式组合框包括一个文本框和一个下拉式列表框，单击文本框右端箭头可以引出下拉式列表框，用户可以从列表框中进行选择，也可以在文本框中输入文本 ◆ Style 属性值为 1，为简单组合框。简单组合框包括一个文本框和一个非下拉式列表框，用户可以从列表框中进行选择，也可以在文本框中输入文本。如果建立该组合框控件时所画的列表框区域不够大，不能显示所有的列表项时，组合框会自动附加垂直滚动条 ◆ Style 属性值为 2，为下拉式列表框。下拉式列表框包括一个不可输入的文本框和一个下拉式列表框。单击文本框右端箭头可以引出列表框，但不能在文本框中输入文本
Text	返回或设置组合框中所选中列表项的文本或在下拉式组合框和简单组合框的文本框中输入的文本 注意：组合框控件不支持复选

表 6-18　　　　组 合 框 的 常 用 方 法

方 法 名 称	说　　明
AddItem	与列表框同名方法相同
RemoveItem	
Clear	

表 6-19　　　　组 合 框 的 常 用 事 件

方 法 名 称	说　　明
Click	与列表框同名事件相同
DblClick	
KeyPress	
Change	在组合框控件的文本框中输入了新的内容时触发组合框的 Change 事件

表 6-20　　　　定 时 器 的 常 用 属 性

属 性 名 称	说　　明
Name	默认名称为 Timer1、Timer2、…，微软建议的定时器名称前缀为 tmr
Interval	返回或设置定时器控件的 Timer 事件响应所需间隔的毫秒数 Interval 属性的取值范围为 1～65 535。当 Interval 属性值为 0 时（默认值），定时器不起作用；当 Interval 属性为 1000 时，时间间隔是 1s。注意：定时器的时间间隔并不精确，特别是当 Interval 属性设得太小时，会影响系统的性能

续表

属 性 名 称	说 明
Enabled	Enabled 属性决定定时器控件是否随时间的推移，在到达时间间隔时响应 Timer 事件。当 Enabled 属性值为 True（默认值）时，激活定时器开始计时；当 Enabled 属性值为 False 时，定时器处于休眠状态、不计时

表 6-21　定时器的常用方法

事 件 名 称	说 明
Timer	编写 Timer 事件程序代码用来告诉系统在每次 Interval 到时该做什么

6.4 综 合 实 例

在工作中，经常需要通过填写一些表格来获取信息。大量手工填写的纸质表格，对于信息的采集及分析，非常耗费时间和人力。因此可以通过 Visual Basic 窗体及控件，建立友好的用户界面，用户可以方便地填写信息，通过 Visual Basic 程序采集、存储、分析界面信息，迅速获取、应用有益信息，提高工作效率。

本章是以某校勤工助学岗位招聘的信息采集系统为综合实例。图 6-17 为该系统的主界面，综合应用到标签、文本框、命令按钮、单选按钮、框架、复选框、列表框、组合框、滚动条、定时器，共十种常用控件。

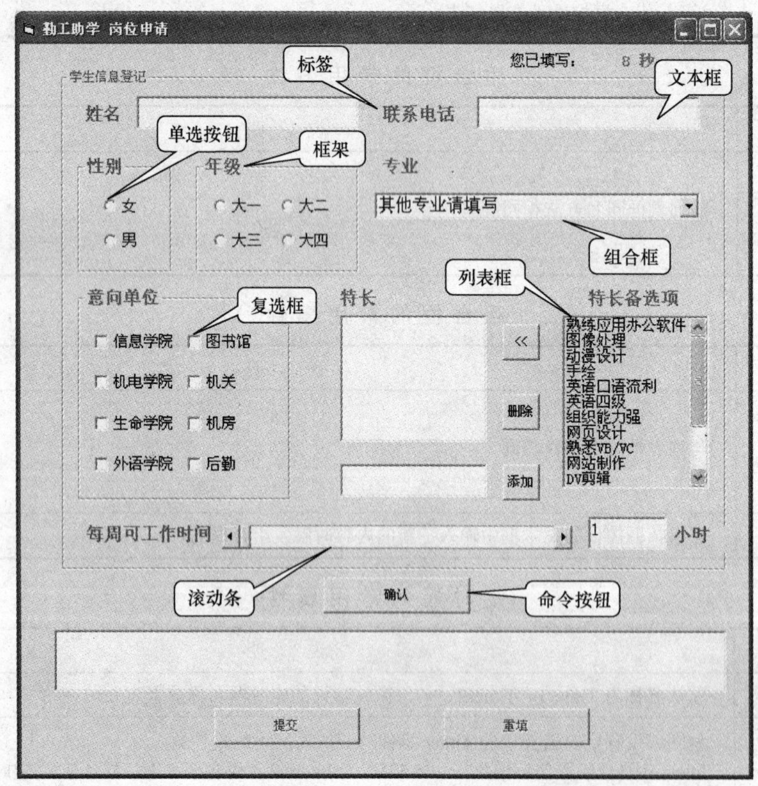

图 6-17　信息采集界面—初始状态

该系统的使用流程是，用户经过界面提示，填选好个人信息后，单击下面的“确认”按钮，系统采集用户填写的信息。常见的办公管理软件，系统采集到信息会存储到数据表中，为了简化程序，在本章中我们将采集到的所有信息汇总并显示在“确认”按钮下面的文本框中，同时启用“提交”和“重填”两个按钮，界面运行效果如图 6-18 所示。

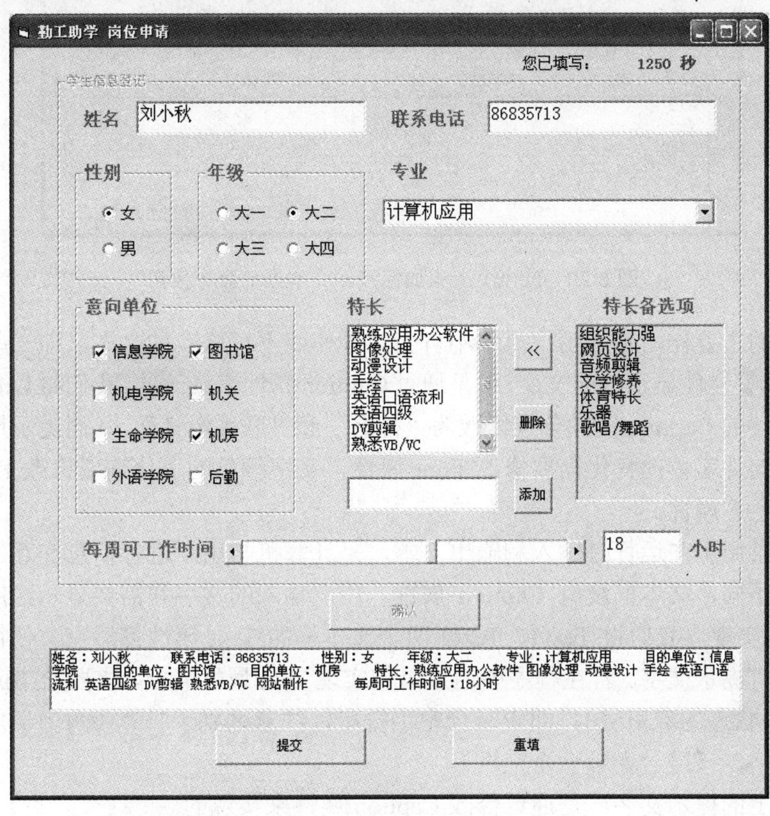

图 6-18 信息采集界面—个人信息已填

用户在信息汇总文本框中核对后，若需要修改，则单击“重填”按钮，继续填选个人信息。若信息无误，则单击“提交”按钮，进入下一个界面，运行效果如图 6-19 所示。

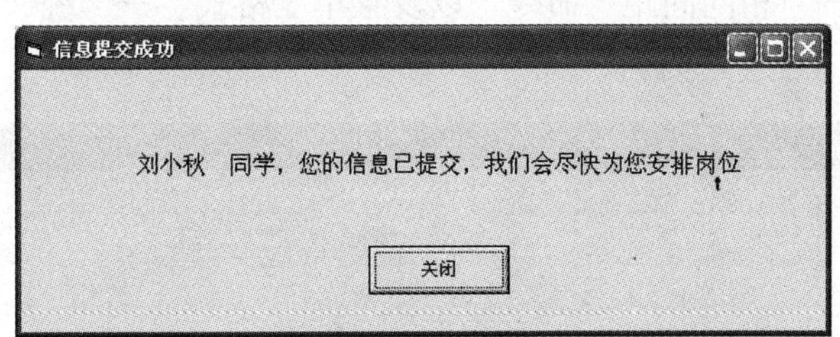

图 6-19 系统提示界面

下面，将逐步分析系统更详尽的界面及代码实现。

一、标签、文本框、命令按钮

在 Form1 上添加两个标签、三个文本框、一个命令按钮，如图 6-20 所示。控件添加后首先要修改界面上的提示文字，作为一个严谨而友好的用户界面，窗体的标题栏不能采用默认的 Form1，应修改 Form1 的 Caption 属性为“勤工俭学　岗位申请”等相关提示信息。

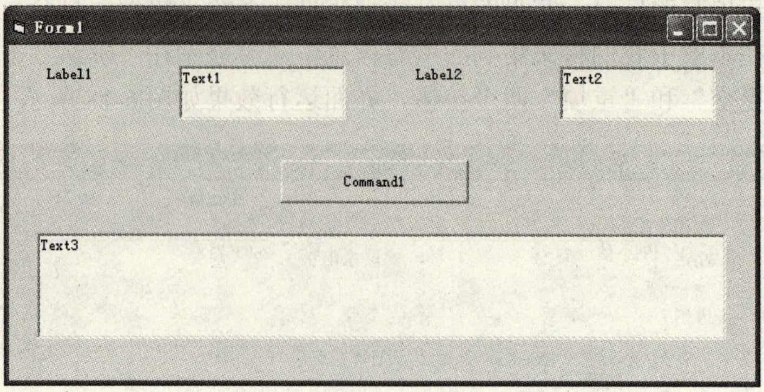

图 6-20　Form1 上添加标签、文本框和命令按钮

标签控件的主要作用是为用户显示不可交互操作或不可修改的文本，即一些提示信息。和窗体一样，标签控件显示出的文字，也是通过 Caption 属性来修改的，我们将 Label1 和 Label2 这两个标签控件的 Caption 属性分别修改为“姓名”和“联系电话”，从而提示用户应填写相关内容。标签控件字体的变化需要修改 Font 属性，文字颜色的变化需要修改 ForeColor（中文直译：前景色）属性。

文本框通常用于在运行时输入和输出文本，是计算机与用户进行信息交互的控件。与窗体和标签控件不同，文本框没有 Caption 属性。用户输入的文字和需要显示给用户的内容都通过 Text 属性实现。我们将 Text1、Text2 两个文本框的 Text 属性都清空，使得在界面上两个文本框内没有提示文字。若在程序中通过语句实现 Text 属性清空，需要给 Text 属性赋值""（连续两个半角状态的双引号），即表示全空字符串，注意区别于" "（两个半角状态的双引号中加一个空格，该符号表示一个空格）。

命令按钮上的提示文字，是通过修改 Caption 属性来实现的。

通过修改图 6-20 中各控件的上述属性，界面效果如图 6-21 所示。为了界面的整齐美观，我们可以在按下 Shift 键的同时，单击 Label1、Text1、Label2、Text2 四个控件，使得它们同时处于选中状态，执行菜单“格式”—“对齐”—“顶端对齐”命令，菜单“格式”—“水平间距”—“相同间距”命令，以及菜单“格式”—“统一尺寸”—“两者都相同”命令。

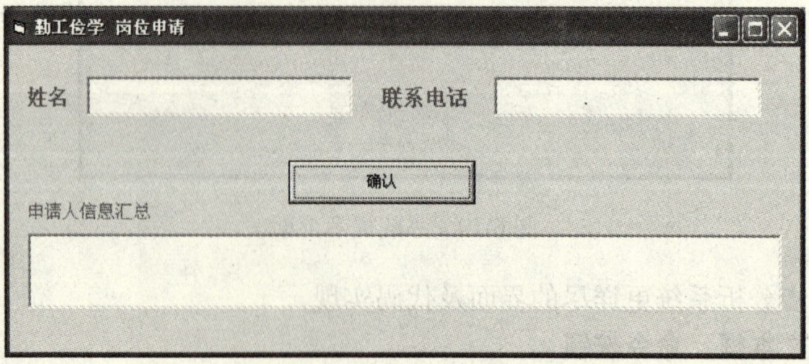

图 6-21　修改标签、文本框和命令按钮属性后

此时仅有界面而已，需要编写程序实现以下功能：单击“确认”按钮后，用户填写的姓名和电话信息显示在信息汇总文本框中。

“确认”按钮原名为Command1，修改其Name属性为cmdOK。Text1修改Name属性为txtName，Text2 修改 Name 属性为 txtPhone。修改下面的信息汇总文本框的 Name 属性为txtAllinformation。

命令按钮的常用事件是 Click 事件，命令按钮的功能是通过编写命令按钮的 Click 事件程序代码实现的。分析程序功能：单击按钮，执行功能。因此对应程序应写在 cmdOK的 Click 事件中。在工程编辑状态双击 cmdOK 按钮，进入 Form1 的代码窗口编写如下代码。

```
Private Sub cmdOK_Click()
   txtAllinformation.Text = "姓名：" + txtName.Text
   txtAllinformation.Text =txtAllinformation.Text + "联系电话："+ xtPhone.Text
End Sub
```

txtName是用户填写姓名的文本框，其Text属性可以提取用户填写的信息，即用户姓名。“姓名”是固定字符串，txtName 的 Text 属性可以返回用户填写的字符串。“+”起到连接这两个字符串产生一个新字符串的作用，最后通过“=”将连接好的字符串赋给txtAllinformation的Text属性，起到显示的作用。

再添加联系电话时，如果程序写成：

```
txtAllinformation.Text ="      联系电话：" + txtPhone.Text
```

就会造成之前的姓名信息被新的赋值冲掉，仅保留最新的内容。因此，要写成：

```
txtAllinformation.Text = txtAllinformation.Text + "联系电话：" + txtPhone.Text
```

注意：在赋值号左右两边两次出现 txtAllinformation.Text，它们的作用完全不同。赋值号右边的 txtAllinformation.Text 起到返回文本框中已有字符串的作用，而赋值号左边的txtAllinformation.Text 起到设置文本框显示内容的作用。文本框的 Text 属性具有返回和设置文本框中文本的双重作用。

二、单选按钮、框架

单选按钮是提供选项的控件。显示在选择圆圈旁的提示文字，可以通过 Caption 属性修改。程序在运行状态，单击单选按钮，其圆圈内会出现黑色圆点，表明该单选按钮处于选中状态，同时自动取消这组按钮中其他单选按钮的选中标记。

在Form1上添加6个单选按钮，修改其Caption属性后运行如图6-22所示。在运行状态，6个单选按钮只能有一个处于选中状态。Visual Basic中，在同一个容器内的单选按钮构成一组，用户只能选中一组单选按钮中的一个。如果要实现分组，就要用到框架控件。

框架控件的主要作用是对窗体上的控件进行分组，它是一个容器控件。

先在Form1上拖划出两个框架，分别修改其Caption属性来修改框架顶端的提示文字，提示文字的字体及颜色修改通过Font和ForeColor属性。然后结合Shift键，同时选中性别对应的两个单选按钮，通过快捷键 Ctrl＋X 实现剪切，单击第一个框架，通过快捷键 Ctrl＋V实现粘贴，最后调整两个单选按钮在框架中的位置，调整框架在窗体中的位置。同样的方法，可以把四个年级单选按钮添加到第二个框架，如图6-23所示。

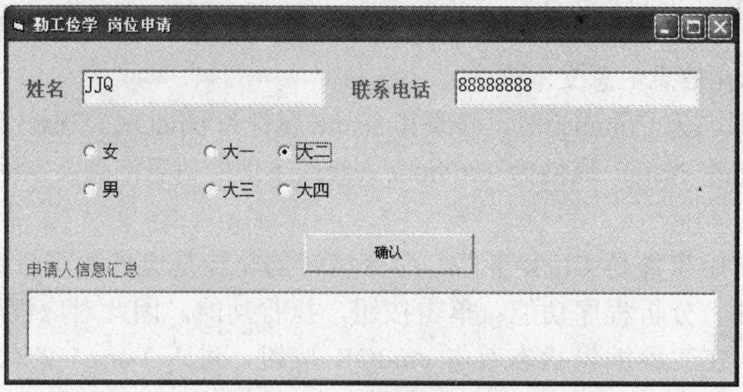

图 6-22 添加单选按钮

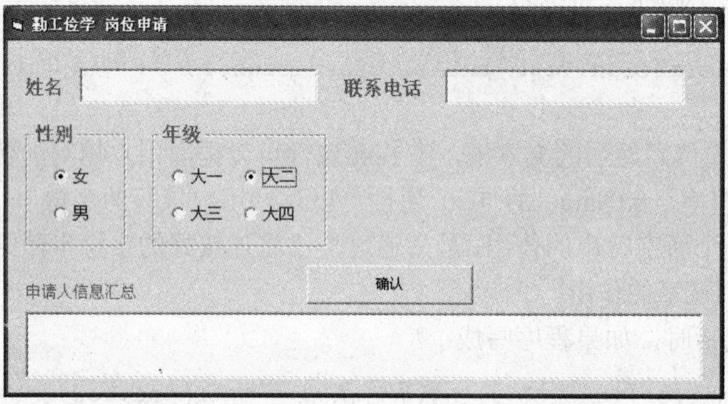

图 6-23 添加框架

单选按钮的 Value 属性返回或设置单选按钮的选中状态。Value 属性值为 False 时（默认值），单选按钮处于选中状态；Value 属性值为 True 时，单选按钮未被选中。为了能把性别和年级信息加入下面汇总文本框，需要在 cmdOK 按钮的 Click 事件中添加如下代码：

```
Private Sub cmdOK_Click()

    txtAllinformation.Text = "姓名: " + txtName.Text
    txtAllinformation.Text=txtAllinformation.Text+"联系电话:"+txtPhone.Text

    txtAllinformation.Text = txtAllinformation.Text + "性别:"
    If optFemale Then
       txtAllinformation.Text = txtAllinformation.Text + optFemale.Caption
    Else
       txtAllinformation.Text = txtAllinformation.Text + optMale.Caption
    End If

    txtAllinformation.Text = txtAllinformation.Text + "年级: "
    If optGrade1 Then
       txtAllinformation.Text = txtAllinformation.Text+"大一"
    ElseIf optGrade2 Then
       txtAllinformation.Text = txtAllinformation.Text+"大二"
    ElseIf optGrade3 Then
       txtAllinformation.Text = txtAllinformation.Text+"大三"
    ElseIf optGrade4 Then
       txtAllinformation.Text = txtAllinformation.Text+"大四"
    End If

End Sub
```

新增代码

单击“确认”按钮，也就意味着用户信息填写完毕，一般信息系统会要求界面上的各个控件都变成不可编辑状态。对应地将每个控件的 Enable 属性修改为 False。例如：

```
txtName.Enabled = False
txtPhone.Enabled = False
optFemale.Enabled = False
optMale.Enabled = False
……
```

界面上将会有很多个采集信息的控件，这样的语句就要写很多条。为了简化起见，我们在 Form1 上添加一个框架 Frame1，修改 Name 属性为 fraBig（为了编程方便），把需要同时禁用的控件都剪切、粘贴放到这一个容器里，并修改框架的 Caption 属性为“学生信息登记”，以及 ForeColor 属性为蓝色，如图 6-24 所示。

在 cmdOK 的 Click 事件中，只需要添加一句程序：

```
fraBig.Enabled = False
```

即可实现将框架中的所有控件设为不可编辑状态。

三、复选框、控件数组

复选框控件是提供选项的控件，可以实现多选。单击后“☑”代表选中状态，再次单击“□”代表清除状态。每个复选框之间都相互独立，不受其余复选框的影响。

复选框不需要利用框架分组。但是，为了界面效果规范整齐，还是把 Form1 上添加的复选框放在一个框架内，效果如图 6-24 所示。

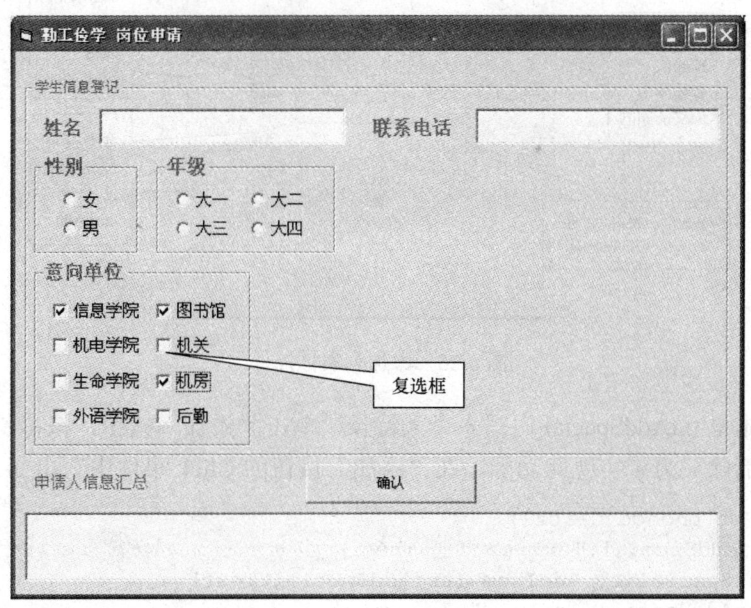

图 6-24 添加复选框

如果添加的 8 个复选框名称分别为 Check1、Check2、Check3、…、Check8，如要判断用户选择了哪些选项，并将选中的结果显示在 txtAllinformation 文本框中，则需要分别对这 8 个复选框的 Value 属性来进行判断，即类似如下的代码，要重复写 8 遍，复选框越多，重复的代码越多。

```
If Check1.Value < > 0 Then
      txtAllinformation.Text = txtAllinformation.Text + Check1.Caption + "/"
End If
```

可以运用控件数组来实现程序的简化。

控件数组是具有相同名称和类型并具有相同事件的一个或多个控件。把 8 个复选框的 Name 属性都改为 chkDestination，最后在 cmdOK 的 Click 事件中添加如下代码。

```
txtAllinformation.Text = txtAllinformation.Text + "         意向单位："
      '字符串意向单位只需要显示一次，所以不能将该语句放入循环
For i = 0 To 7
 If chkDestination(i).Value <> 0 Then
 txtAllinformation.Text = txtAllinformation.Text + chkDestination(i).Caption + "/"
  End If
Next i
```

四、列表框、组合框

列表框控件通过列表形式为用户提供选项，当列表项的内容超出列表框的大小时，列表框会自动提供滚动条供用户进行列表项的定位和选择。

窗体上添加控件如图 6-25 所示。

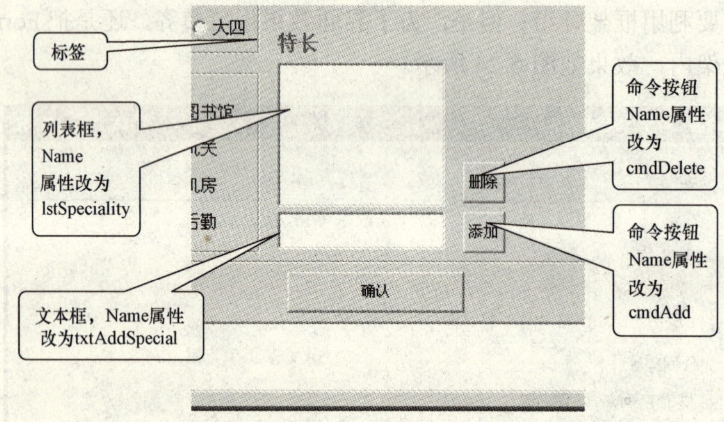

图 6-25　添加列表框控件

用户在文本框 txtAddSpecial 内写入个人特长，单击“添加”按钮，该特长加入列表框，并从文本框中清除。为了实现此功能，在“添加”按钮的 Click 事件中写出如下代码：

```
Private Sub cmdAdd_Click()
    If txtAddSpecial.Text <> " " Then
        lstSpeciality.AddItem (txtAddSpecial.Text)
        txtAddSpecial.Text = " "
    End If
End Sub
```

在将 txtAddSpecial 文本框中的信息添加到列表框之前，先要判断用户是否已填写内容，所以采用 IF 语句判断，如果字符串全空，则不添加。如果判断用户填写内容不为空，则利用列表框 lstSpeciality 的 AddItem 方法添加内容。

最后给文本框的 txtAddSpecial 的 Text 属性赋值为空字符串，实现将文本框内容清空。

用户选中列表框中的项目，单击“删除”按钮，该项目从列表框中删除。

```
Private Sub cmdDelete_Click()
   If lstSpeciality.ListIndex = -1 Then
      i = MsgBox("请先选择需要删除的特长。", 0, "删除特长")
   Else
      lstSpeciality.RemoveItem (lstSpeciality.ListIndex)
   End If
End Sub
```

从列表框中删除项目，要利用列表框的 RemoveItem 方法。列表框的 ListIndex 属性返回或设置列表框中当前选中列表项的索引。列表框的 RemoveItem 方法和 ListIndex 属性结合使用，可以实现删除用户当前选中的列表项。但如果用户没有选择任何列表项，lstSpeciality.RemoveItem (lstSpeciality.ListIndex) 代码在运行时就会出错。所以在调用 RemoveItem 方法之前，利用 IF 语句对 ListIndex 属性值进行判断，如果没有选中任何一项，则该属性值为“–1”。

为提高用户使用系统填写信息时的工作效率，一些常见的学生特长可以通过列表框在界面上体现出来，供用户选择，就不需要进行文字录入了。在窗体上添加一个按钮，Name 属性修改为 cmdMove，Caption 属性修改为“<<”表示移动。添加一个列表框，Name 属性修改为 lstSelect，背景色属性 BackColor 修改为灰色，以与左边的列表框有所区别。在 lstSelect 列表框上添加标签控件，Caption 属性修改为“特长”，各选项界面效果如图 6-26 所示。

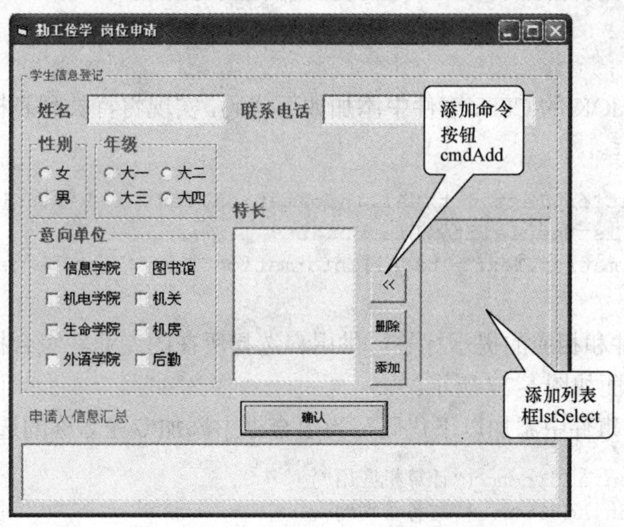

图 6-26　添加特长备选项功能

在窗体的 Load 事件中利用列表框的 AddItem 方法，为 lstSelect 添加若干列表项。添加代码如下：

```
Private Sub Form_load()
   lstSelect.AddItem ("熟练应用办公软件")
   lstSelect.AddItem ("图像处理")
   lstSelect.AddItem ("动漫设计")
```

```
    lstSelect.AddItem ("手绘")
    lstSelect.AddItem ("英语口语流利")
    lstSelect.AddItem ("英语四级")
    lstSelect.AddItem ("组织能力强")
    lstSelect.AddItem ("网页设计")
    lstSelect.AddItem ("熟悉 VB/VC")
    lstSelect.AddItem ("网站制作")
    lstSelect.AddItem ("DV 剪辑")
    lstSelect.AddItem ("音频剪辑")
    lstSelect.AddItem ("文学修养")
    lstSelect.AddItem ("体育特长")
    lstSelect.AddItem ("乐器")
    lstSelect.AddItem ("歌唱/舞蹈")
End Sub
```

在按钮 cmdMove 的 Click 事件中添加如下所示的代码，实现将用户在右边特长备选项列表框中选中的列表项添加到左边特长列表框，并将右边列表框中的该项删除。用户看上去的视觉效果是好像该选项从右边列表框移到了左边列表框。

```
Private Sub cmdMove_Click()
    If lstSelect.ListIndex = -1 Then
        i = MsgBox("请先在备选项中选择属于您的特长。", 0, "特长")
    Else
        lstSpeciality.AddItem (lstSelect.Text)
        lstSelect.RemoveItem (lstSelect.ListIndex)
    End If
End Sub
```

最后在按钮 cmdOK 的 Click 事件中添加如下代码，实现将特长列表框中的列表项全部添加到信息汇总文本框。

```
txtAllinformation.Text = txtAllinformation.Text + " 特长:"
For i = 0 To lstSpeciality.ListCount - 1
   txtAllinformation.Text = txtAllinformation.Text + lstSpeciality.List(i) + "/"
Next i
```

添加组合框控件和相应的提示标签，供用户选择所在的专业。组合框 Name 属性修改为 combProfession。界面如图 6-27 所示。

在窗体的 Load 事件中添加以下代码，为组合框中添加专业名称的选项。

```
combProfession.AddItem ("计算机应用")
combProfession.AddItem ("财务管理")
combProfession.AddItem ("法学")
combProfession.AddItem ("工商管理")
combProfession.AddItem ("公共事业管理")
combProfession.AddItem ("财务管理")
combProfession.AddItem ("国际经济与贸易")
combProfession.AddItem ("汉语言文学")
combProfession.AddItem ("市场营销")
combProfession.AddItem ("英语")
```

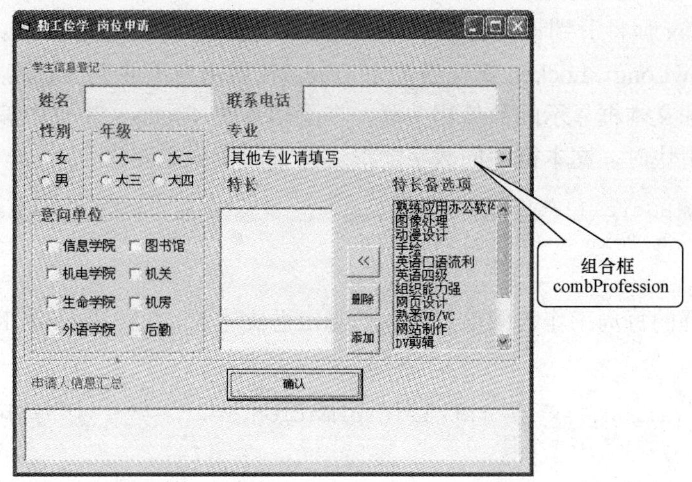

图 6-27 添加专业选择功能

如果用户的专业并不在下拉列表项中，允许用户直接在组合框的文本框内输入自己的专业。在单击“确认”按钮后，用户填写的专业除了添加到信息汇总文本框外，还会添加到组合框的下拉列表项中。实现此功能需要在按钮 cmdOK 的 Click 事件中添加以下代码。

```
txtAllinformation.Text = txtAllinformation.Text + "专业:"+combProfession.Text
    '用户选择的专业信息添加入信息汇总文本框
If combProfession.Text <> combProfession.List(combProfession.ListIndex) Then
   combProfession.AddItem (combProfession.Text)
End If
```

五、滚动条、定时器

在窗体界面上继续添加滚动条控件如图 6-28 所示。

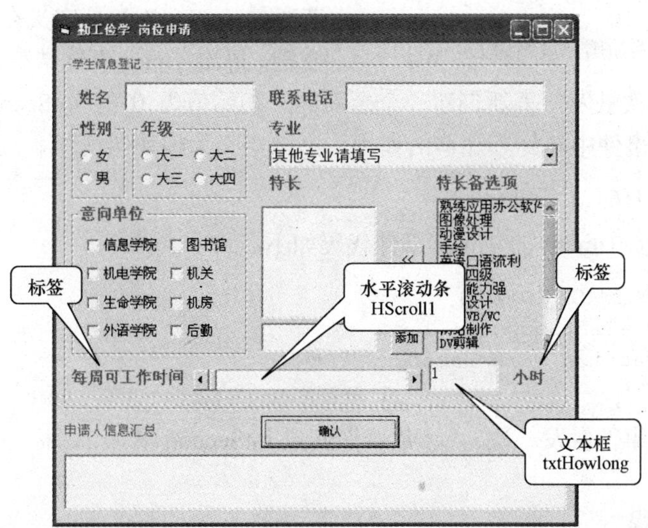

图 6-28 添加滚动条控件

窗体上除添加提示标签外，在框架内添加一个水平滚动条和一个文本框。将水平滚动条的 Min 属性和 Max 属性分别设置为 1 和 30，LargeChange 属性设置为 10。文本框的 Name 属性修改为 txtHowLong，Locked 属性设置为 True，使得用户不能直接修改文本框内的数值。为将水平滚动条和文本框显示的数值相关联，在滚动条的 Change 事件中编写如下代码。这样当拖动滚动条滑块时，文本框中的数字随滑块位置的变化而变化。

```
Private Sub HScroll1_Change()
    txtHowLong.Text = HScroll1.Value
End Sub
```

为将用户选择的每周工作时间信息加入信息汇总文本框，在按钮 cmdOK 的 Click 事件中添加如下代码：

```
txtAllinformation.Text = txtAllinformation.Text + "      每周可工作时间：" _
+ txtHowLong.Text + "小时      "
```

在很多管理信息系统中，为保证系统安全，往往设定当前界面在一定时间内有效，超时则失效，往往会在界面上给出操作时间的提示。在窗体顶端添加定时器控件 Timer1 和标签控件，如图 6-29 所示。

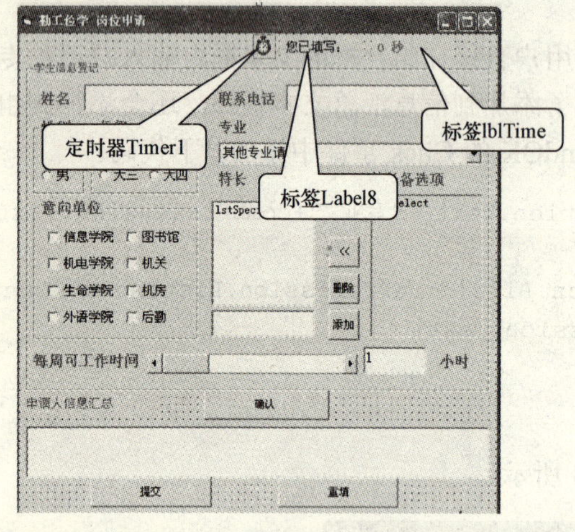

图 6-29　添加用户填写时长

添加的两个标签，第一个标签只用来显示固定字符串“您已填写”。第二个标签的 Name 属性修改为 lblTime，并将属性 ForeColor 修改为红色。

添加定时器控件 Timer1，在属性窗口设置 Timer1 的 Interval 属性为 1000。在代码窗口顶端定义模块级变量 intSecond。注意：该变量必须定义为模块级变量，不能在事件过程内定义。若变量 intSecond 是定义在事件过程内的局部变量，每次 Timer 事件结束，该变量将被清除。每次 Timer 事件再次触发，重新创建一个全新的、初始值为 0 的 intSecond。为了能让变量 intSecond 在 Timer 事件中起到累加器的作用，必须定义为模块级变量。

```
Dim intSecond As Integer
```

在代码窗口添加 Timer1 的 Timer 事件代码如下。

```
Private Sub Timer1_Timer()
    intSecond = intSecond + 1
    lblTime.Caption = intSecond & " 秒"
End Sub
```

每隔 1s Timer 事件触发一次，“计数器”变量 intSecond 增加 1，标签 lblTime 的 Caption 属性也随之增加 1。

六、多窗体工程

常见的信息系统，当用户录完信息确定后，会要求用户核对已录入的信息。如果发现错误，可选择继续修改，检查无误，则提交信息。信息存储无误后，系统返回提示信息。

在信息汇总文本框的下面添加两个按钮控件，将 Name 属性分别修改为 cmdSubmit 和

cmdRewrite，Caption 属性分别修改为“提交”和“重填”，如图 6-30 所示。

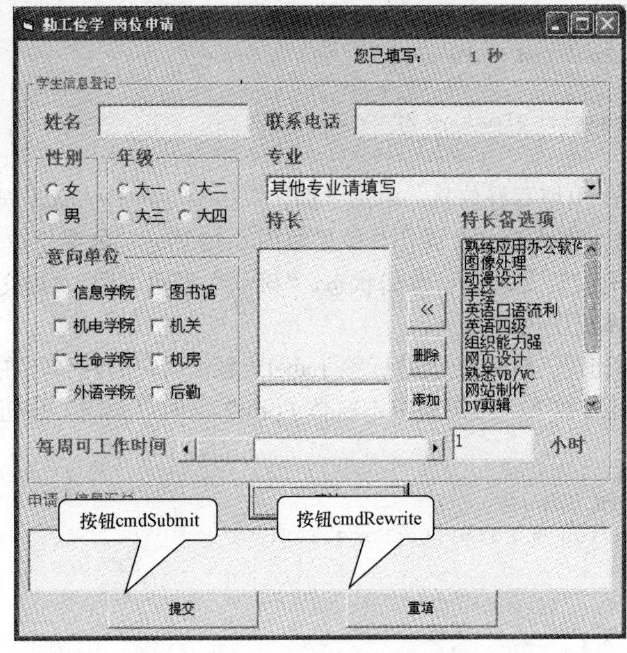

图 6-30　添加“提交”和“重填”按钮

单击开发环境中的菜单项“工程”下的子菜单“添加窗体”，为工程添加一个 Name 属性为 Form2 的窗体。

修改窗体 Form2 的 Caption 属性为“信息提交成功”，并在窗体上添加两个标签 Label1 和 Label2，一个按钮 Command1。界面效果如图 6-32 所示。其中，标签 Label1 在运行时用来显示用户在窗体 Form1 中填写的姓名信息。

图 6-31　窗体 Form2 的编辑状态

在代码窗口添加 cmdSubmit 和 cmdRewrite 两个按钮的 Click 事件过程如下：

图 6-32　窗体 Form2 的运行效果

```
Private Sub cmdSubmit_Click()
   Form2.Show
   Form1.Hide
End Sub

Private Sub cmdRewrite_Click()
   fraBig.Enabled = True
```

```
    cmdOK.Enabled = True

    cmdSubmit.Enabled = False
    cmdRewrite.Enabled = False

    txtAllinformation.Text = ""
End Sub
```

用户在窗体 Form1 中填写好信息，单击“确认”按钮并核对信息无误后，单击“提交按钮”。窗体 Form1 隐藏，窗体 Form2 弹出，效果如图 6-32 所示。如果用户单击“重填”按钮，则框架 fraBig 中的所有控件都转为可编辑状态，“确认”按钮可用，“提交”和“重填”按钮不可用，信息汇总文本框的内容清空。

为能使 Form2 弹出时，Form2 上的标签 Label1 显示用户的姓名，在代码窗口添加窗体 Form2 的 Load 事件过程如下。当用户单击窗体 Form2 上的“关闭”按钮时，整个程序结束运行。

```
Private Sub Form_load()
    lblName.Caption = Form1.txtName.Text
End Sub

Private Sub Command1_Click()
    End
End Sub
```

窗体 Form1 代码窗口中的所有代码如下：

```
Dim intSecond As Integer

Private Sub Form_load()
    lstSelect.AddItem ("熟练应用办公软件")
    lstSelect.AddItem ("图像处理")
    lstSelect.AddItem ("动漫设计")
    lstSelect.AddItem ("手绘")
    lstSelect.AddItem ("英语口语流利")
    lstSelect.AddItem ("英语四级")
    lstSelect.AddItem ("组织能力强")
    lstSelect.AddItem ("网页设计")
    lstSelect.AddItem ("熟悉 VB/VC")
    lstSelect.AddItem ("网站制作")
    lstSelect.AddItem ("DV 剪辑")
    lstSelect.AddItem ("音频剪辑")
    lstSelect.AddItem ("文学修养")
    lstSelect.AddItem ("体育特长")
    lstSelect.AddItem ("乐器")
    lstSelect.AddItem ("歌唱/舞蹈")

    combProfession.AddItem ("计算机应用")
    combProfession.AddItem ("财务管理")
    combProfession.AddItem ("法学")
    combProfession.AddItem ("工商管理")
    combProfession.AddItem ("公共事业管理")
```

```
        combProfession.AddItem ("财务管理")
        combProfession.AddItem ("国际经济与贸易")
        combProfession.AddItem ("汉语言文学")
        combProfession.AddItem ("市场营销")
        combProfession.AddItem ("英语")
    End Sub

    Private Sub cmdOK_Click()
        txtAllinformation.Text = "姓名: " + txtName.Text
        '固定字符串“姓名:”和用户输入的姓名连接成一个串，赋给汇总文本框的Text属性
        txtAllinformation.Text=txtAllinformation.Text+"联系电话:" + txtPhone.Text
        '赋值号右边的txtAllinformation.Text代表Text属性中的原有值，赋值号左边代表赋值
后新的Text属性

        txtAllinformation.Text = txtAllinformation.Text + "性别:"
        If optFemale Then
           txtAllinformation.Text = txtAllinformation.Text + optFemale.Caption
        Else
           txtAllinformation.Text = txtAllinformation.Text + optMale.Caption
        End If

        txtAllinformation.Text = txtAllinformation.Text + "年级:"
        If optGrade1 Then
           txtAllinformation.Text = txtAllinformation.Text + "大一"
        ElseIf optGrade2 Then
           txtAllinformation.Text = txtAllinformation.Text + "大二"
        ElseIf optGrade3 Then
           txtAllinformation.Text = txtAllinformation.Text + "大三"
        ElseIf optGrade4 Then
           txtAllinformation.Text = txtAllinformation.Text + "大四"
        End If

        txtAllinformation.Text = txtAllinformation.Text + "意向单位:"
        '固定字符串“意向单位”只需要显示一次，所以不能将该语句放入循环
        For i = 0 To 7
           If chkDestination(i).Value <> 0 Then
               txtAllinformation.Text=txtAllinformation.Text+chkDestination(i).
Caption + "/"
           End If
        Next i

        txtAllinformation.Text = txtAllinformation.Text + "特长:"
        For i = 0 To lstSpeciality.ListCount-1
           txtAllinformation.Text= txtAllinformation.Text+ lstSpeciality.List(i)
+ "/"
        Next i

        txtAllinformation.Text=txtAllinformation.Text+"专业: "+combProfession.Text
        '用户选择的专业信息添加入信息汇总文本框
        If combProfession.Text <> combProfession.List(combProfession.ListIndex)
Then
```

```
        combProfession.AddItem (combProfession.Text)
    End If

    txtAllinformation.Text = txtAllinformation.Text +"每周可工作时间: "+txtHowL-
ong.Text + "小时 "

    fraBig.Enabled = False
End Sub


Private Sub cmdAdd_Click()
    If txtAddSpecial.Text <> "" Then
        lstSpeciality.AddItem (txtAddSpecial.Text)
        txtAddSpecial.Text = ""
    End If
End Sub


Private Sub cmdDelete_Click()
    If lstSpeciality.ListIndex = -1 Then
        i = MsgBox("请先选择需要删除的特长。", 0, "删除特长")
    Else
        lstSpeciality.RemoveItem (lstSpeciality.ListIndex)
    End If
End Sub

Private Sub cmdMove_Click()
    If lstSelect.ListIndex = -1 Then
        i = MsgBox("请先在备选项中选择属于您的特长。", 0, "特长")
    Else
        lstSpeciality.AddItem (lstSelect.Text)
        lstSelect.RemoveItem (lstSelect.ListIndex)
    End If
End Sub

Private Sub HScroll1_Change()
    txtHowLong.Text = HScroll1.Value
End Sub

Private Sub cmdSubmit_Click()
    Form2.Show
    Form1.Hide
End Sub

Private Sub cmdRewrite_Click()
    fraBig.Enabled = True
    cmdOK.Enabled = True

    cmdSubmit.Enabled = False
    cmdRewrite.Enabled = False
```

```
    txtAllinformation.Text = ""
End Sub

Private Sub Timer1_Timer()
    intSecond = intSecond + 1
    lblTime.Caption = intSecond & " 秒"
End Sub
```

习　　题

6-1　程序设计

编写程序，实现图6-33的功能。

（1）单击“开始”按钮，标签“祝您学好Visual Basic！”文字在定时器控制下自动交替以红蓝两种颜色显示，同时“开始”按钮变为“停止”按钮。

（2）单击“停止”按钮，标签“祝您学好Visual Basic！”文字停止闪烁，同时“停止”按钮变为“开始”按钮。

（3）要求程序开始运行时，标签文字的字体为“宋体”，字型为“粗体”，大小为“二号”，文字颜色为“红色”，并且水平居中。

6-2　程序设计

编写程序，实现如图6-34所示的功能：

（1）在窗体上放置两个列表框控件，在它的list中输入一些内容。

（2）当单击“<”按钮时，把list2中选中的一项放到list1中，并且在list2中删除该项。

（3）当单击“<<”按钮时，把list2中的所有项放到list1中，并且清空list2。

（4）当单击“>”按钮时，把list1中选中的一项放到list2中，并且在list1中删除该项。

6-3　程序设计

编写程序，实现如图6-35所示的功能：

（1）取消窗体（Form）的最大化和最小化按钮。

（2）当单击命令按钮时，实现窗体放大功能，放大后再单击该按钮则还原窗口。

（3）同时可使用热键ALT+L和ALT+S实现窗体的放大或还原。

（4）当窗体大小改变后，总是让命令按钮位于窗口的中央。

图6-33　习题6-1图

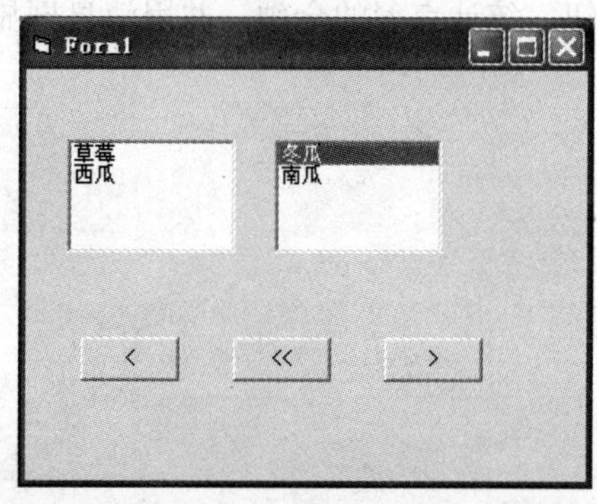

图6-34　习题6-2图

图6-35　习题6-3图

6-4　程序设计

编写程序，实现如图 6-36 所示的功能：

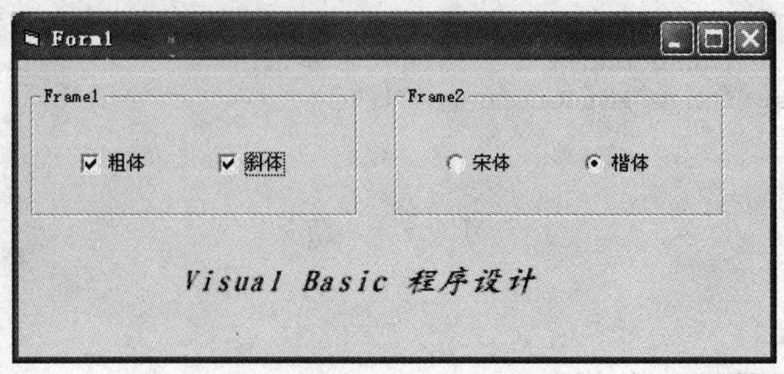

图 6-36　习题 6-4 图

（1）框架 Frame1 中有一个复选框数组，可以选择粗体、斜体对标签中的文字进行修饰。

（2）框架 Frame2 中有一个单选按钮数组，可以选择宋体或楷体对标签中的文字进行修饰。

（3）标签 Label1 的文字内容为“Visual Basic 程序设计”，宋体，常规，三号；字体对齐方式为居中。

6-5　程序设计

编写程序，实现如图 6-37、图 6-38 所示的功能。

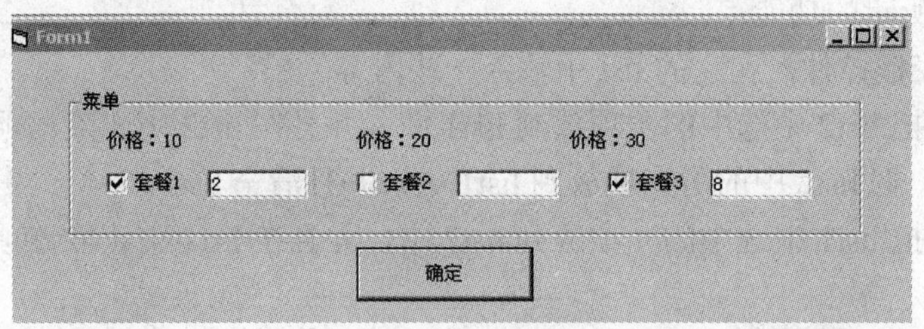

图 6-37　习题 6-5 图（一）

图 6-38　习题 6-5 图（二）

（1）“菜单”框架中由复选框提供三种套餐，右边的文本框数组中可以输入数量。

（2）要求文本框只接受数字键，并且只有选取了相应的套餐后才能进行输入；如果没有选取套餐，那么文本框不能编辑并且清空。

（3）单击“确定”按钮，统计点餐的金额，并用消息框显示出来。

第 7 章　图形控件与图形方法

Visual Basic 集成开发环境提供了一系列图形处理函数、语句和方法，允许用户直接在窗体或者控件上生成图形图像，并实时加以处理。另外，该开发环境提供了一组图形控件，如图片框控件、影像框控件、形状控件、直线控件、容器控件等，支持所见即所得的用户界面编辑。本章将结合实际例子阐述 Visual Basic 集成开发环境所提供的图形控件和有关方法的使用。

【学习目标】

- 熟练掌握基本图形控件和图形方法的使用，并能根据用户需求设计常见的用户界面
- 熟练掌握图片框控件、影像框控件、形状控件和直线控件的常用属性、事件和方法
- 熟练掌握使用颜色、画点、画线、画矩形和画圆的图形方法
- 了解 Visual Basic 开发环境中坐标系的有关概念

7.1　图形控件学习实例

Visual Basic 集成开发环境中，提供了丰富的图形控件，其中最常用的有图片框（Picture Box）控件和影像框（Image）控件两种。

图片框控件不仅可以为用户显示图片，还可以作为其他控件的容器控件，另外，该控件还具有 Print 方法，因此图片框控件还可以输出文本。图片框控件的属性主要有 Picture、AutoSize 和 Align 三个，其中 Picture 属性可以在程序设计阶段为图片框加载图形，也可以在程序运行阶段，通过 LoadPicture 方法为该属性加载图形。格式如下：

图片框控件实例名称.Picture = LoadPicture("图形文件名")

图片框控件的 Autosize 属性用来调整图片框的大小以适应载入图片的尺寸。图片框控件的 Align 属性用来设置图片框控件在窗体中的显示位置。

Image 控件与 PictureBox 控件相似，但它只用于显示图片，不能作为其他控件的容器，也不支持 PictureBox 的高级方法。图片加载于 Image 控件的方法和它们加载于 PictureBox 中的方法一样。设计时，将 Picture 属性设置为文件名和路径，运行时，利用 LoadPicture 函数。Image 控件调整大小的行为与 PictureBox 不同。它具有 Stretch 属性，而 PictureBox 具有 AutoSize 属性。将 AutoSize 属性设为 True 可使 PictureBox 根据图片调整大小，设为 False 则图片将被剪切（只有一部分图片可见）。Stretch 属性设为 False（默认值）时，Image 控件可根据图片调整大小。将 Stretch 属性设为 True 将根据 Image 控件的大小来调整图片的大小，这可能使图片变形。

实例 1　图片框和影像框的使用

通过编程，实现将指定图片加载到图片框和影像框中，并给加载到图片框中的图片添加注释。

7.1.1 实例 1 的实现

一、界面实现

本实例的界面设计如图 7-1 所示，其中的图片框控件和影像框控件是练习的重点。

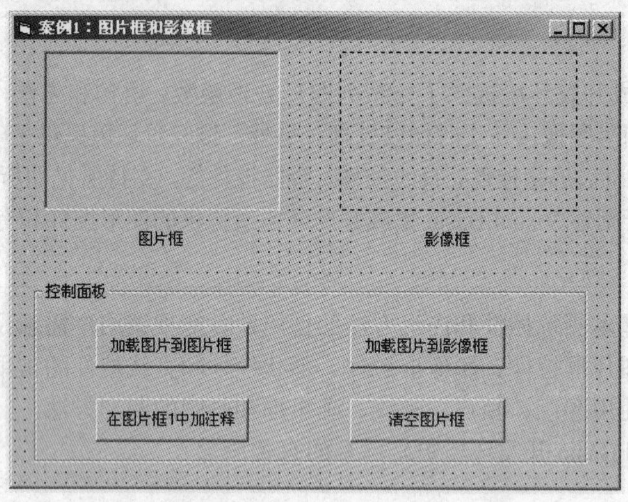

图 7-1 界面设计

图 7-2 和图 7-3 分别给出了将图片加载到图片框控件和影像框控件后的显示结果，不难看出，在图片显示方面，两者具有相似的功能。

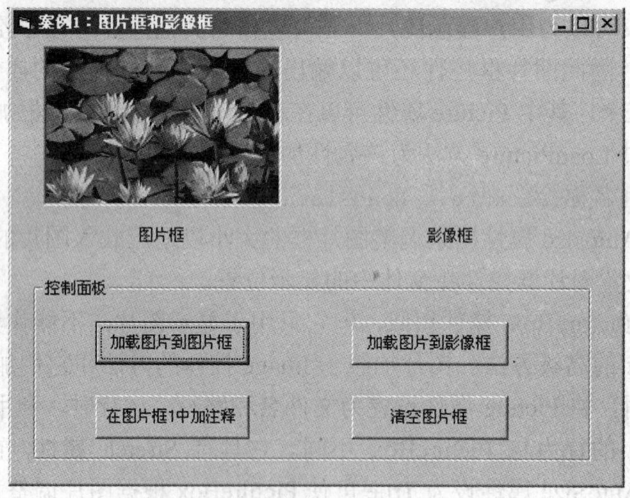

图 7-2 加载图片到图片框后的显示结果

需要指出的是，作为容器型控件，图片框控件比影像框控件具有更加强大的功能。如图 7-4 和图 7-5 所示，图片框控件中允许用户显示文字信息，而影像框控件则不具有类似的功能。

二、代码编写

代码编写部分我们分别呈现两部分内容即控件属性的设置及控件事件代码的编写。

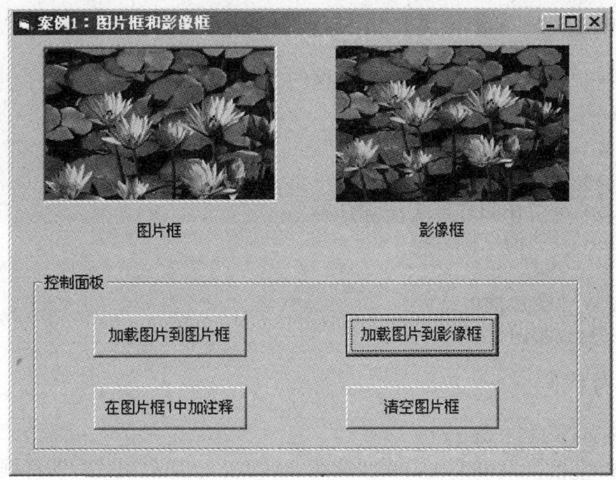

图 7-3　加载图片到影像框后的显示结果

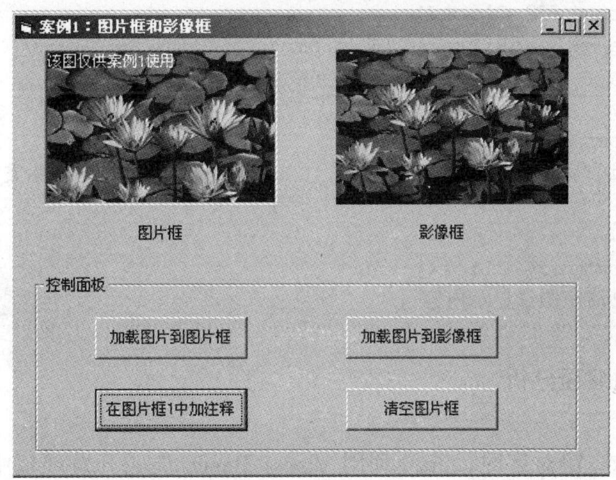

图 7-4　在图片框中加注释后的显示结果

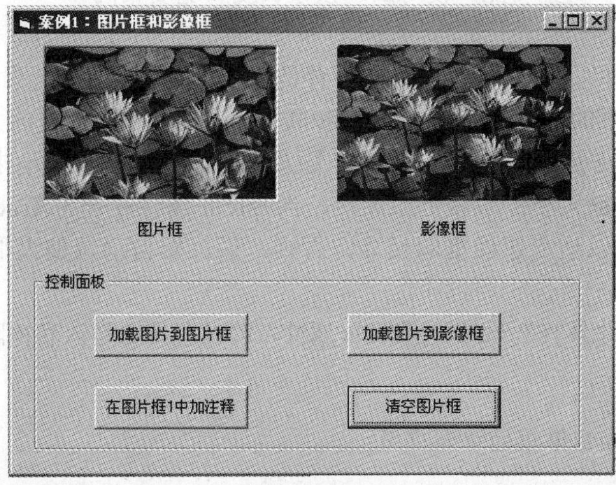

图 7-5　清空图片框后的显示结果

（1）控件属性窗口设置。

```
Form1.Caption = "实例 1：图片框和影像框"
Frame1.Caption = "控制面板"
Command1.Caption = "加载图片到图片框"
Command2.Caption = "加载图片到影像框"
Command3.Caption = "在图片框 1 中加注释"
Command4.Caption = "清空图片框"

Label1.Caption = "图片框"
Label2.Caption = "影像框"
```

（2）程序实现参考代码。

```
Private Sub Command1_Click()
Picture1.Picture = LoadPicture("荷花.bmp")  '加载图片到图片框
End Sub

Private Sub Command2_Click()
Image1.Picture = LoadPicture("荷花.bmp")    '加载图片
End Sub

Private Sub Command3_Click()
Picture1.Print "该图仅供实例 1 使用"              '在图片框中显示文字
End Sub

Private Sub Command4_Click()
Picture1.Cls '清空图片显示内容
End Sub
```

7.1.2 实例 1 的编程分析

一、界面构思

界面设计中四个按钮对齐时，充分利用 Visual Basic 集成开发环境中的自动对齐界面元素的功能，在 Format→Align 菜单中，使用对齐功能调整按钮的位置；在 Format→Make Same Size 菜单中，使用大小调整功能，使得四个按钮长度和宽度相同。

二、程序构思

本实例练习了图片框控件和影像框控件的常见属性，并重点强调了图片框控件的 Autosize 属性和影像框的 Stretch 属性的区别和联系：前者调整图片框的大小以适应其载入图形的尺寸，当 Autosize 属性设置为 True 时，图片框可以自动调整大小来与其装入的图形匹配，否则不会自动调整大小；后者更加灵活，当 Streth 属性设置为 True 时，可以自动缩放图片框中的图片大小以适应影像框的尺寸，否则，影像框自动调整大小以适应其中的图形大小。

另外，图片框控件具有 Print 属性和 Cls 属性，可以在其中写入和擦除文字，而影像框控件不具有这些功能。

实例 2 图像框和影像框的综合应用

编程，使图片框的高度等于宽度、红色实心填充，坐标原点在中央、边长为 100 个单位。

单击“开始变化”按钮，半径为 10 个单位的圆开始变大（每隔 100ms 增加 1 个单位）；半径为 100 个单位时圆半径开始变小（每隔 100ms 减小 1 个单位）；如此循环往复。

7.1.3　实例 2 的实现

一、界面实现

本实例的界面设计如图 7-6 所示，其中主要用到了一个作为容器使用的图片框控件和一个定时器控件。图 7-7 给出了程序运行后的初始画面，其中的红色圆形区域在窗体的 Form_Activate 事件中绘制。

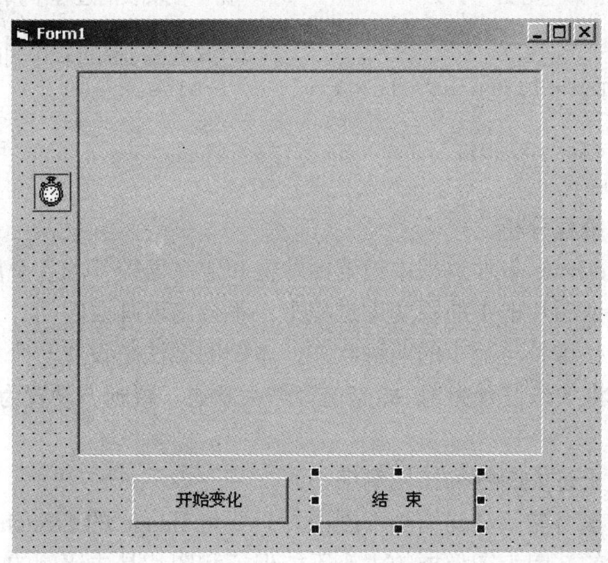

图 7-6　界面设计

二、代码编写

代码编写部分分别呈现两部分内容，即控件属性窗口设置及控件事件代码的编写。

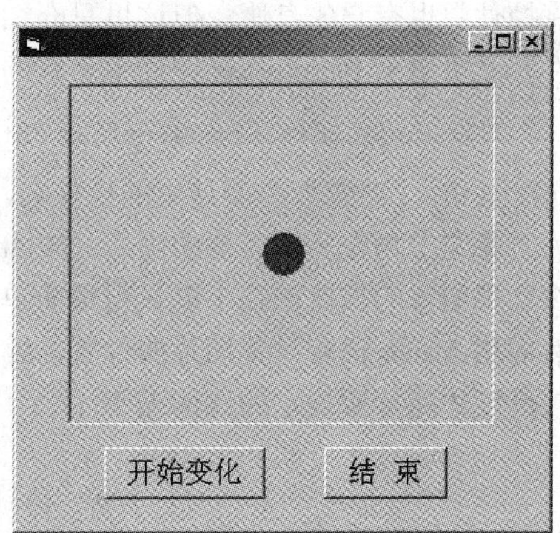

图 7-7　程序启动后的初始界面

（1）控件属性窗口设置。

```
Command1.Caption = "开始变化"
Command2.Caption="结束"
Timer1.Enabled=False'初始化定时器状态
Timer1.Interval=100'设置定时器触发间隔
```

（2）程序实现参考代码如下。

```
Dim r As Integer
Private Sub Command1_Click()
  Timer1.Enabled = True '启动定时器
End Sub
Private Sub Command2_Click()
  End
End Sub
Private Sub Form_Activate()
  Picture1.Scale (-100, 100)-(100, -100)    '设置图片框容器坐标系
  Timer1.Interval = 100
```

```
    r = 10
    Timer1.Enabled = False
    Picture1.FillStyle = 0
    Picture1.FillColor = 255
    Picture1.Circle (0, 0), r, 255          '在图片框上画圆
End Sub

Private Sub Timer1_Timer()
    Static k As Byte
    If k = 0 Then                           '在半径增长的过程中判断是否大于 100
        If r < 100 Then r = r + 1 Else k = 1
    Else                                    '在半径减少的过程中判断是否小于 10
        If r > 10 Then Picture1.Cls: r = r - 1 Else k = 0
    End If
    Picture1.Circle (0, 0), r
End Sub
```

7.1.4 实例 2 的编程分析

（1）在窗体的 Activate 事件过程中设置图片框和定时器控件的各个属性，并更改图片框坐标系，这样才能保证图片框中的圆变大过程中，不会出现画面闪动。

（2）如何区分半径增长与减少的两种状态，本例的做法是设置一个标识变量 *k*，当半径小于临界值 100 时，将状态设置为 1，即当前为增大状态，否则 *k* 设置为 0，标识当前状态是圆减小状态。

（3）如何实现对于过大图片的按比例缩小。

有的同学看到这里可能就会问缩小一副图片只要将 Image 的 Stretch 属性设为 True 不就行了吗？答案是否定的。因为图像框的大小不能保证和图片是成比例的。那么用什么方法解决这个问题呢？应该用 Move 方法来解决。其实 Move 方法可以用在很多控件中，甚至数据库控件中也有它的身影。但这里只介绍它在本问题里的应用。Move 方法既可用于 Image 控件，又可用于 PictureBox 控件中。它的用法为

```
对象.Move Left,Top,Width,Hight
```

其中，“对象”为要使用的控件名，这里可以是 Image1 或 PictureBox1。Left、Top 分别为对象左上角在所在容器的坐标，Width、Hight 为对象的宽和高。现在知道了这个方法，那么实现图片的按比例缩小就显得很简单了。可以将图片放于一个 Image 或者 PictureBox 中，然后用 Move 语句设置图片的位置与缩小的比例。但还需要一个步骤，还要求出图片的宽度与高度才能按照规定的比例缩小。

7.2 图形方法学习实例

实例 3 图形方法的使用

编程、界面设计和程序运行情况如图 7-8 所示。其中，3 个水平滚动条（前两个的 Min 属性设置为–360，Max 属性设置为 360；第三个的 Min 属性设置为 1，Max 属性设置为 100）。当拖动滑块或使滚动条的值发生改变时，即时在图片框上画出以三个滚动条的值为起始角度、终止角度和纵横比的圆（弧）或椭圆（弧）。

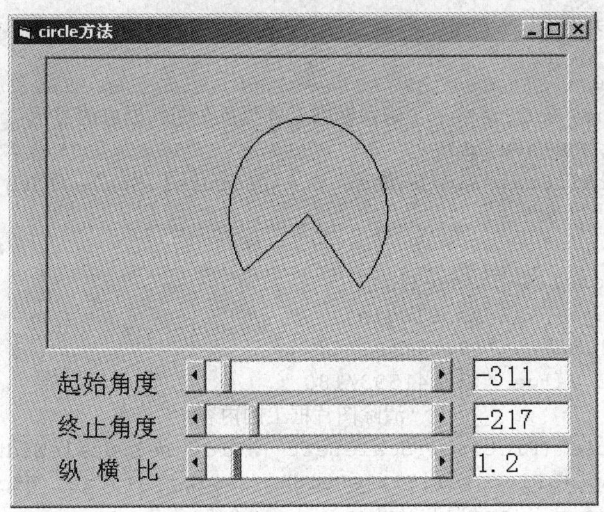

图7-8　运行情况界面显示

7.2.1　实例3的实现

一、界面实现

图7-9给出了本实例的界面设计，其中主要用到一个图片框控件和三个滚动条控件。

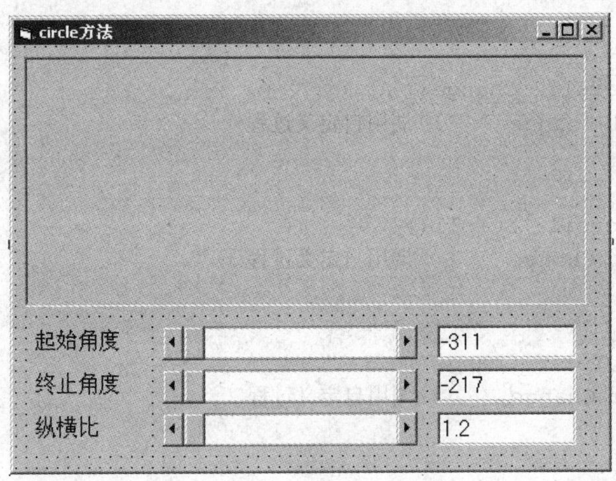

图7-9　界面设计

二、代码编写

代码编写部分为我们分别呈现了两部分内容，即控件属性的设置及控件事件代码的编写。

（1）控件属性窗口设置。

```
Label1.Caption ="起始角度" '初始化标签控件显示内容
Label2.Caption ="终止角度"
Label3.Caption = "纵横比"

Text1.Text = -311
Text1.Text = -217
Text1.Text = 1.2
```

（2）程序实现参考代码。

```
Dim r As Single
Private Sub Form_Activate() '确保椭圆或者圆弧在图片框内的显示
  r = Picture1.ScaleHeight
  If r > Picture1.ScaleWidth Then r = Picture1.ScaleWidth
  r = r/3
End Sub
Private Sub HScroll1_Change()
  Dim a1 As Single, a2 As Single
  a1 = HScroll1.Value * 3.141593/180
  a2 = HScroll2.Value * 3.141593/180
  Picture1.Cls                   '清除图片框上的内容
  Picture1.Circle (Picture1.ScaleLeft + Picture1.ScaleWidth/2, _
    Picture1.Top + Picture1.ScaleHeight/2),r, ,a1, a2, HScroll3.Value/10
  Label4.Caption = HScroll1.Value
  Label5.Caption = HScroll2.Value
  Label6.Caption = HScroll3.Value/10
End Sub

Private Sub HScroll1_Scroll()
  Call HScroll1_Change          '调用自定义过程
End Sub

Private Sub HScroll2_Change()
  Call HScroll1_Change          '调用自定义过程
End Sub

Private Sub HScroll2_Scroll()
  Call HScroll1_Change          '调用自定义过程
End Sub

Private Sub HScroll3_Change()
  Call HScroll1_Change          '调用自定义过程
End Sub

Private Sub HScroll3_Scroll()
  Call HScroll1_Change          '调用自定义过程
End Sub
```

7.2.2 实例 3 的编程分析

一、界面构思

界面中三个 Label，三个滚动条，三个文本框的对齐，可以使用 Visual Basic 集成开发环境的自动对齐和自动调整大小功能。

二、程序构思

滚动条的 Value、Max 等属性值只能取整数，因此控件 Label6 所显示的纵横比取值应为 "HScroll3.Value / 10"。

7.3 综 合 实 例

实例 4　图形控件和图形方法的综合应用——蝴蝶飞动画

蝴蝶飞动画的制作是利用 image 控件来实现的。改变 image 的 picture 属性可实现画面的变化，利用 move 命令可实现画面的移动。

一、实例 4 的实现

1. 界面实现

图 7-10 给出了本实例的界面设计，其中主要用到一个影像框控件。

图 7-10　蝴蝶飞动画运行界面

2. 代码编写

代码编写部分为我们分别呈现了两部分内容，即控件属性窗口设置及控件事件代码的编写：

（1）控件属性窗口设置。首先建立一个新窗体 form1，各属性分别是 backcolor 选为黑色，borderstyle 选为 0（黑色不带边框）。

在 form1 上加入 7 个 image 控件，在“格式”菜单中将各个 image 的大小都选为相同，image1～7 的 stretch 属性都选为 true（图像将随控件的大小而变化），image1～6 的 visible 属性选为 false（不可见），image7 的 visible 属性为 true。

（2）控件事件代码编号。

```
If Image7.Picture = Image5.Picture Then
    Image7.Picture = Image6.Picture
Else
    Image7.Picture = Image5.Picture
End If
```

利用 image7 控件的 move 方法来移动蝴蝶。

```
image7.move xp,yp
```

4 个边界值

上边：*y*=0

下边：*y*=form1.scaleheight-image7.scaleheight

左边：*x*=0

右边：*x*= form1.scalewidth-image7.scalewidth

xp、*yp* 为水平和垂直的移动量。

x、*y* 为 image7 在窗体中的位置。

左右边界的判断：

```
If x>=form1.ScaleWidth-Image1.Width Then '右边界
    Image5.Picture = Image3.Picture
    '蝴蝶应向左飞，翅膀张开的图形应选为左飞
```

```
    Image6.Picture = Image4.Picture
    '翅膀合上的图形应选为左合
    x = Form1.ScaleHeight - Image1.Width
    '改变 x 的位置
    xp = (-1) * xp
    '改变水平的移动量符号，以便向相反方向飞。
End If
If x <= 0 Then  '左边界
    Image5.Picture = Image1.Picture '右飞
    Image6. Picture = Image2. Picture '右合
    x = 0
    xp = (-1) * xp
End If
If y > = Form1.ScaleHeight - Image1. Height Then
    '下边界
    y = Form1. ScaleHeight - Image1. Height
    '改变 y 的位置
    yp = (-1) * yp
    '改变垂直的移动量符号，以便向相反方向飞
End If
If y <= 0 Then '上边界
    y = 0
    yp = (-1) * yp
End If
```

声音的播出：这里为播放 mid 文件

```
MMControl1. DeviceType =""
MMControl1. filename = "c:\mid\eine.mid" (eine.mid 为一 mid 文件)
MMControl1. Command = "open"
MMControl1. Command = "play"
```

这还需利用 API 函数实现鼠标的隐藏与出现，这里就不一一介绍了。

部分程序代码如下：

```
Dim x As Integer
Dim y As Integer
Dim xp As Integer
Dim yp As Integer
Dim lastx, lasty
private Sub Form1_KeyDown(KeyCode As integer, Shift As Integer)
    Endscrnsave      '结束屏幕保护程序
End Sub
Private Sub Form1_Load()
    Move 0, 0,Screen. Width,Screen. Height '让 form1 全屏显示
    hidemouse        '隐藏鼠标
    x = 1000         '蝴蝶的开始位置
    y = 1000
    xp = 80          '移动量
    yp = 80
    Image5. picture = Image1. Picture
    '确定翅膀张开的图形是"右飞",蝴蝶向右飞
    Image6. Picture = Image2. Picture
    '确定翅膀合上的图形是"右合"
```

```
    Image7. Picture = Image1. Picture
    MMControl1. Command = "close" '确保 MCI 控件已关闭
    MMControl1. DeviceType =""
    '启动程序就播放 mid 声音文件
    MMControl1.filename = "c:\mid\eine.mid"
    MMControl1.Command = "open"
    MMControl1.Command = "play"
End Sub
Private Sub Form1_MouseMove(Button As integer, Shift As Integer, x As Single,
y As Single )
    If IsEmpty (lastx) Or IsEmpty (lasty) Then
        lastx = x
        lasty = y
    End If
    If Abs(lastx - x) > 2 Or Abs(lasty - y)> 2 Then
        endscrnsave
    End If
    lastx = x
    lasty = y
End Sub
Private Sub Form1_Unload (Cancel As integer)
    MMControl1. Command = "close"
    Unload Me
End Sub
Private Sub Timer1_Timer()
    '判断 mid 文件是否播放完,如果播放完,则进行重播
    If MMControl1. Poesition = 895 Then
        'mid 文件的长度(mid 文件的长度,可建立一个 Label 控件,在时钟控件中令
        'Lagel1.caption=mmcontrol1.position,就可动态显示播放 mid
        '文件的位置,当 mid 播放完,就可求出此 mid 文件的长度。)
        MMControl1. Command = "prev"
        '回到此 mid 文件的开始位置
        MMControl1. Command = "play" '播放
    End If
    x = x + xp                                     '增加移动量
    y = y + yp
    If x > = Form1. ScaleWidth - Image1. Width Then
                                                   '右边界判断
        Image5. Picture = Image3. Picture '换图像
        Image6. Picture = Image4. Picture
        x = Form1. ScaleHeight - Image1. Width
        xp = (-1) * xp                             '改变移动量
    End If
    If x < =0 Then
        Image5.Picture = Image1. Picture
        Image6.Picture = Imege2. Picture
        x = 0
      xp = (-1) * xp
     End If
     If y > = Form1.ScaleHeight - Image1. Height Then
        y = Form1. ScaleHeight - Image1. Height
```

```
            yp = (-1) * yp
        End If
        If y <= 0 Then
            y = 0
            yp = (-1) * yp
        End If
        If Image7.Picture = Image5. Picture Then
                                            '不断改变图像以实现翅膀的一张一合
            Image7. Picture = Image6. Picture
        Else
            Image7. Picture = Image5. Picture
        End If
        Image7. Move x, y                   '最关键的一步是蝴蝶的移动
    End Sub
```

模块中的代码：

```
Declare Function ShowCursor Lib "user32" (ByVal bSbow As Long) As Long
Sub endscrnsave()                   '结束此程序
    showmouse
    End
End Sub
Sub showmouse()
    While ShowCursor(True) < 0
    Wend
End Sub
Sub Hidemouse()                     '隐藏鼠标
    While ShowCursor(False) > = 0
    Wend
End Sub
sub Main()
    If App. PrevInstance = True Then
        Exit Sub
    End If
    Form1. Show
End Sub
```

二、实例 4 的编程分析

制作动画的原理就是在窗体上显示一幅图形，紧接着清除它，再显示第二幅图形，如此交替下去，只要两个相邻图片显示的时间间隔足够短（24 幅/s 以上的图形），利用人眼的视觉效应，就可以产生动画效果。依据动画制作过程中控件属性的变化情况，可将 Visual Basic 中动画制作方法分为以下三种：

（1）移动控件。在程序设计中，按一定规律更改控件的位置坐标 left、top 属性或对控件调用 Move 方法，可使控件发生相对于窗体的运动，从而呈现出动画效果，如运行下面的语句就可以看到 label1 控件中的文字在窗体内呈滚动字幕效果。

```
Label1.caption="Welcome you!"
For I=1 to 10000
     Label1.left=(label1.left+10) Mod scaleWidth
Next I
```

（2）切换图形。在程序设计中，通过更改控件的 Picture 属性，使程序在一定的时间间隔内连续显示一定数量的只有细微差别的图片，也可产生动态效果，如在程序中使用两个有差别的飞行过程中的蝴蝶位图（见图 7-11）。

图 7-11　飞行中蝴蝶的两个位图

通过计时器控件的控制，交替地将两个位图显示在一个图片框中，就可以实现蝴蝶飞行的动画效果。具体来说，须在窗体 Form1 中添加一个定时器控件 Timer1 和一个图像控件(Image1)，其中 Timer1 的 Interval 属性值为 180，Imagel 的 Appearance 属性值为 0-Flat，Bordstyle 属性值为 0-none，程序代码如下：

```
Private  Sub   Timer1-Timer()
    Static  count
    If  count=2  Then count=0        '根据 count 值的变化而加载不同的仅有细微差别的蝴蝶位图
    If  count=0  Then                '载入蝴蝶位图图片
        Image1.Picture=LoadPicture("c:\bfly1.bmp")
    Else                             '载入另一幅蝴蝶图片
        Image1.Picture=LoadPicture("c:\bfly2.bmp")
    Endif
    Count=count+1
End  sub
```

（3）移动控件与图片切换相结合。在程序设计过程中，既改变控件相对于窗体的位置，又使控件中的图片在一些只有细微差别的图片间切换，可实现动感很强的动画效果。上例中的蝴蝶飞行动画由于只采用图片切换方法，而没有将控件位置改变，故蝴蝶只能在原地振翅，若将程序代码作如下改变，引进移动控件的方法，可使蝴蝶按余弦曲线飞行：

```
Private  Sub   Timer1-Timer()
Static  count , Pos  As  integer
If  count=2  Then  count=0    '使 Image1 的位置按余弦曲线的规律发生变化
Image1.Top=cos(Pos/4)*1000+1000
Image1.left=Pos               '根据 count 值的变化而加载不同的仅有细微差别的蝴蝶位图
If count=0  Then              '载入蝴蝶位图图片
  Image1.Picture=LoadPicture("c:\bfly1.bmp")
Else                          '载入另一幅蝴蝶图片
  Image1.Picture=LoadPicture("c:\bfly2.bmp")
Endif
Pos=(Pos+200)  Mod  Scalewidth
Count=count+1
End sub
```

7.4　学　习　总　结

Visual Basic 集成开发环境提供了丰富的图形控件和图形方法，常用的有 PictureBox（图片框）、Image（图像框）、Line（直线）控件、Shape（形状）控件。

PictureBox（图片框）和 Image（图像框）是 Visual Basic 中用来显示图形的两种基本控件，用于在窗体指定位置显示图形信息，它们支持多种格式的图形文件，包括位图文件

（*.bmp,*.dib）、图标文件（*.ico）、光标文件（*.cur）、图元文件（*.wmf,*.emf），还有 Internet 上流行的压缩位图格式的 JPEG 文件和 GIF 文件。图片框和图像框在窗体上显示的方式基本相同，都可以装入图形文件。其主要区别：图像框不能作为父控件，而且不能通过 Print 方法接受文本。图片框和图像框的默认属性都是 Picture 属性，设计时与运行时可读可写。设计时，在属性窗口为 picture 属性指定图形文件或把一个图片粘贴到图片框或图像框上；运行时，加载图片的方法较多：使用 LoadPicture 函数指定图片文件名；对象间图片属性的相互复制；从剪贴板对象获取图片（Glipboard）；使用 LoadResPicture 函数，通过指定工程中.res 资源文件中某一图片的资源号 ID 获得图片。

尽管图片框控件与图像框控件都有 Picture 属性，都有定位显示图像功能，但也有区别：

（1）图像框适用于静态图像，不具有绘图功能；图片框具有图像框控件所没有的画图属性和图形方法（Print、Line、Circle、Cls）。

（2）图片框具有容器功能，而图像框不具有。

（3）图像框具有 Stretch 属性，可以改变图像控件中图像的纵横比；而图片框中图像比例不可改变。

（4）图片框具有 AutoSize 属性，而图像框没有。

（5）图片框有 AutoRedraw 属性，决定是否重画由图形方法产生的图形，而图像框不具有。图片框的 AutoRedraw 属性默认值为 False，这时由图形方法产生的图形为临时图形。临时图形可以被其他窗体覆盖后擦除，也可以使用 Cls 方法擦除，在其窗体变小或隐藏后图形得不到恢复。AutoRedraw 属性设置为 True 后，由图形方法产生的图形或文本为持久图形。持久图形能在以上各种情况下自动重绘输出，也不能用 Cls 方法擦除，要擦除持久图形需重新设置 BackColor 属性。

利用 Line（直线）控件和 Shape（形状）控件可以在窗体或图片框(绘图区）上画出各种不同风格的线段和简单图形，每一条直线控件对应一个线段，每一个形状控件对应一个简单图形，如圆、椭圆、正方形、矩形、圆角矩形等。

一、设置绘图区坐标系统

ScaleMode 属性：指定坐标的度量单位。

ScaleHeight、ScaleWidth、ScaleLeft、ScaleTop 属性：指定绘图区的比例高度、比例宽度、左上角比例坐标值。

这四个属性的设置也可以通过调用容器对象的 Scale 方法完成。

例如：Picture1.Scale（–150，100）–（150，–100）

其中，第一对参数（–150，100）设置了 Picture1 左上角的比例坐标，第二对参数（150，–100）设置了 Picture1 右上角的比例坐标。对应于这四个属性的设置如下：

Picture1.ScaleLeft 为–150

Picture1.ScaleTop 为 100

Picture1.ScaleWidth 为 150–（–150）=300

Picture1.ScaleHeight 为–100–100=200

二、Line 控件

使用 Line 控件可以绘出直线。直线的特性是由下面的属性决定的。

X1、Y1、X2、Y2：一条直线的起点和终点。

BorderWidth：线段的宽度。

BorderColor：线段的颜色。

BorderStyle：线段的样式。

三、Shape 控件

使用 Shape 控件可以在容器上绘制各种图形。Shape 形状控件有控制图形形状、边框和填充等各种属性。

控制形状特征的有 Shape。

控制边框特征的有 DrawMode、BorderColor、BorderWidth、BorderStyle、Left、Top、Width、Height。

控制填充特征的有 DrawMode、BackColor、BackStyle、FillColor、FillStyle。

四、Visual Basic 的绘图方法

（1）Pset 方法。在绘图区以指定颜色画点。

语法：`[object.]Pset[Step] (x,y）,[color]`

Step 关键字指出其后的坐标（*x*，*y*）为相对当前位置的坐标偏移量。Color 为表示颜色的长整数，可用 RGB 或 QBColor 函数指定。

（2）Point 方法。返回绘图区 Form 或 PictureBox 上指定点的红—绿—蓝（RGB）长整型颜色值。

语法：`x=[object.]Point(x,y)`

（3）Line 方法。在对象上画直线和矩形。

语法：`[object.]Line[Step] (x1,y1) [step] (x2,y2), [color] [,B[F]]`

B 选项指出画一个矩形。如果使用了 B 选项，又使用 F 选项则规定矩形区域用边框的颜色填充。不能不用 B 而用 F，如果只用 F 不用 B，则矩形区域用当前绘图区的 FillColor 和 FillColor 填充。

（4）Circle 方法。用 Circle 方法可画出圆形、椭圆形、圆弧、扇形等多种曲线。

语法：`[object.]Circle[Step](x,y）,radius,[color][,start,end[,aspect]]`

（x，y）：必选项，指定圆心坐标。

radius：指定圆半径，圆的半径通常是按照水平单位来指定的。

color：指定圆周的颜色。

start，end：指定圆弧的起始角度与终止角度（以弧度为单位）。如果是负数，则 Visual Basic 将画一条连接圆心到负端点的线；默认值为 0。取值范围为–2*PI～2*PI。

圆弧从 start 绝对值角度开始，逆时针旋转到 end 绝对值角度。

aspect：指定圆的纵横比，默认值为 1。大于 1 时纵向较长。

习　　题

7-1　参考图 7-12 用户界面，新建一个工程，完成“作图”程序设计，具体要求如下：

（1）窗体的标题为“作图”，固定边框。

（2）窗体的右边是一个图片框 Picture1，用于显示图形。

（3）单击“坐标系”按钮（Command1），将图片框的坐标系统设置为原点在中央，*X* 轴

[−10，10]，Y轴[−10，10]，并在图片框中画出该坐标系统示意图。

（4）单击“扇形”按钮（Command2），在图片框中画一个圆心在原点，半径为 5，圆周为红色，线宽为 2，内部为绿色，起始角为 π/6，终止角为 5π/6 的扇形。

（5）单击“结束”按钮（Command3），程序结束运行。

7-2 参考图 7-13 用户界面，新建一个工程，完成“改变大小”的程序设计，具体要求如下：

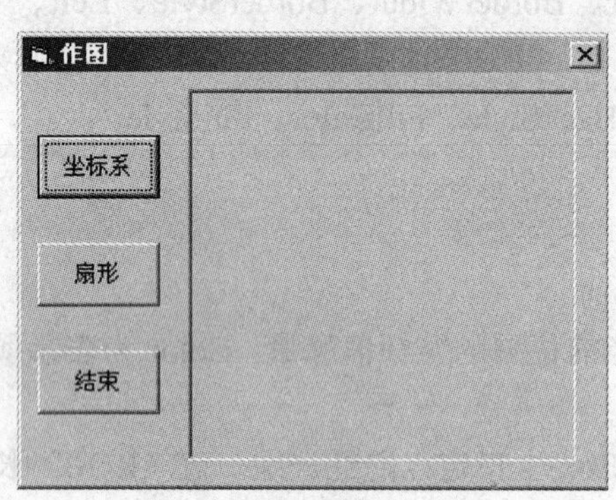

图 7-12 习题 1 用户界面

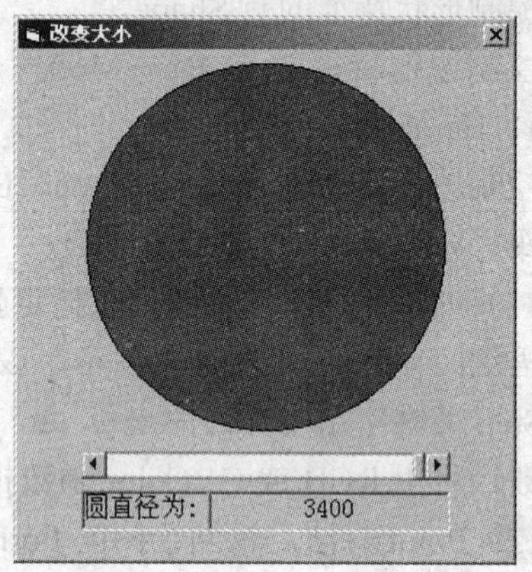

图 7-13 习题 2 用户界面

（1）窗体的标题为“改变大小”，固定边框。

（2）窗体上引入一个红色的圆形形状控件（Shape1），圆的直径为 3400Twips。

（3）窗体的下面有一个水平滚动条 Hscroll1，将它的最大值设置为与圆的直径相同，初始值为最大值，SmallChange 和 LargeChange 均为 100Twips。

（4）水平滚动条的下面有两个标签控件，Label1 的标题为“圆直径为”，Label2 的标题为“3400”，两个标签均为固定边框。

（5）改变滚动条的值可以控制圆形的直径，同时在标签 Label2 中动态显示圆形的直径。

（6）要求圆形直径在变化时要保持圆心位置不变。

7-3 参考图 7-14 用户界面，设计一个“画板”程序，具体要求如下：

（1）窗体的标题“画板”，固定边框。

图 7-14 习题 3 用户界面

（2）绘图区使用图片框，并将其设置为固定边框，白色背景。

（3）单击“颜色”按钮打开颜色对话框，实现对绘图笔颜色的设置；单击“清除”按钮则清除图片框中的图形。

（4）粗细线型分别设置为 1 磅和 3 磅（设置图片框的 DrawWidth 属性）。

（5）根据选择线型的粗细、颜色，用鼠标的左键模拟笔在绘图区随意绘图。

7-4 新建一个工程，完成“弹球”的程序设计，具体要求如下：

（1）窗体的标题为“弹球”，固定边框。

（2）设计两个菜单项，nnustart 的标题为“启动”，nnustop 的标题为“停止”。

（3）在窗体中引入一个形状控件 Shapel，形状为圆，半径为 500，填充色为红色。

（4）第一次单击菜单“启动”，圆球先向右上角方向运动，碰壁后改变方向。每个时间间隔水平方向改变量 *bx* 和垂直方向改变量 *by* 都是 100。

（5）单击“停止”菜单，圆球停止运动；再单击“启动”菜单，圆球继续运动。

7-5　按下述要求设计“配色器”程序：

（1）窗体的标题“配色器”。

（2）将形状控件 Shape1 设置为长方形，使用黑色边框。

（3）用滚动条来选择红、绿、蓝三原色的配色取值，配色效果通过形状控件动态显示。

（4）单击“确定”按钮或按 Enter 键，将调配好的颜色运用于标签（Label1）文字“中国计量学院”。

（5）对命令按钮 Command1 进行适当地设置，使得按 Enter 键等效于单击命令按钮。

第 8 章　通用对话框和菜单

为了用户的使用方便，Visual Basic 为我们提供了一些对话框。其中包括预定义对话框（由系统提供，Visual Basic 提供两种预定义对话框——输入框 InputBox 和消息框 MsgBox）、用户自定义对话框（用户可以通过创建包含控件的窗体来自己设计对话框）和系统提供的通用对话框。本章主要讲解一般编程中经常会用到的通用对话框。关于用户自定义对话框的定义使用，感兴趣的读者可以自行查找相关资料。

本章的另一个讲解目标是菜单的制作，这将包括常见的下拉式菜单和弹出式菜单的设计制作。

【学习目标】

本章读者主要学习的是 Visual Basic 提供的一种 ActiveX 控件通用对话框控件 CommonDialog，应该熟练掌握它的用法；另外，还应熟练掌握人机交互主要媒介窗体的重要组成部分菜单的设计制作。

（1）熟练掌握通用对话框控件的添加方法，熟练掌握通用对话框控件的主要属性，熟记打开“另存为”对话框等的调用属性值。

（2）熟练掌握菜单设计的基本方法，包括下拉式菜单、弹出式菜单的设计调用以及子菜单项的 click 事件的编写。

8.1　通用对话框学习实例

Visual Basic 为它的用户提供了相当丰富的系统资源，通用对话框就是诸多系统资源中的一种，它可以实现比如打开和保存文件、设置打印选项、选择颜色和字体等重要的系统操作。在本章的前半部分我们将通过具体实例对通用对话框 CommonDialog 的设置、属性、事件、方法进行详细地讲解。

实例 1　设计 Visual Basic 程序，要求建立一个自己常用的软件工具的快捷调用程序。

8.1.1　实例 1 的实现

一、界面的实现

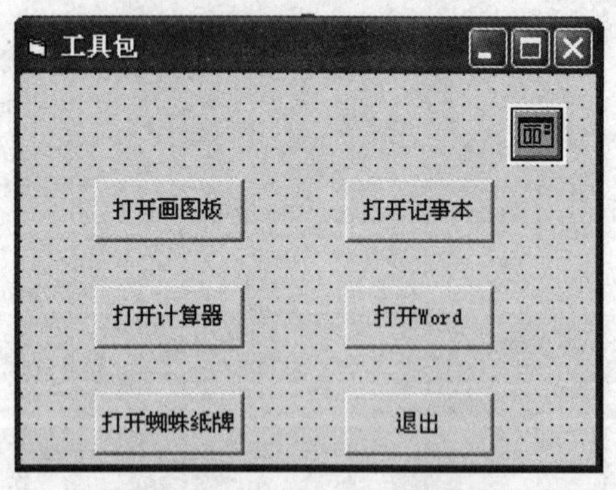

图 8-1　实例 1 的设计界面

如图 8-1 为根据实例 1 的题目要求所做的设计界面。假设用户常用的软件工具为 5 种，设计了包括“退出”在内的六个命令按钮，初步按照平面布局均衡的原则排放。

二、代码编写

代码编写部分我们分别呈现两部分内容，即控件属性的设置及控件事件代码的编写。

（1）控件属性窗口设置。对于实例 1 的设计界面除通用对话框 CommonDialog1 的相关属性采用程序代码设置之外，所用到的其他控件的属性都在设计阶段由属性窗口设置。其属性值见表 8-1。

表 8-1　实例 1 的常用控件属性值

控件名称	窗体 Form1	命令按钮 Command1	命令按钮 Command2	命令按钮 Command3	命令按钮 Command4	命令按钮 Command5	命令按钮 Command6
属性名	Caption	Caption	Caption	Caption	Caption	Caption	Caption
属性值	工具包	打开画图板	打开记事本	打开计算器	打开 Word	打开蜘蛛纸牌	退出

（2）程序实现参考代码。

```
Private Sub Command1_Click()        '打开画图应用程序的单击事件
  CommonDialog1.DialogTitle = "打开画图文件"
  CommonDialog1.InitDir = "c:\WINDOWS\system32"
  CommonDialog1.Filter = "所有文件(*.*)|*.*|exe 文件|*.exe"
  CommonDialog1.FilterIndex = 3
  CommonDialog1.FileName = "mspaint.exe"
  CommonDialog1.ShowOpen
  Shell (CommonDialog1.FileName)
End Sub
Private Sub Command2_Click()        '打开应用程序记事本的单击事件
CommonDialog1.DialogTitle = "打开记事本文件"
  CommonDialog1.InitDir = "c:\WINDOWS\system32"
  CommonDialog1.Filter = "所有文件(*.*)|*.*|exe 文件|*.exe"
  CommonDialog1.FilterIndex = 3
  CommonDialog1.FileName = "notepad.exe"
  CommonDialog1.ShowOpen
  Shell (CommonDialog1.FileName)
End Sub
Private Sub Command3_Click()        '打开应用程序计算器的单击事件
  CommonDialog1.DialogTitle = "打开计算器文件"
  CommonDialog1.InitDir = "c:\WINDOWS\system32"
  CommonDialog1.Filter = "所有文件(*.*)|*.*|exe 文件|*.exe"
  CommonDialog1.FilterIndex = 3
  CommonDialog1.FileName = "calc.exe"
  CommonDialog1.ShowOpen
  Shell (CommonDialog1.FileName)
End Sub
Private Sub Command4_Click()        '打开 Word 应用程序的单击事件
CommonDialog1.DialogTitle = "打开 Word 文件"
  CommonDialog1.InitDir = "c:\ProgramFiles\Microsoft Office\OFFICE11"
  CommonDialog1.Filter = "所有文件(*.*)|*.*|exe 文件|*.exe"
  CommonDialog1.FilterIndex = 3
  CommonDialog1.FileName = "WINWORD.exe"
  CommonDialog1.ShowOpen
  Shell (CommonDialog1.FileName)
End Sub

Private Sub Command5_Click()
CommonDialog1.DialogTitle = "打开蜘蛛纸牌游戏文件"
```

```
  CommonDialog1.InitDir = "c:\WINDOWS\system32"
  CommonDialog1.Filter = "所有文件(*.*)|*.*|exe 文件|*.exe"
  CommonDialog1.FilterIndex = 3
  CommonDialog1.FileName = "spider.exe"
  CommonDialog1.ShowOpen
  Shell (CommonDialog1.FileName)
End Sub

Private Sub Command6_Click()
End
End Sub
```

打开应用程序蜘蛛纸牌游戏的单击事件

退出程序按钮的单击事件

8.1.2 实例 1 的编程分析

一、界面构思

对于实例 1 的编程要求考虑设计如图 8-1 所示的界面，其中设计的六个命令按钮 Command1、Command2、Command3、Command4、Command5 和 Command6 用来提供相应用户的“打开画图板”、“打开记事本”、“打开计算器”、“打开 Word”、“打开蜘蛛纸牌”和“退出”的应用需求，如图 8-2～图 8-4 所示分别为“打开画图板”、“打开计算器”两个命令按钮的运行效果界面。

图 8-2 实例 1 的打开画图板运行界面（一）

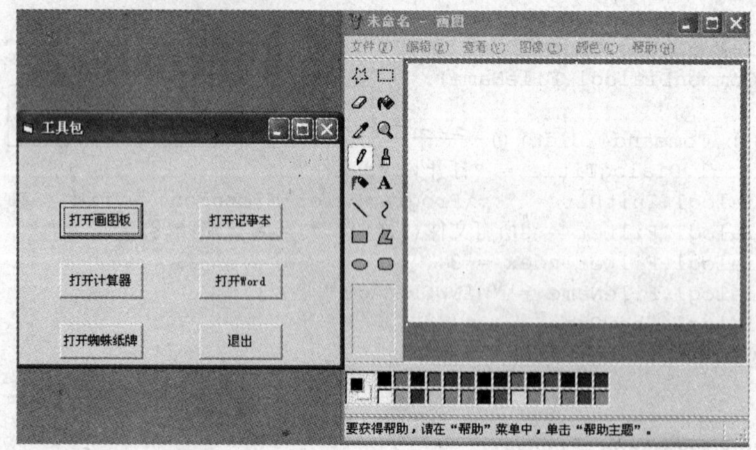

图 8-3 实例 1 的打开画图板运行界面（二）

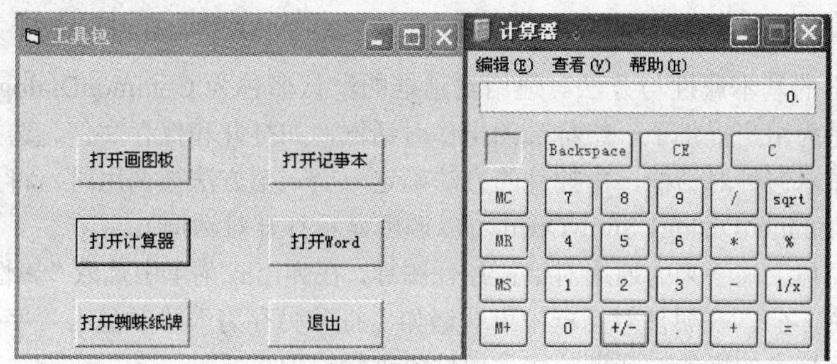

图 8-4 实例 1 的打开计算器运行界面

二、程序构思

1. 数学知识点

本实例主要是为了演示通用对话框的打开文件对话框的使用，不涉及数学定理和数学公式。

2. 所用 Visual Basic 编程知识点

实例 1 主要涉及的是 Visual Basic 提供的通用对话框控件的添加和使用，在进入具体的编程设计分析之前，先就 Visual Basic 提供的通用对话框进行较为详尽的学习。

通用对话框 CommonDialog 是 Visual Basic 为了方便用户使用而提供的一种对话框。一般情况下，建立了一个新的工程后，工具栏中并不出现通用对话框控件（CommonDialog）的图标，为了在应用程序中使用该控件，应该在“工程”菜单的“部件”对话框（见图 8-5）中选中 MicroSoft Common Dialog Control 6.0 左边的复选框，单击“确定”按钮，在工具箱中就会新增一个通用对话框控件，其图标为 。

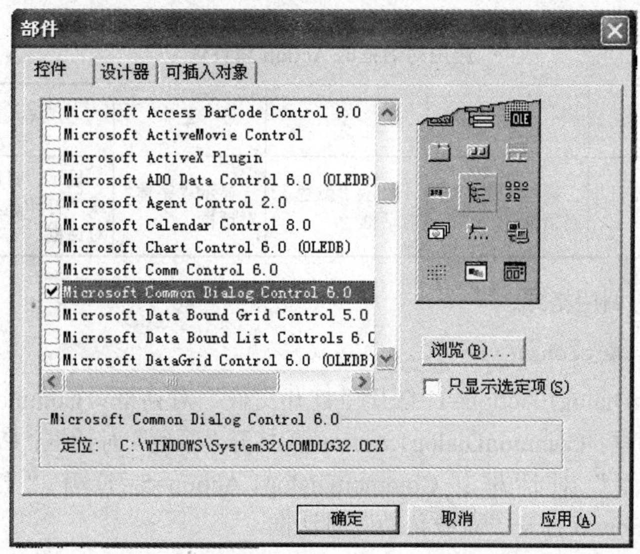

图 8-5 Visual Basic 的“部件”对话框

图标 的大小不能改变，在程序运行时，该图标不可见。在程序中对通用对话框的 Action 属性进行设置，或调用 Show 方法就可以调出所要的对话框。下面将进一步详细介绍通用对话框。

通用对话框的基本属性与方法。通用对话框的默认名称为 CommonDialog *n*（*n*=1、2、3…）。其功能是为用户提供了一组标准的操作对话框，如打开和保存文件、选择颜色和字体等。该控件能显示何种对话框，由控件的方法确定，当一个方法被调用时，将显示对应的对话框（例如：CommonDialog1.ShowOpen 可以调用显示打开对话框）。

右键单击窗体上拖下来的通用对话框控件图标，在弹出式菜单中选取“属性”，可打开属性对话框（见图 8-6）。在属性对话框中可对诸如“打开另存为”、“颜色”、“字体”、“打印”和“帮助”这些标准的操作对话框的相关属性值进行设置。

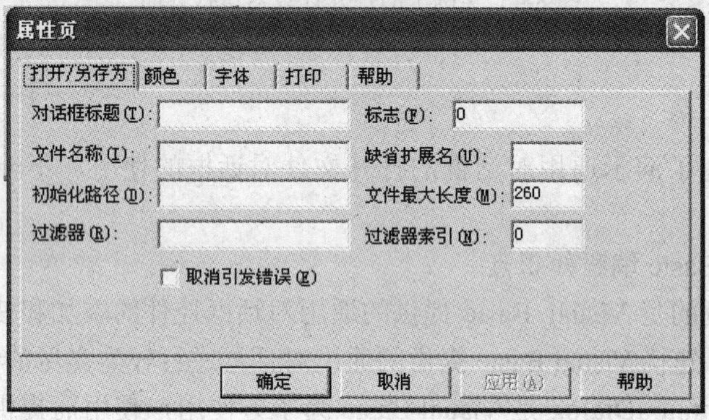

图 8-6 通用对话框的“属性页”

下面首先介绍通用对话框的常用属性和方法。

（1）Action 属性。在程序中，可以通过对 Action 属性的设置来决定打开何种类型的通用对话框，见表 8-2。

表 8-2 通用对话框的 Action 属性值

通用对话框的 Action 值	1	2	3	4	5	6
显示的功能	显示“打开”对话框	显示“另存为”对话框	显示“颜色”对话框	显示“字体”对话框	显示“打印”或“打印选项”对话框	显示“Windows 帮助系统”对话框

在程序运行时的调用格式：

CommonDialog1.Action=*n*（*n*=1,2,3,4,5,6）

说明：CommonDialog1.Action=1 打开“打开文件”对话框；CommonDialog1.Action=2 打开“另存为”对话框；CommonDialog1.Action=3 打开“颜色”对话框；CommonDialog1.Action=4 打开“字体”对话框；CommonDialog1.Action=5 打开“打印”对话框；CommonDialog1.Action=6 打开“系统帮助”对话框。

注意：Action 属性是只读属性，只能在程序中赋值，然后出现一种对话框。

（2）打开通用对话框的方法。除了可以通过对 Action 属性的设置来决定打开何种类型的通用对话框外，Visual Basic 还提供了 6 种方法，用来指定打开相应的对话框。详见表 8-3。

表 8-3 通用对话框的打开方法

通用对话框的打开方法	ShowOpen	ShowSave	ShowColor	ShowFont	ShowPrinter	ShowHelp
显示的功能	显示“打开”对话框	显示“另存为”对话框	显示“颜色”对话框	显示“字体”对话框	显示“打印”或“打印选项”对话框	显示“Windows帮助系统”对话框

在程序运行时的调用格式：

CommonDialog1.方法名

在程序运行时，当通过 Action 属性的赋值或是使用相应的打开方法调出上述六种对话框中的一种之后，用户可以通过对该对话框属性进行选择设置，就使该属性获得了相应的属性值。比如：在“颜色”对话框中，选择了某颜色后，该控件的 Color 属性值就改为用户所选的颜色。

接下来针对实例 1 用到的通用对话框的种类先对“打开”、“另存为”对话框的调出及相关主要属性的设置进行讲解。在这部分的学习中，我们应该重点掌握对话框在程序运行中被调出后并经由用户对对话框进行了设置后，会改变该种对话框的哪些属性的属性值，以及如何利用改变后的属性值实现自己的编程需求。

“打开文件”对话框和“另存为”对话框

利用“打开文件”对话框可以选择文件，“另存为”对话框可以用来指定所要保存文件的驱动器、文件夹、文件名。

程序设计时建立“打开文件”对话框的步骤如下：

1）添加通用对话框控件。

2）打开“属性页”对话框。

3）选择“打开/另存为”选项卡。

程序设计时建立“另存为”对话框：与建立“打开文件”对话框方法相同。

运行时显示“打开文件”对话框：调用 ShowOpen 方法或是将 Action 属性赋值为 1。

运行时显示“另存为”对话框：调用 ShowSave 方法或是将 Action 属性赋值为 2。

上述设计步骤中提到的“属性页”中有关属性的含义如下：

Filename 属性：用于设置对话框中“文件名称”的默认值。程序运行时该属性返回用户所选择文件的文件名。所选取的文件名包括文件盘符及路径。运行时选定文件并关闭对话框后，可用 FileName 属性得到文件所在的驱动器、文件夹和文件名。

InitDir 属性（初始化路径）：程序运行后，该属性返回用户所选择的目录名。如不设置，则系统默认当前目录。

Filter 属性：过滤器，用于设置显示的文件类型。其取值为字符串，字符串中有若干个“|”符号；奇数个的“|”号左边的字符显示在类型列表框中，右边的字符决定所显示的文件类型。

如“所有文件| *.* | WORD 文档|*.doc|位图文档|*.bmp”

Flags 属性：用于设置对话框的一些选项，如设为 1，则以只读方式打开文件。

DefaultExe 属性：默认扩展名。

MaxFileSize 属性：指定文件的最大字节数。

FilterIndex 属性：过滤器索引，设置过滤器的默认索引值。

FileTilter 属性：用于返回要打开或保存的文件的名称（不包括路径）。该属性也适用于另存为对话框。

说明：通用对话框的属性既可在属性页（见图 8-6）中设置，又可在代码中设置。两种设置方法有等同的效果。

注意："打开文件"和"另存为"对话框的与用户对话的结果，只是改变了控件的 FileName 属性，并不能提供真正的"打开"或是"存储文件"的操作，如要进行"打开"或是"存储文件"操作，还需要通过编程来实现。

3. 编程算法思路及 Visual Basic 实现

通过上述对于通用的"打开另存为"对话框的相关知识的学习，现在我们就可以进行实例 1 的编程实现了。

对于实例 1，编程要求可以实现对用户常用软件的调用。前五个命令按钮的编程思路是类似的，所以我们以"打开画图板"为例进行讲解。

对于"打开画图板"，要想单击按钮调出计算机上的画图板程序，要做的就是找到在用户所用的计算机上画图板程序的可执行程序（即.exe 程序）所在的存储位置，打开调用它即可。所以第一步要做的就是利用 Visual Basic 提供的通用对话框的打开对话框，进行画图板程序的.exe 程序所在的存储位置找寻并选中，使画图板程序的.exe 程序的存储路径保存于通用对话框的 FileName 属性中。具体实现语句如下：

```
CommonDialog1.DialogTitle = "打开画图文件"
CommonDialog1.InitDir = "c:\WINDOWS\system32"
CommonDialog1.Filter = "所有文件(*.*)|*.*|exe 文件|*.exe"
CommonDialog1.FilterIndex = 3
CommonDialog1.FileName = "mspaint.exe"
CommonDialog1.ShowOpen
```

当上述语句执行之后，画图板程序的.exe 程序的存储路径就已经保存于通用对话框的 FileName 属性中了，这时利用 Visual Basic 提供的 Shell（应用程序路径）即可实现对应用程序的调用。具体实现语句如下：

```
Shell (CommonDialog1.FileName)
```

实例 2 设计 Visual Basic 程序，要求编写一个模拟相框颜色选配的程序。功能如下：用户单击"打开相片"按钮，可以选择一幅相片打开显示；用户单击"添加相框"按钮，可以为打开的相片添加黄色的模拟相框；用户单击"更改相框颜色"按钮，可以更改模拟相框的颜色以便于用户选择和相片相配的颜色；在对将要选用的颜色心中有数之后，用户单击"另存到要配相框的相片"按钮，将相片存到指定位置，名为"要配相框的相片"文件夹中。

8.1.3 实例 2 的实现

一、界面实现

实例 2 的设计界面如图 8-7 所示。

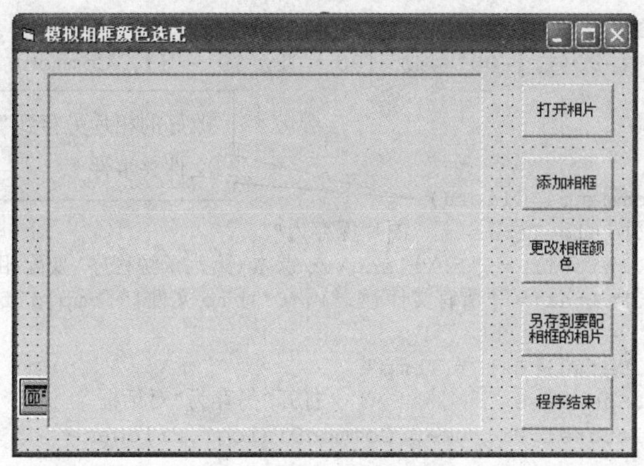

图 8-7 实例 2 的设计界面

二、代码编写

代码编写部分为我们分别呈现了控件属性窗口设置及控件事件代码的编写两部分内容。

1. 控件属性窗口设置

表 8-4 所示为实例 2 控件的主要属性值。

表 8-4 实例 2 控件的主要属性值

控件名称	窗体 Form1	命令按钮 Command1	命令按钮 Command2	命令按钮 Command3	命令按钮 Command4	命令按钮 Command5	图片框 Picture1
属性名	Caption	Caption	Caption	Caption	Caption	Caption	AutoSize
属性值	"模拟相框颜色选配"	"打开相片"	"添加相框"	"更改相框颜色"	"另存到要配相框的相片"	"程序结束"	True

2. 程序实现参考代码

```
Private Sub Command1_Click()                打开图片按钮单击事件
CommonDialog1.DialogTitle = "打开图片文件"
CommonDialog1.InitDir = "f:\lling\vb 课本\第八章源程序"
CommonDialog1.Filter = "所有文件(*.*)|*.*|jpg 文件|*.jpg|bmp 文件|*.bmp|gif 文件
|*.gif"
CommonDialog1.FilterIndex = 3
CommonDialog1.FileName = "叮当猫.bmp"
CommonDialog1.ShowOpen                 '打开"打开文件"对话框
Picture1.Picture = LoadPicture(CommonDialog1.FileName)
End Sub

Private Sub Command2_Click()                添加相框按钮单击事件
Picture1.Scale (-100, -100)-(100, 100)
For i = 1 To 10
Picture1.Line (-90 + i, -90 + i)-(90 - i, 90 - i), vbYellow, B
Next i
End Sub

Private Sub Command3_Click()                更改相框颜色按钮单击事件
CommonDialog1.ShowColor                 '打开"颜色"对话框
```

```
For i = 1 To 10
Picture1.Line (-90+i, -90 + i)-(90 - i, 90 - i), CommonDialog1.Color, B
Next i
End Sub

Private Sub Command4_Click()          改好的相片另存到"要配相框的相片"文件夹事件
CommonDialog1.DialogTitle = "图片保存为"
CommonDialog1.InitDir = "f:\lling\vb课本\第八章源程序\要配相框的相片"
CommonDialog1.Filter = "所有文件(*.*)|*.*|bmp文件|*.bmp|gif文件|*.gif|jpg文件
|*.jpg"
CommonDialog1.DefaultExt = "bmp"
CommonDialog1.ShowSave                '打开"另存为"对话框
SavePicture Picture1.Picture, CommonDialog1.FileName
End Sub

Private Sub Command5_Click()          程序结束按钮的单击事件
End
End Sub
```

8.1.4 实例2的编程分析

一、界面构思

如图8-8～图8-11为实例2的系列运行效果图。

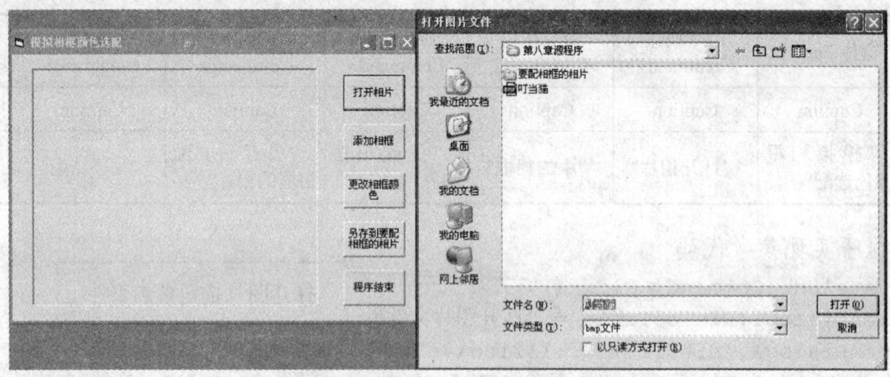

图8-8 实例2运行界面（一）

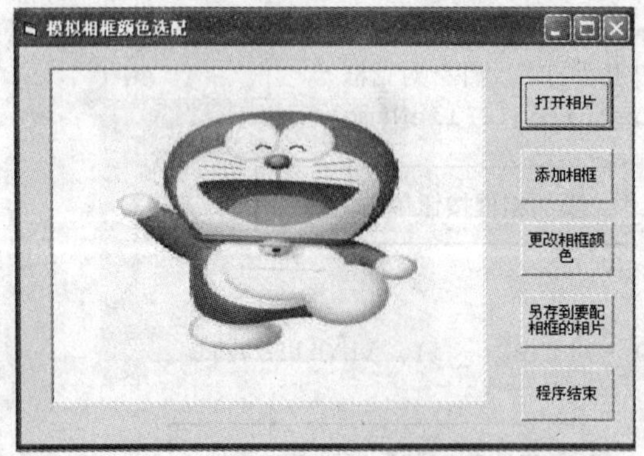

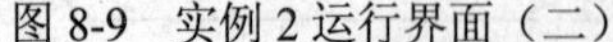

图8-9 实例2运行界面（二）

图8-10 实例2运行界面（三）

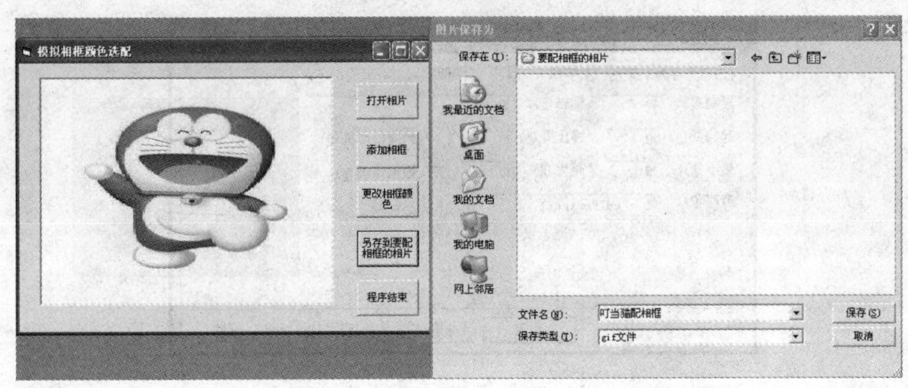

图 8-11　实例 2 运行界面（四）

二、程序构思

1. 数学知识点

本实例为对话框的应用实例，不涉及数学算法。

2. 所用 Visual Basic 编程知识点

（1）“颜色”对话框。主要功能是让用户在调色板中挑选颜色，颜色值记录在控件的 color 属性中。

设计时建立“颜色”对话框：在通用对话框控件的属性页窗口“颜色”选项卡中设置属性，如图 8-12 所示。

运行时建立“颜色”对话框：调用 ShowColor 方法或是将 Action 属性赋值为 3。

（2）“字体”对话框。

设计时建立“字体”对话框：在通用对话框控件的属性页窗口“字体”选项卡中设置属性，如图 8-13 所示。

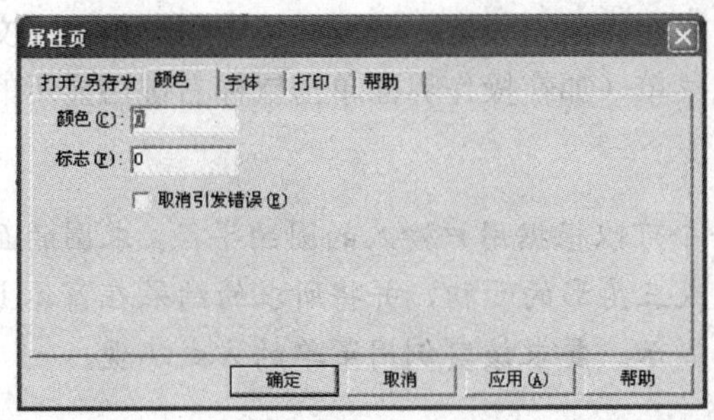

图 8-12　通用对话框控件的属性页窗口之“颜色”选项卡

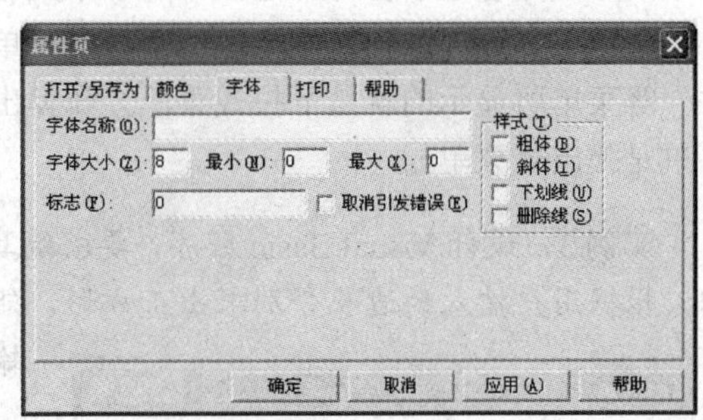

图 8-13　通用对话框控件的属性页窗口之“字体”选项卡

运行时建立“字体”对话框：调用 ShowFont 方法或是将 Action 属性赋值为 4。

（3）“打印”对话框。

设计时建立“打印”对话框：在通用对话框控件的属性页窗口“打印”选项卡中设置属性，如图 8-14 所示。

运行时建立“打印”对话框：调用 ShowColor 方法或是将 Action 属性赋值为 5。

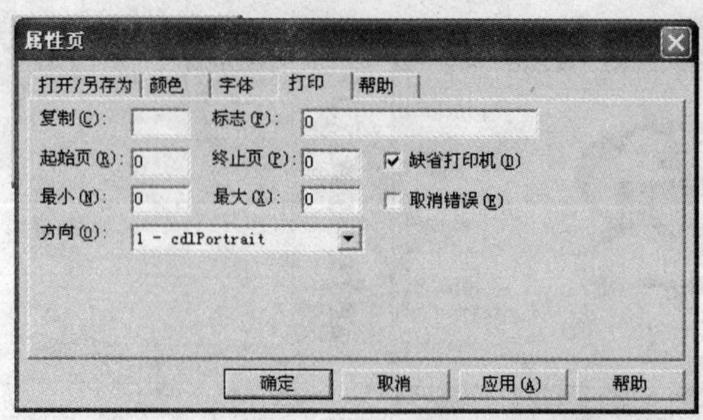

图 8-14 通用对话框控件的属性页窗口之“打印”选项卡

3. 编程算法思路及 Visual Basic 实现

对于本实例，考虑在命令按钮“打开图片”的单击事件中调用打开对话框，选择一个图片文件加入 picturebox 中；在命令按钮“添加相框”的单击事件中以嵌套相框的方式在 picturebox 中模拟实现相框的效果；在命令按钮“修改相框颜色”的单击事件中调用“颜色”对话框，实现对上一步中所画相框颜色的修改；在命令按钮“另存到要配相框的相片”的单击事件中调用“另存为”对话框，实现对添加了相框的图片另存到“要配相框的相片”文件夹的功能。

8.2 下拉式菜单和弹出式菜单学习实例

现今计算机应用程序的功能大都是通过人机交互方式来完成的，而菜单的基本作用是提供人机对话的界面，提供各种用户可能用到的应用程序的各种功能的选择，这些选择均以菜单项的形式分层显示在屏幕之上。每一个菜单项被选取都会导致执行某一种操作。

菜单可以分成两种基本类型：下拉式菜单（如在 Visual Basic 开发环境中用户单击“文件”等菜单所显示的就是下拉式菜单）和弹出式菜单（如在操作界面单击鼠标右键后显示的菜单是弹出式菜单）。

实例 3 设计 Visual Basic 程序，要求编写一个可以根据用户输入的圆的半径，求圆的面积；根据用户输入的边长分别求出正方形、矩形或三角形的面积，并将所求的结果在窗体上输出显示。要求该实例用菜单的方式实现。

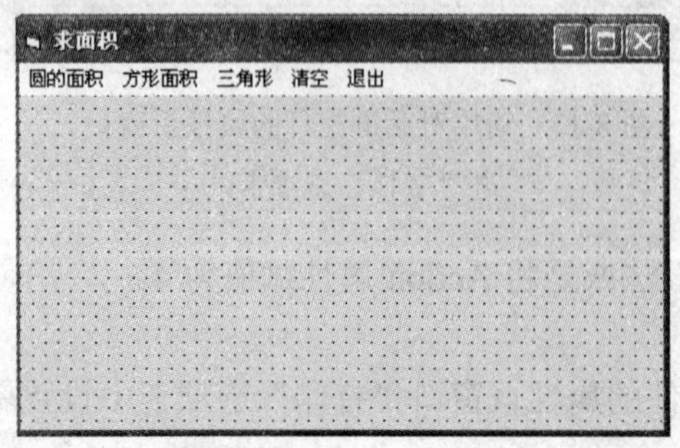

图 8-15 实例 3 的设计界面

8.2.1 实例 3 的实现

一、界面实现

图 8-15 为实例 3 的设计界面。

二、代码编写

代码编写部分分别为我们呈现了控件属性窗口设置及控件事件代码的编写两部分内容。

1. 控件属性窗口设置

表 8-5 为实例 3 的控件主要属性值。

2. 程序实现参考代码

表 8-5 实例 3 常用控件属性值

控件名称	窗体 Form1
属性名	Caption
属性值	求面积

```
Private Sub cls_Click()
Form1.cls
End Sub
```

清空菜单单击事件

```
Private Sub end_Click()
End
End Sub
```

退出菜单单击事件

矩形子菜单单击事件

```
Private Sub juxing_Click()
Dim S As Single, A As Single, B As Single
A = InputBox("请输入长边长度", "长边")
B = InputBox("请输入短边长度", "短边")
S = A * B
Form1.FontName = "楷体_GB2312"
Form1.ForeColor = vbBlue
Print "两边长分别为: "; A; "和"; B; "的矩形的面积为: "; S
End Sub
```

三角形菜单单击事件

```
Private Sub sanjiao_Click()
Dim A As Integer, B As Integer, C As Integer
Dim L As Double, S As Double
A = InputBox("请输入第一个边长", "边长一")
B = InputBox("请输入第二个边长", "边长二")
C = InputBox("请输入第三个边长", "边长三")
If A + B > C And A + C > B And B + C > A Then
  L = (A + B + C) / 2
  S = Sqr(L * (L - A) * (L - B) * (L - C))
Else
  MsgBox ("请重新输入,注意三角形两边之和应大于第三边! ")
End If
Form1.FontName = "新宋体"
Form1.ForeColor = vbYellow
Print "三边长分别为: "; A; "、"; B; "和"; C; "的三角形形的面积为: "; S
End Sub
Private Sub yuan_Click()
Const pi = 3.1415926
Dim S As Single, r As Single
r = InputBox("请输入圆的半径", "半径")
S = pi * r ^ 2
Form1.FontName = "黑体"
Form1.ForeColor = vbRed
Print "半径为"; r; "的圆的面积为: "; S
End Sub
```

圆形菜单单击事件

正方形子菜单单击事件

```
Private Sub zhengfang_Click()
Dim S As Single, A As Single, B As Single
A = InputBox("请输入边长", "边长")
S = A ^ 2
Form1.FontName = "宋体"
Form1.ForeColor = vbGreen
```

```
Print "边长为"; A; "的正方形的面积为: "; S
End Sub
```

8.2.2　实例 3 的编程分析

一、界面构思

图 8-16～图 8-18 为实例 3 当用户选择运行三角形面积时的相关运行界面。

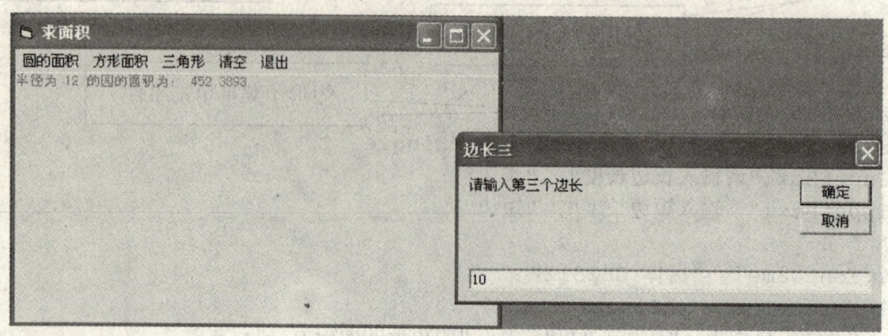

图 8-16　实例 3 的运行输入界面

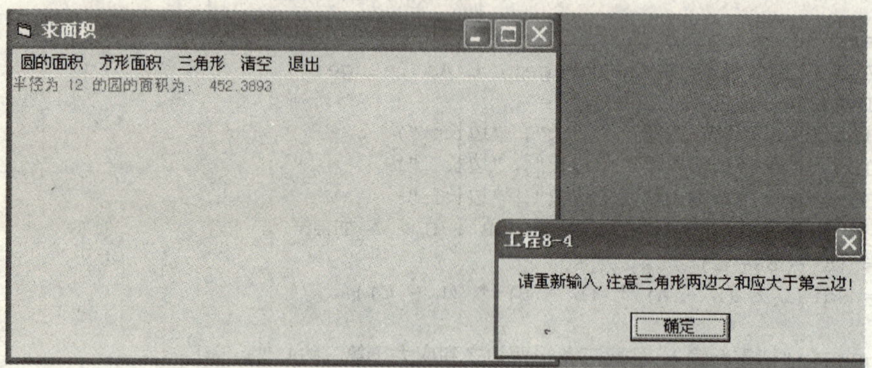

图 8-17　实例 3 的输入错误提示界面

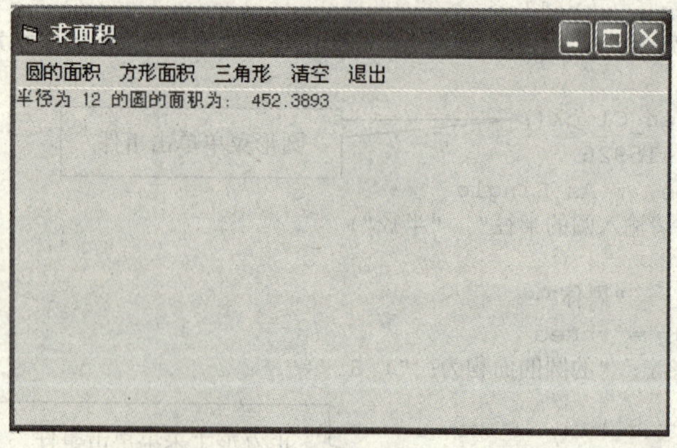

图 8-18　实例 3 的求圆的面积运行结果界面

二、程序构思

1．数学知识点

本实例所用数学知识点为初中的各种面积计算公式。

2. 所用 Visual Basic 编程知识点

Visual Basic 中使用菜单编辑器可以创建新的菜单、在已有的菜单上增加新命令、用自己的命令来替换已有的菜单命令，以及修改和删除已有的菜单，关闭菜单编辑器后，还可以在属性窗口中设置菜单控件的属性。下面我们将从菜单编辑器开始介绍菜单的编辑制作。

菜单编辑器是 Visual Basic 提供给用户的进行菜单编辑的工具，要进行菜单的编辑首先要打开菜单编辑器。

（1）打开菜单编辑器的方法有三种：

1）从“工具”菜单上，单击“工具”的“菜单编辑器”，如图 8-19 所示。

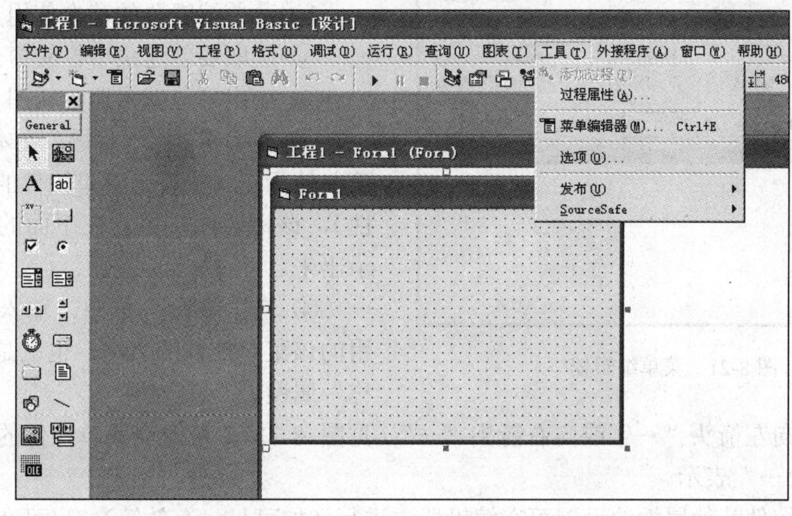

图 8-19 打开菜单编辑器方法（一）示意图

2）用鼠标选中窗体后，单击鼠标右键，在弹出菜单中选择菜单编辑器，如图 8-20 所示。

3）在“工具栏”上单击“菜单编辑器”按钮 。

（2）设计菜单。在进入菜单的具体设计步骤之前，首先应该明白一个概念，那就是在 Visual Basic 中，菜单项被看作是一种特殊的控件——菜单控件。菜单中的每一个菜单项，都是单独的菜单控件对象。所以我们首先要熟悉的是菜单控件的常用属性和方法。

Name 属性：其意义与一般控件相同。为菜单控件取名时，子菜单最好反映父菜单的关系。如“文件”菜单下的“新建”菜单项可取名为 FileNew。

图 8-20 打开菜单编辑器方法（二）示意图

Caption 属性：菜单项上显示的文字。

Enabled 属性：决定菜单项是否可用。

Checked 属性：此属性为 True 时，菜单标题前面有复选标记，默认值为 False。

Visible 属性：默认值为 True，如果某菜单项被隐藏，则其子菜单也不能显示。

ShortCut 属性：菜单项的热键（快捷键），设置一个值，该值为菜单对象指定一个快捷键，运行时为只读。

Index 属性：可以使用菜单控件数组。Index 的值就是菜单控件数组元素的下标值，要建立一个菜单控件数组，首先要建立几个具有同一 Name 属性的菜单项，然后把它们的 Index 设为每个元素的下标。

菜单标题和它下拉出的各项菜单项都是控件，同命令按钮一样。在设计和运行时，可以对它们的 Caption、Enabled、Visible、Cheched 等属性进行设置。

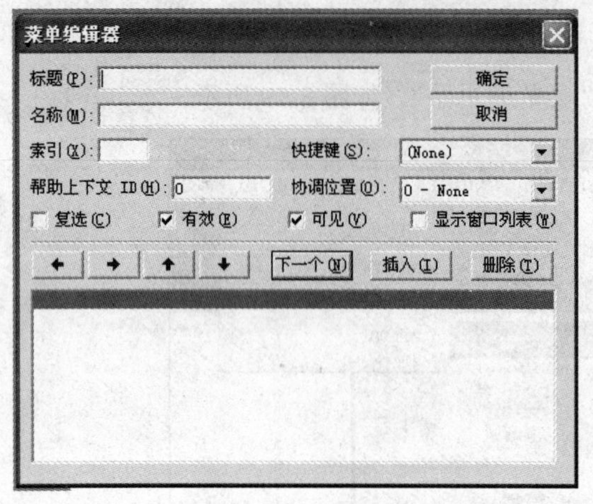

图 8-21 菜单编辑器

菜单控件只有一个 Click 事件。

1）菜单编辑器的基本使用方法。

① 选取要创建菜单栏的窗体。

② 调出菜单编辑器，如图 8-21 所示。

③ 在编辑器的“标题”文本框中，输入菜单的标题（也就是菜单控件的 Caption 属性），该标题同时也将在下面的列表框中显示出来。

④ 在“名称”框中，输入在代码中使用的该菜单控件的名字，也就是控件的“名称”属性。

⑤ 单击向左箭头“←”或向右箭头“→”（见图 8-21），可改变菜单控件的缩进级，每一缩进级用“…”表示。

⑥ 菜单控件其他属性的设置可在编辑器中进行（如可见、有效等），也可在窗体的“属性”窗口中进行。

⑦ 选取“下一个”就可再建一个菜单控件，单击“插入”按钮可在控件之间增加一个控件。

⑧ 全部完成，按“确定”按钮。

2）快捷键和访问键的设置。

① 快捷键的设置：在编辑器中，选中菜单项，在“快捷键”中拉出一个列表，选中某一个 Ctrl+字母即可。

② 在菜单项后面往往跟有一个字母，如“打开（O）”，当要选择这一菜单项时，可按“Ctrl+O”，这就是菜单的访问键。要设置访问键，只要在编辑器中输入标题后，跟上&+字母即可。

3）分隔菜单项。分隔线可把菜单项分成若干个逻辑组。

在菜单项中创建分隔线：

① 使用↑↓箭头键定位好亮光条，选取“插入”按钮（上方出现一个空白反显光条）。

② 在“标题”框中输入连字符“-”（作为 Caption 属性），同时设置“名称”属性，最后单击“确定”按钮。

③ 虽然分隔线是当作菜单控件来创建的，但不能响应 Click 事件，也不能被选取。

4）改变菜单项的状态。比如，某些菜单的执行要有前题条件，如没有内容的选中，也就无从进行剪切操作；又如剪贴板上没有内容剪贴上去，也就不能进行“粘贴”了，这就要使粘贴菜单设为失效。

可用命令：粘贴菜单名.Enabled=False 也可在编辑器中改变“有效”复选框。

5）运行时增减菜单项。所谓增减，其实就是使菜单变成“可见”或“不可见”，要达到此目的，只要设置菜单项的 Visible 属性，可在编辑器中设置，也可在运行中进行。当一个菜单项为不可见时，其他菜单项会自动相应调整位置。

6）菜单中使用复选标记。有时希望在某菜单项前显示一个复选标记“√”，以表示某种状态的 on 或 off。在编辑器中设置菜单项的初始状态，只要选中属性 Checked 即可；在运行中只要赋值 Checked 属性为“真”或“假”即可。

如：菜单项名. Checked=False

7）创建子菜单。有时进行编程设计时会需要为菜单项建立子菜单，常见的需要子菜单的情况有：

① 菜单栏已满。

② 某一特定的菜单控件很少用到。

③ 要突出某一菜单控件与另一个的联系。

所创建的每个菜单最多可以包含五级子菜单，子菜单会分支出另一个菜单以显示它的菜单项。

在编辑器中，创建子菜单的步骤：

① 创建作为子菜单标题的菜单项。

② 使用右向箭头缩进，再创建子菜单项。

一般说来，子菜单控件可以包括子菜单项、分隔符和子菜单标题。但是如果有可能，最好不用子菜单，大多数应用程序都只使用一级子菜单。

8）在菜单中添加最近使用过的文件列表。在 Visual Basic 中，菜单是一种控件，要动态增减菜单（也就是要动态增减控件），可利用控件数组并结合 Load 与 unload 语句来实现。

9）编辑菜单控件的 Click 事件。要让一个菜单控件（菜单项）实现某个功能，就要编写它的 Click 事件过程。可以在窗体的代码窗口左边的“对象”组合框中选择一个菜单控件名，Visual Basic 会自动在下面添加它的 Click 事件过程的第一条和最后一条语句：

```
Private Sub  菜单名_Click()
End sub
```

注意：设计菜单时，菜单（Menu）中菜单项（即菜单命令）应该按功能分类组织并以级联方式显示；菜单栏中包含多个“菜单标题”，当单击某个菜单标题时，如“文件”就出现一个下拉式菜单，其中包含多项“菜单项（子菜单标题）”。如果在菜单项的右边有一个指向左方的三角形，说明它还有子菜单。

3. 编程算法思路及 Visual Basic 参考实现

对于本实例主要是利用菜单编辑器，建立菜单项“圆面积”、“方形面积”、“三角形”、“清空”和“退出”，其中，“方形面积”包含子菜单项“正方形”和“矩形”，并且利用中学所学的求圆面积、正方形面积、矩形面积以及利用三条边长求三角形面积公式求各种形状的面积。

实例 4　设计 Visual Basic 程序，要求编写一个模拟的摇奖程序产生 5 位中奖号码，程序运行之初各个号码的显示为空，在窗体上单击鼠标右键，显示弹出式菜单，其上含有“摇奖”和“停止”选项。当用户单击“摇奖”选项时，各个号码的显示之处就出现数字的滚动，并且窗体的右下角出现红字显示的“摇奖进行中”。当用户再次在窗体上单击鼠标右键，显示弹出式菜单，用户单击子菜单项“停止”时，各个号码的显示之处就出现最终的中奖数字。

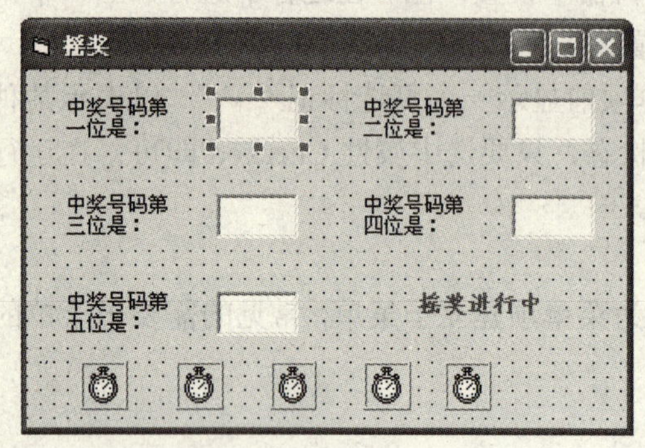

图 8-22　实例 4 的设计界面

8.2.3　实例 4 的实现

一、界面实现

图 8-22 为实例 4 的设计界面。

二、代码编写

代码编写部分将分别为我们呈现两部分内容，即控件属性窗口设置及控件事件代码的编写。

1. 控件属性窗口设置

表 8-6 为实例 4 中控件的主要属性值。

表 8-6　　实例 4 的常用控件属性值

控 件 名 称	控件数组文本框 Text1	控件数组标签框 Label1	时钟控件 Timer1～6
属性名	Text	Caption	Interval
属性值	""	"中奖号码第一、二、三、四、五位是："	分别为 20、30、25、35、15、100

2. 程序实现参考代码

```
Private Sub Form_MouseDown(Button As Integer, Shift As Integer, X As Single,
y As Single)
  If Button = 2 Then
     Form1.PopupMenu kaijiang
  End If
End Sub
Private Sub Timer1_Timer()
Static n1 As Integer
n1 = Int(Rnd * 9)
n1 = n1 + 1
If n1 = 9 Then n1 = 0
Text1(1).Text = n1
End Sub
Private Sub Timer2_Timer()
Static n2 As Integer
n2 = Int(Rnd * 9)
n2 = n2 + 1: If n2 = 9 Then n2 = 0
Text1(2).Text = n2
End Sub
```

窗体的鼠标按下事件用于显示弹出菜单

模拟摇奖过程的数字滚动显示

模拟摇奖过程的数字滚动显示

```
Private Sub Timer3_Timer()        模拟摇奖过程的数字滚动显示
Static n3 As Integer
n3 = Int(Rnd * 9)
n3 = n3 + 1
If n3 = 9 Then n3 = 0
Text1(3).Text = n3
End Sub
Private Sub Timer4_Timer()        模拟摇奖过程的数字滚动显示
Static n4 As Integer
n4 = Int(Rnd * 9)
n4 = n4 + 1
If n4 = 9 Then n4 = 0
Text1(4).Text = n4
End Sub
Private Sub Timer5_Timer()        模拟摇奖过程的数字滚动显示
Static n5 As Integer
n5 = Int(Rnd * 9)
n5 = n5 + 1
If n5 = 9 Then n5 = 0
Text1(0).Text = n5
End Sub
Private Sub tingzhi_Click()        停止菜单单击事件
Timer1.Enabled = False
Timer2.Enabled = False
Timer3.Enabled = False
Timer4.Enabled = False
Timer5.Enabled = False
Label2.Visible = False
End Sub
Private Sub yaojiang_Click()        摇奖菜单单击事件
Timer1.Enabled = True
Timer2.Enabled = True
Timer3.Enabled = True
Timer4.Enabled = True
Timer5.Enabled = True
Label2.Visible = True
End Sub
```

8.2.4　实例 4 的编程分析

一、界面构思

对于本实例考虑用滚动摇号的方式产生 5 位中奖号码，以弹出式菜单的形式产生摇奖以及停止的动作。图 8-23～图 8-25 所示为该实例的系列运行界面。

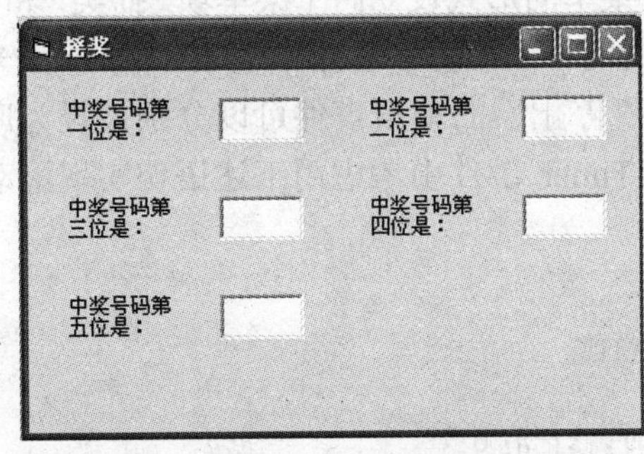

图 8-23　实例 4 的运行界面

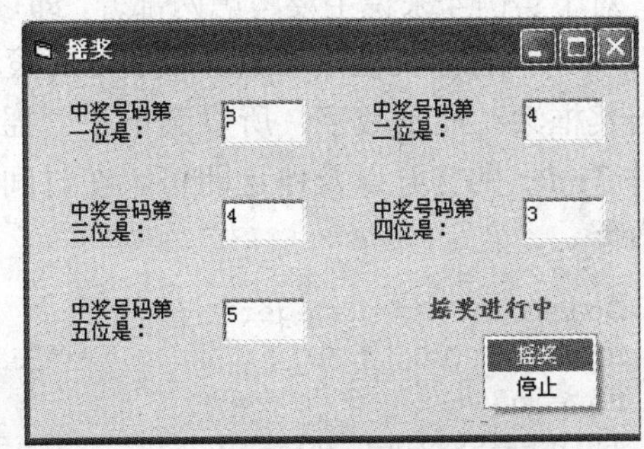

图 8-24　实例 4 的摇奖弹出式菜单

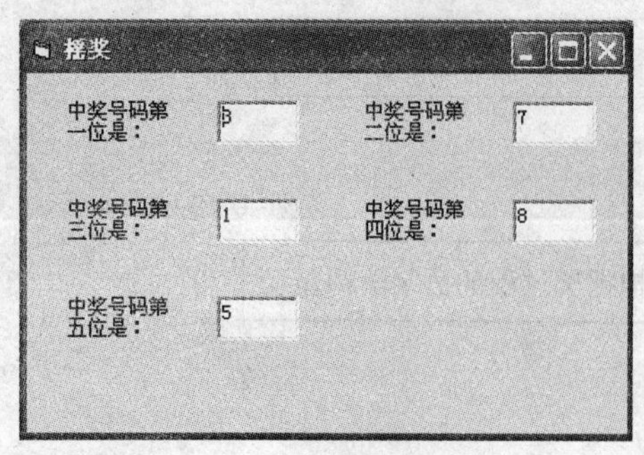

图 8-25 实例 4 的摇奖结果界面

二、程序构思

1. 数学知识点

本实例不涉及具体的数学定理以及公式。

2. 所用 Visual Basic 编程知识点

弹出式菜单（也称“上下文菜单”）是独立于菜单栏而显示在窗体上的浮动菜单。在程序设计中，单击鼠标右键弹出的方便使用的菜单就是弹出式菜单。以下将要介绍弹出式菜单的设计方法。

对于在窗体上浮动的弹出式菜单，它的位置决定了单击右键时指针所处的位置。弹出式菜单的创建方法和下拉式菜单的方法相同，通过菜单编辑器进行设置，但是对于弹出式菜单要将其顶级菜单项的 Visible 属性设为 False。

在程序运行时为了显示弹出式菜单，可使用 PopUpMenu 方法。PopUpMenu 方法的语法格式：

```
窗体名.PopUpMenu MenuName, [flags], [x][y], [boldcommand]
```

说明：

（1）MenuName：要显示的弹出式菜单控件名称。它应该是使用“菜单编辑器”为窗体设计的菜单系统中一个有子菜单的菜单项名。

（2）*X*，*Y*：弹出式菜单显示的位置。如省略，则弹出式菜单显示在鼠标指针所在的位置。

（3）Flags：指弹出式菜单的位置和行为。

位置参数可取：

1）弹出式菜单的左边与参数 *x* 对齐（默认值）。

2）弹出式菜单的中间与参数 *x* 对齐。

3）弹出式菜单的右边与参数 *x* 对齐。

行为参数可取：

1）只有使用鼠标左键时，弹出式菜单才响应单击（默认值）。

2）不论使用鼠标左键还是右键，弹出式菜单都响应单击。

（4）Boldcommand：该参数应该是弹出式菜单中一个菜单项名，这个菜单项标题用粗体字显示。

3. 编程算法思路及 Visual Basic 参考实现

对于实例 4 来说主要考虑两部分，即以弹出式菜单的形式设立两个菜单项“摇奖”和“停止”，分别执行摇奖框滚动显示数字以及滚动停止的动作。这里考虑利用时间控件 Timer 来模拟摇奖框滚动显示数字，所以菜单项“摇奖”和“停止”的单击事件可以分别被设为时间控件 Timer 的打开以及停止即可。在时间控件的 Timer 事件中考虑用下述语句实现滚动显示数字。

```
Static n5 As Integer
n5 = Int(Rnd * 9)           '产生一位随机整数
n5 = n5 + 1
If n5 = 9 Then n5 = 0       '当 n5 超过 9 时，修正清 0
Text1(0).Text = n5
```

8.3 综 合 实 例

实例 5 设计 Visual Basic 程序，要求编写一个简易的模拟写字板，实现当程序运行之初窗体上的文本框处于收缩状态，当用户单击命令按钮“文字输入”之后，文本框 Text 将被展开，并且光标在文本框中闪烁等待用户输入文字。当用户单击菜单项“字体设置”之后，系统打开字体对话框，用户可以通过设置字体对话框的选项实现对文本框中用户输入文字的设置。当用户单击命令按钮“背景色设置”之后，系统打开颜色对话框，用户可以通过设置颜色对话框的选项实现对文本框中背景颜色的更改。

图 8-26 实例 5 的初始运行界面

一、界面构思

考虑在窗体上添加一个文本框，设置三项下拉式菜单“文字输入”、“背景设置”、“字体设置”，运行效果如图 8-26 所示。

图 8-27 和图 8-28 为实例 5 的背景颜色以及字体设置界面效果。表 8-7 为实例 5 的控件主要属性值列表。

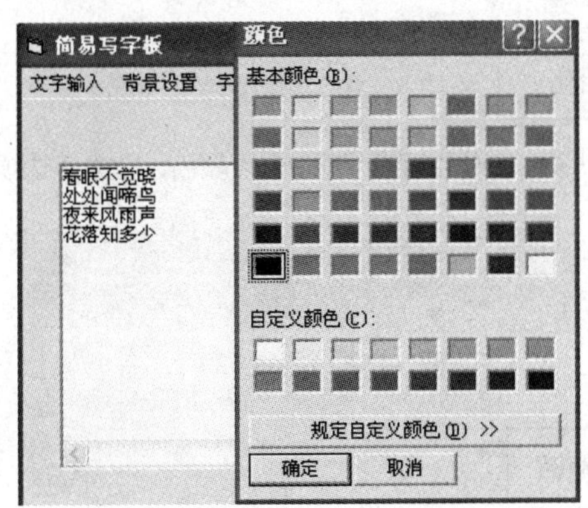

图 8-27 实例 5 的背景颜色设置界面

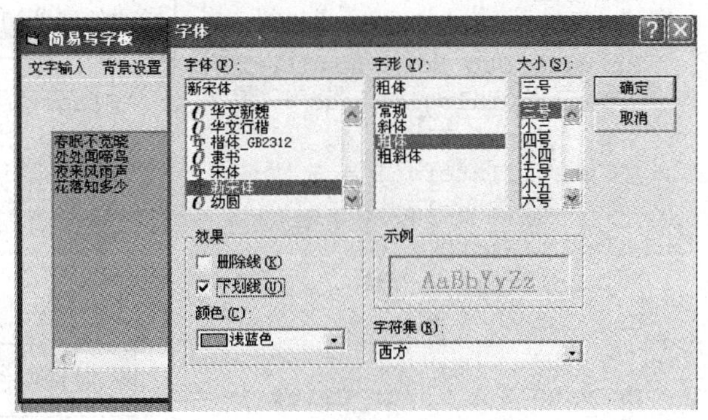

图 8-28 实例 5 的字体设置运行界面

表 8-7 **实例 5 的常用控件属性值**

控 件 名 称	窗体 Form1	文本框 Text1	文本框 Text1
属性名	Caption	MultiLine	ScrollBars
属性值	"简易写字板"	True	Both

二、程序构思

1. 数学知识点

本实例不涉及具体的数学知识点。

2. 编程算法思路及 Visual Basic 参考实现

图 8-24 所示的折叠状态的文本框，是通过在窗体的加载事件过程中将文本框的 width 属性设为 0 来实现的；当单击“文字输入”菜单时，激活时钟控件，由时钟控件控制每隔一定时间间隔将文本框的 width 属性渐次增加，直到等于该文本框在设计阶段的初始宽度值为止，模拟实现文本框的展开效果。

菜单“背景设置”、“字体设置”则分别通过“调用颜色”对话框以及“字体”对话框来实现对文本框中背景及前景的颜色设置和字体的相关设置。

完整的参考代码如下：

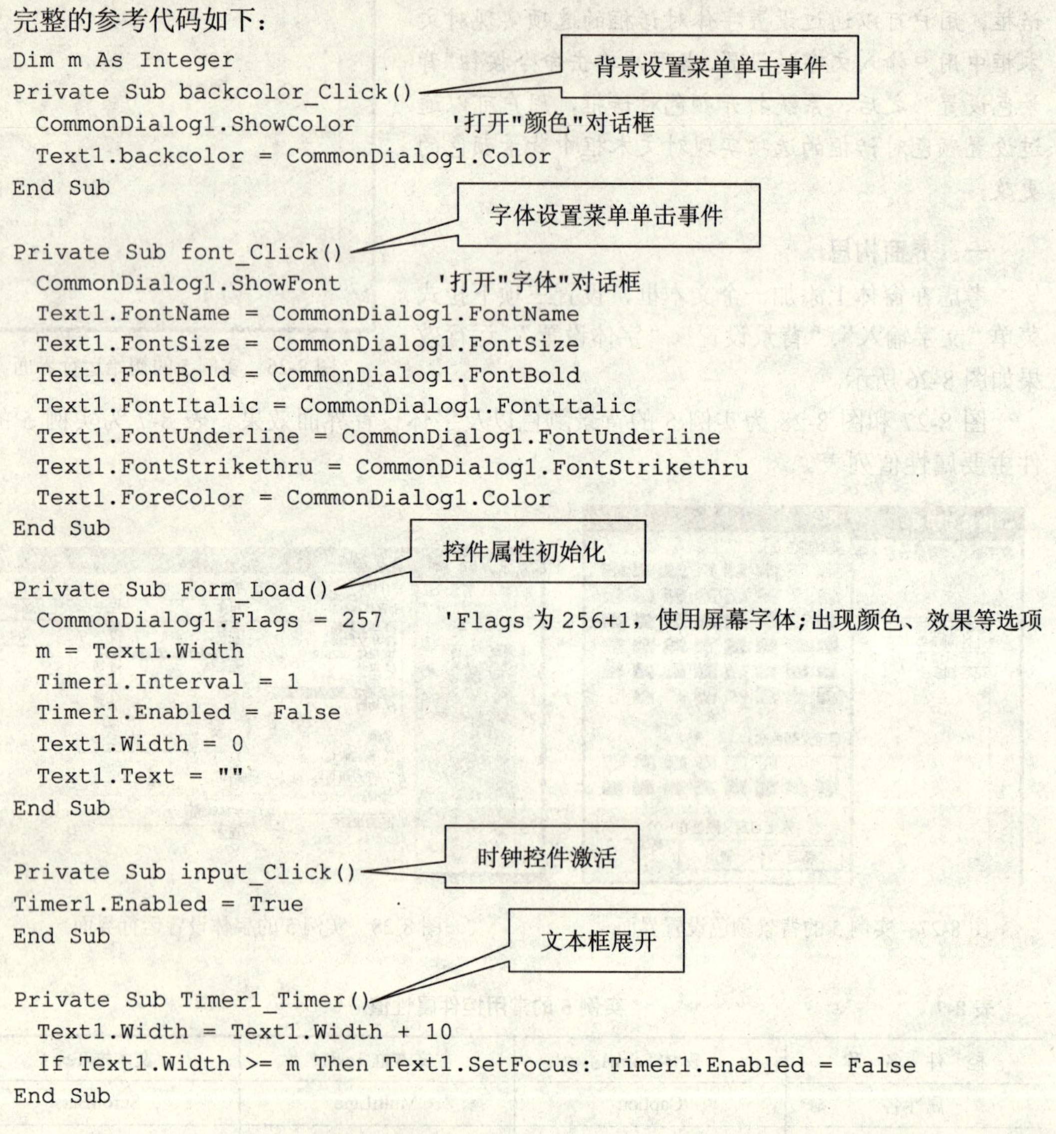


```
Dim m As Integer
Private Sub backcolor_Click()
  CommonDialog1.ShowColor          '打开"颜色"对话框
  Text1.backcolor = CommonDialog1.Color
End Sub

Private Sub font_Click()
  CommonDialog1.ShowFont           '打开"字体"对话框
  Text1.FontName = CommonDialog1.FontName
  Text1.FontSize = CommonDialog1.FontSize
  Text1.FontBold = CommonDialog1.FontBold
  Text1.FontItalic = CommonDialog1.FontItalic
  Text1.FontUnderline = CommonDialog1.FontUnderline
  Text1.FontStrikethru = CommonDialog1.FontStrikethru
  Text1.ForeColor = CommonDialog1.Color
End Sub

Private Sub Form_Load()
  CommonDialog1.Flags = 257      'Flags 为 256+1, 使用屏幕字体;出现颜色、效果等选项
  m = Text1.Width
  Timer1.Interval = 1
  Timer1.Enabled = False
  Text1.Width = 0
  Text1.Text = ""
End Sub

Private Sub input_Click()
Timer1.Enabled = True
End Sub

Private Sub Timer1_Timer()
  Text1.Width = Text1.Width + 10
  If Text1.Width >= m Then Text1.SetFocus: Timer1.Enabled = False
End Sub
```

8.4 学 习 总 结

通过本章，我们学会了使用 Visual Basic 提供的通用对话框控件完成编程设计中可进行的打开“另存为”对话框、“颜色”对话框、“字体设置”对话框、“打印”对话框的调用以及

程序实现；学习应用菜单编辑器进行常用的下拉式菜单、弹出式菜单设计以及相关菜单项的单击事件过程的编写。相信通过本章的学习，我们的程序设计能力会更强。

习　题

8-1 在窗体上画一个列表框和一个标签，程序运行后，单击窗体弹出菜单，选择“添加”选项，弹出“输入”对话框，之后可将输入对话框的内容加入到列表框；在列表框中选择一个项目，然后单击窗体弹出菜单，选择“删除”选项，即可将所选择的项目删除，标签用于显示列表框当前的项目数。

8-2 设计一段 Visual Basic 程序，包含一个标签框 Label1 用于显示文字，设置下拉式菜单“变化”，含子菜单项“变大”和“变小”，运行时当单击“变大”时，标签框显示“变大进行中”，同时标签框中字体自动变大 80 次；当单击“变小”时，标签框显示“变小进行中”，同时标签框中字体自动变小 80 次。

8-3 设计 Visual Basic 程序完成如下功能，包含列表框 List1 含有若干英语单词，运行时用户根据自己对单词的认知单击窗体弹出菜单，选择“不认识”选项，将该单词移入列表框 List2 并调用“颜色”对话框，将 List2 的字体颜色设为红色，调用字体对话框将 List2 的字体设为“黑体”，加下划线，用粗体显示。

第9章 文　　件

Visual Basic 不仅能够通过用户界面采集数据，处理数据，并将处理结果显示出来，还可以将结果数据以文件的形式存储到计算机硬盘上。

【学习目标】

掌握驱动器列表框、目录列表框和文件列表框的功能和综合作用，熟练掌握顺序文件的基本操作。

9.1 文件管理控件

实例 1 文件管理控件的应用。

通过窗体上的盘驱动器列表框、目录列表框和文件列表框，选择一个图片文件，在影像框中显示出该图片。

注意：文件列表框只能显示 jpg 格式的图片文件名，影像框的大小不受显示图片尺寸的影响。其运行效果如图 9-1 所示。

一、界面设计

在窗体上添加一个盘驱动器列表框、一个目录列表框、一个文件列表框和一个影像框，效果如图 9-2 所示。

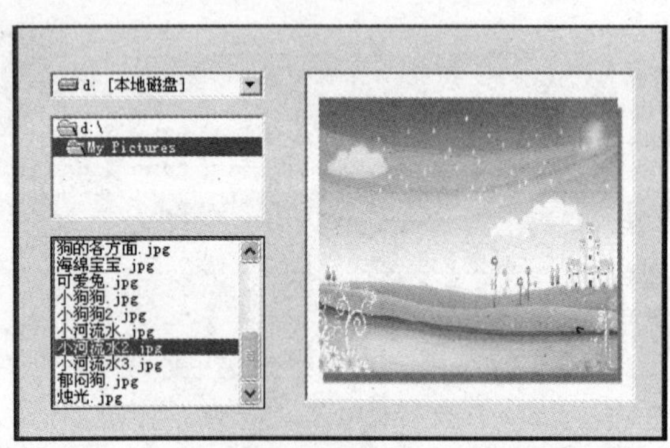

图 9-1　实例 1 的运行界面

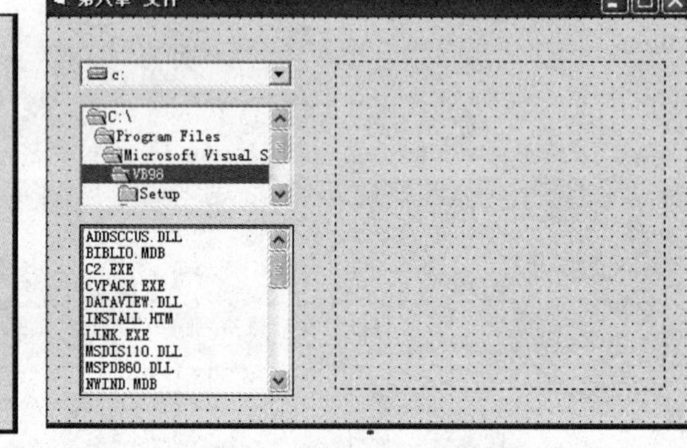

图 9-2　实例 1 的界面设计

二、代码编写

```
Private Sub Form_Load()
    File1.Pattern = "*.jpg"
    Image1.BorderStyle = 1
    Image1.Stretch = True
End Sub
```

```
Private Sub Dir1_Change()
    File1.Path = Dir1.Path
End Sub

Private Sub Drive1_Change()
    Dir1.Path = Drive1.Drive
End Sub

Private Sub File1_Click()
    Dim f As String
    If Right(File1.Path, 1) = "\" Then
        f = File1.Path + File1.FileName
    Else
        f = File1.Path + "\" + File1.FileName
    End If
    Image1.Picture = LoadPicture(f)
End Sub
```

三、代码构思

1. 属性设置

设置影像框的 BorderStyle 属性的值，可以决定影像框是否显示边框线。影像框的 Stretch 属性决定是图片随影像框的大小而自动缩放，还是影像框随图片的大小而自动缩放。

文件列表框显示文件的类型可通过 Pattern 属性设置，默认值为*.*，显示所有类型的文件。Pattern 属性既可以在属性窗口设置，又可以在程序中通过赋值设置。Pattern 属性设置为*.txt，文件列表框只显示文本文件；Pattern 属性设置为*.jpg、*.bmp、*.ico，文件列表框只显示后缀为 jpg、bmp 或 ico 的图像文件。

盘驱动器列表框、目录列表框和文件列表框的更多属性，参见表 9-1～表 9-3。

表 9-1　　盘驱动器列表框的常用属性

属性名称	说　明
Name	控件默认的名称为 Drive1、Drive2、……
Drive	字符串类型，用来设置当前驱动器或返回所选择的驱动器名。Drive 属性只能在程序运行时赋值，不能通过属性窗口设置 赋值语句格式：<盘驱动器列表框名>.Drive=<驱动器名> 其中，“驱动器名”为指定的驱动器，也就是说，使该驱动器成为当前驱动器；如果所指定的驱动器在系统中不存在，则产生错误 程序运行时，若选择驱动器，则 Drive 属性值自动设置为所选择的驱动器名。如单击驱动器列表框控件 Drive1 中 E 盘的图标，则 Drive1.Drive 的值为"e:"
List	字符串数组，List 数组的每一个元素都是盘驱动器列表框控件的一个列表项，为一个驱动器名，数组下标从 0～ListCount−1
ListCount	正整数，ListCount 属性值表示系统中盘驱动器的个数

表 9-2　　目录列表框的常用属性

属性名称	说　明
Name	默认的控件名称为 Dir1、Dir2、……
Path	返回或设置目录列表框的当前目录。决定目录列表框显示哪个目录的一级子目录结构

续表

属性名称	说明
Path	双击目录列表框的某一个表项，目录列表框的 Path 属性值则自动设置为被双击表项所对应的目录。如果双击盘 *x* 的根目录，则 Path 属性为“*x*:\”；如果双击盘 *x* 的某一个子目录 *y*（文件夹），则 Path 属性为“*x*:*y*” Path 属性只能用程序代码设置，不能在设计时通过属性窗口设置 为目录列表框的 Path 属性赋值的语句格式为： <目录列表框名>.Path=<目录路径名> 运行时单击目录列表框中某一文件夹（目录）图标时，该目录被突出显示，表示被选中。选中目录改变目录列表框的 ListIndex 属性，但并不改变 Path 属性，双击该目录则会改变 Path 属性
ListCount	表示当前目录的一级子目录的数量，而不表示目录列表框中表项的个数
ListIndex	表示被选中表项的索引号 目录列表框表项的索引号遵循以下规则：当前目录所对应的索引号为–1，当前目录的父目录所对应的索引号为–2，当前目录父目录的父目录所对应的索引号为–3，依次类推；当前目录的第 1 个子目录所对应的索引号为 0，第 2 个子目录所对应的索引号为 1……当前目录的最后一个子目录所对应的索引号为 ListCount–1 因此，ListIndex 属性取值范围为–*n*～ListCount–1，其中，–*n* 为根目录所对应的索引号
List	List 字符串数组中的每一个元素都对应着目录列表框中的一个表项和一个具体的目录路径。该数组由系统自动生成，数组 List 的下标取值范围为–*n*～ListCount–1，其中，－*n* 为根目录所对应的索引号 例如，Dir1.List(–1)表示当前目录；Dir1.List(–2)表示当前目录父目录的目录路径；Dir1.List(0)表示当前目录第一个子目录的目录路径；Dir1.List(Dir1.ListCount–1)表示当前目录最后一个子目录的目录路径；Dir1.List(Dir1.ListIndex)表示当前被选中表项所对应的目录路径

表 9-3　　文件列表框的常用属性

属性名称	说明
Name	列表框控件默认的控件名称为 File1、File2、……
Path	用以设置当前文件列表框内所显示文件的路径，仅在运行时读写，不能在属性窗口中设置 文件列表框总是显示 Path 所指示的文件夹中的文件
Pattern	用以设置文件列表框中文件的显示模式，默认值为*.*，表示显示所有类型的文件。此属性可以在属性窗口中设置，也可以在程序中通过赋值设置 字符串中为若干个用分号间隔的文件名，在文件名中可以含有通配符
FileName	用以设置或返回所选文件的文件名（并不包含路径信息），不能在属性窗口中设置，运行时若在文件列表框中选择，文件将自动设置 FileName 属性值

2. 盘驱动器列表框、目录列表框和文件列表框的相互关联

在程序中创建 3 个控件 Drive1、Dir1、File1，并编制下列事件过程，则程序运行时对这些列表框所做的选择产生相互关联。

```
Private Sub Drive1_Change()
  Dir1.Path=Drive1.Drive
End Sub
Private Sub Dir1_Change()
  File1.Path=Dir1.Path
End Sub
```

3. 根据文件列表框的 FileName 属性获取所选文件的全名

Path 属性值最后一个字符是否为“\”，取决于目录列表框的当前目录是否为根目录。

如果文件列表框中被选中的文件位于 *x* 盘的根目录，则 Path 属性为“*x*:\”，Path 属性连

接 FileName 属性就是文件全名；如果被选中的文件在盘 *x* 的某一个子目录 *y*（文件夹）下，则 Path 属性为“*x*:*y*”，在 Path 属性和 FileName 属性之间要增加一个“\”符号。所以，求所选文件的全名的程序代码为

```
If Right(File1.Path, 1)="\" Then
    fs=File1.Path+File1.FileName
Else
    fs=File1.Path+"\"+File1.FileName
End If
```

9.2　顺序文件的操作

文件是数据信息在磁盘上的一种存储结构。文件的访问类型有顺序型、随机型和二进制型。顺序型是指必须在顺序访问文件中某个数据前（物理位置）的所有数据后，才可以访问该数据，适用于读写在连续块中的文本文件，对文本文件一般采用顺序访问。

对文本文件顺序访问的基本步骤：打开文件、读/写文件、关闭文件。

实例 2　*为顺序文件的读写操作。*

在窗体左边的文本框 Text1 中输入一些文字，单击左边的按钮，则 Text1 中的文字写入 D 盘名为“成绩.txt”的文件中去。单击“显示”按钮，则“成绩.txt”中的内容显示在右边的文本框 Text2 中。单击“删除”按钮，则文件“成绩.txt”从 D 盘中被删除。程序运行效果如图 9-3 所示。

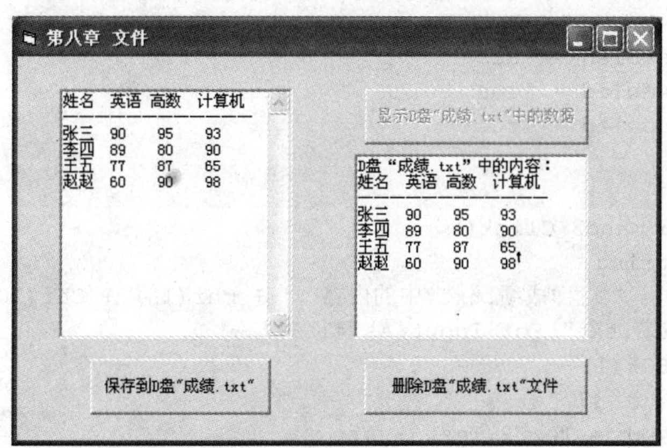

图 9-3　实例 2 的运行界面

一、界面设计

在窗体左边布局文本框 Text1 和按钮 Command1，右边布局按钮 Command2、文本框 Text2 和按钮 Command3。为了能够在文本框中写入较多的文字，并能够在文本框中显示文字换行效果，需要将属性窗口的两个文本框的 MultiLine 属性设置为 True，ScrollBars 属性设置为 2。最后修改窗体的 Caption 属性，三个按钮的 Caption 属性如图 9-4 实例 2 运行结果所示。

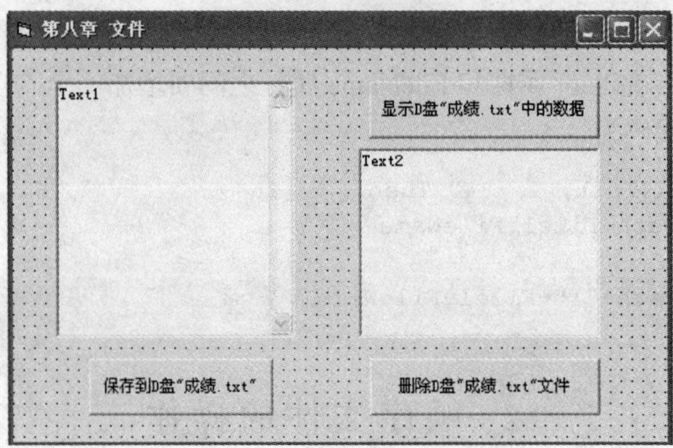

图 9-4 实例 2 运行结果

二、代码编写

程序实现参看如下代码：

```
Private Sub Form_Load()
    Command2.Enabled = False
    Command3.Enabled = False
End Sub

Private Sub Command1_Click()
    Open "d:\成绩.txt" For Output As #1
    Print #1, Text1.Text
    Close #1
    Command1.Enabled = False
    Command2.Enabled = True
    Command3.Enabled = True
End Sub

Private Sub Command2_Click()
    Dim s As String
    Text2.Text = "D盘"成绩.txt"中的内容: " + Chr(13) + Chr(10)
    Open "d:\成绩.txt" For Input As #1
    While Not EOF(1)
        Line Input #1, s
        Text2.Text = Text2.Text + s
        Text2.Text = Text2.Text + Chr(13) + Chr(10)
    Wend
    Close #1
    Command1.Enabled = True
    Command2.Enabled = False
End Sub

Private Sub Command3_Click()
    Kill "d:\成绩.txt"
    Text2.Text = ""
    Command1.Enabled = True
```

```
    Command2.Enabled = False
    Command3.Enabled = False
End Sub
```

三、代码构思

1. 打开、关闭文件

必须先打开文件，才可以对其进行访问，结束访问后应当关闭文件，应用程序终止运行时也会自动关闭文件。

打开文件的格式：`Open <FileName> For Mode [Lock Lock_level] As [#]File_numb`

其中：

（1）必选项 FileName 为字符串，是当前打开文件的文件全名。

（2）Mode 选项只能取下列关键字之一：

1）Input：打开文件、只读，文件不存在则显示出错信息。

2）Output：打开文件、只写，文件不存在则新建文件，否则刷新文件。

3）Append：打开文件、在文件末尾追加数据，文件不存在则新建文件。

（3）File_numb 为打开文件后使用的信道号，为正整数值，应从小到大使用。

函数 Freefile 的返回值为系统中的当前最小、未被其他文件所用的信道号，常与 Open 语句一起使用，如：

```
n=Freefile: Open "d:\user\a.txt" For Output As n
```

关闭文件。结束访问文件后，应关闭该文件以保证其正确性和完整性，关闭文件使用 Close 语句，格式如下：

```
Close [[#]File_numb]
```

该语句由信道号为 File_numb 所指定的文件来关闭，若缺省[#]File_numb，则关闭所有用 Open 语句打开的文件。

2. 写顺序文件

可以用 Print #语句或 Write #语句将数据写入到顺序文件。

（1）Print # 语句。

格式：`Print #File_numb,[表达式列表]`

用 Print #语句写入文件的内容、格式，与 Print 语句输出到窗体上的内容与格式相类似。

（2）Write # 语句。

格式：`Write #File_numb,[表达式列表]`

其中：

1）表达式列表用逗号或分号间隔效果一样，都是在写入的数据间加入逗号作分隔符。

2）表达式列表末尾无分隔符，则输出回车、换行符到文件。

3）字符串表达式写入文件时字符串两端自动加双引号，其他非数值类型数据写入文件时两端加“＃”号。

3. 读顺序文件

可以用 Input #语句或 Line Input #语句从顺序文件中读数据。

（1）Input #语句。

格式：Input #File_numb,<变量名列表>

读顺序文件时，由数据间的分隔符区分哪段字符与哪个变量对应，具体规则如下：

1）除数字、小数点、正负号、E 字符之外的字符都可作为数值数据之间的分隔符。

2）日期类型、逻辑类型数据的两端以“#”号作为分隔符，与其他类型数据之间应有非空字符间隔。

3）逗号、换行符可以作为字符数据的分隔符，双引号作为字符数据分隔符必须成对出现。

（2）Line Input #语句。

格式：Line Input #file_numb,<字符串变量名>

将文件的当前读写位置起至换行符或文件结束符前的所有字符读入到字符串变量中。

4. 与文件读写有关的函数

（1）测试文件的当前读写位置是否到达文件末尾的函数：EOF(#File_numb)

函数返回逻辑值为 True，则表示当前读写位置已到达文件末尾。文件刚打开时，当前读写位置位于文件开始处，在程序中，利用 Input #语句（或 Line Input #语句）读取数据时，当前读写位置会自动跳到下一个数据项（或下一行）的开始位置，常用 EOF 函数来测试是否到了文件末尾。

（2）测试已打开文件的字节总数：LOF(#File_numb)

函数返回长整数表示该文件所占存储单元的字节总数。

5. 文本框换行

在文本框中显示出换行效果，首先，设置文本框的 MultiLine 属性为 True；其次，在需要换行的位置连接字符函数 Chr(13)和 Chr(10)。注意，回车符 Chr(13)在前，换行符 Chr(10)在后，顺序不能错。

6. 常用文件操作语句与函数

（1）删除文件。

格式：Kill <文件名>

例如，执行语句“Kill "d:\成绩.txt"”，则删除 D 盘根目录下名为“成绩.txt”的文件。

文件名中，默认盘符指当前盘；默认路径指当前目录。

文件名中可使用通配符以删除一批文件。如执行语句“Kill "d:\Chart1*.doc"”，则删除 D 盘 Chart1 文件夹中所有扩展名为 doc 的文件。

如果需要删除的文件未找到，则系统显示出错信息。

（2）调用外部可执行文件。调用 Shell 函数可以执行外部可执行文件，其扩展名如.exe、com、bat 或.pif，默认扩展名为.exe。不能执行操作系统内部命令及所有非执行文件（如文档），否则，将显示出错信息。调用 shell 函数的格式：

```
Call Shell(<FileName>[,Windows_style])  或
Shell<FileName>[,Windows_style]   或
<变量名>=Shell(FileName [,Windows_style])
```

其中，FileName 为字符串，是所调用可执行文件的全名。

Windows_style 参数用于规定当前窗口与被调用文件窗口的不同状态，取值及含义如下：

1）0：窗口被隐藏，且焦点会移到隐藏窗口。

2）1：窗口具有焦点，且会还原到它原来的大小和位置。

3）2：窗口会以一个具有焦点的图标来显示。

4）3：窗口是一个具有焦点的最大化窗口。

5）4：窗口会被还原到最近使用的大小和位置，而当前活动的窗口仍然保持活动。

6）6：窗口会以一个图标来显示，而当前活动的窗口仍然保持活动。

函数返回值表示正在运行的（FileName 指定的程序）程序的任务 ID，每一个正在运行的程序都有一个唯一的任务 ID。

习 题

9-1 程序阅读

阅读下列程序并回答问题，在每小题提供的若干可选答案中，挑选一个正确答案。

[程序]

```
 Private Sub Command1_click()
    Dim i As Integer, fn As Byte
    fn = FreeFile
    Open "e:\aaa.txt" For Output As #fn
    For i = 1 To 20
       If Sqr(i) = Int(Sqr(i)) Then Print #fn, i
    Next i
    Close #fn
End Sub
```

（1）如果文件 e:\aaa.txt 已存在并有数据 1、4，执行以上过程后文件中全部数据为：

A. 1，4，1，4，9，16　　B. 1，4，9，16

C. 1，4　　D. 2，4，6，8，10，12，14，16，18

（2）如果文件 e:\aaa.txt 不存在，执行以上过程后文件中全部数据为

A. 1，4，1，4，9，16　　B. 1，4，9，16

C. 空　　D. 2，4，6，8，10，12，14，16，18

（3）如果文件 e:\aaa.txt 已存在并有数据 1、4，且将程序中文件的打开方式改为 Append，则执行以上过程后文件中的全部数据为：

A. 1，4，l，4，9，16　　B. 1，4，9，16

C. 1，4　　D. 2，4，6，8，10，12，14，16，18

9-2 程序填空

要求：通过驱动器、目录、文件列表框打开任何一个文本文件（如 e:\aaa.txt），该文件中有若干行字符，将每行中的字符（除空格符外）复制到另一个通过通用对话框控件打开的文件（如 e:\bbb.txt）中。请将下列事件过程 File1_Click 补充完整。

```
Private Sub Drive1_Change()
    Dir1.Path = Drive1.Drive
End Sub
Private Sub Dir1_Click()
    Dir1.Path = Dir1.List(Dir1.ListIndex)
```

```
    File1.Path = Dir1.Path
End Sub
Private Sub File1_Click()
End Sub
```

9-3　程序设计

编制单击窗体的事件过程，作如下处理：从文件 C:\A.dat 中依次读取 20 个学生的学号以及 4 门功课的成绩，统计每个学生的总分，并按照总分从高分到低分进行排序；然后将学生信息按总分从高分到低分输出到文件 C:\B.dat 中。数据在文件中的存储格式如下：

输入文件 C:\A. dat 格式	输出文件 C:\B.dat 格式
"02010101",78,89,90,67	"02010109" 90 92 91 95 368
"02010102",83,79,72,85	"02010105" 89 90 93 88 360
......	......
......	......

9-4　程序设计

某文本文件以下列格式存储若干学生的学号和两门课的成绩，编写单击窗体的事件过程。

（1）用通用对话框控件 Commondialog1 选择该文件；

（2）在 Label1(0)～Label1(1)中显示总分最高的学生的学号和总分。

文本文件格式：

```
"05010101",78,89
"05010102",83,79
```

9-5　程序设计

文本文件 e:\aaa.txt 中存放了若干行字符，编制相应事件过程：在加载窗体时读入文件中各行字符并顺序地在列表框控件 List1 的列表部分显示，在运行时按窗体控制菜单“关闭”后自动将列表框中各行数据存储到文本文件 e:\aaa.txt 中。

提示：加载窗体时自动执行的事件过程是 Form_Load( )，按窗体控制菜单“关闭”后，自动执行的事件过程是 Form_Terminate( )。

参 考 文 献

[1] 陈庆章．Visual Basic 程序设计基础［M］．2 版．杭州：浙江科学技术出版社，2004．

[2] 刘圣才，等．Visual Basic 6 程序设计教程［M］．北京：清华大学出版社，2002．

[3] 周杭霞，雷凌，战国科．Visual Basic 程序设计实验与习题指导［M］．北京：清华大学出版社，北方交通大学出版社，2008．

[4] 胡同森．Visual Basic 实验指导与习题集［M］．杭州：浙江科学技术出版社，2005．

[5] 沈美莉．Visual Basic 程序设计教程［M］．北京：电子工业出版社，2004．

[6] 龚沛曾，杨志强，陆慰民．Visual Basic 程序设计教程［M］．北京：高等教育出版社，2007．